21世紀の

立ち上がった人々の潜勢力

新しい

後藤康夫／後藤宣代 編著

社会運動と

フクシマ

八朔社

まえがき

後藤　宣代

　天気予報とともに，あたりまえのように「本日の放射線量測定値」が報道される日常生活，これがあの日，「福島」が世界に打電されて「フクシマ」に変わってから9年間，ずっと続いている。当初は衝撃的だった放射線量測定値報道も，時の経過のなかで，天気予報と同じように日常生活に溶け込んでいる，いわば非日常の日常化である。そして，「TOKYO2020」「復興五輪」の号令のなかで，消されていくフクシマの声。

　「3.11フクシマ」，この素材規定に，どのような価値規定を与えるべきか。時の経過，めまぐるしい国内外の動きのなかで，人はつねに新しい事態への対応に追われ，心の片隅には確かに存在する「3.11フクシマ」について，立ち止まって思考することは少なくなってきている。本書は，この間，現地でなにが起こってきたのかを，21世紀のグローバルな社会運動の一環として位置づけるものである。

　最初に，11人の執筆者からなるアンサンブルがどのように形成されたか述べておきたい。その母体となっているのは，福島大学大学院経済学研究科に在籍し，本書の編者である後藤康夫の大学院ゼミに参加した社会人院生である。「去るものは追わず，来るものは拒まず」のオープン原則のもと，正規の院生はもとより，さまざまな人々が出入りし，「働きつつ学」んでいた。

　2004-05年，後藤康夫と筆者がカリフォルニア大学バークレー校に客員研究員として留学し，一旦，このオープンゼミは「開店休業」となる。両者は，帰国後も，アメリカ社会運動の一大拠点バークレー，サンフランシスコというベイエリア界隈に年4〜5回出かけ，調査と交流をつづける。2005年以降は，こうしたアメリカ社会運動についても大学院ゼミで取り上げるようになり，社会運動に関心のある人々が新たに参加するようになり，さらに多様な人々が大学院に出入りするようになる。

　そんななか「3.11フクシマ」という事態が起こる。それ以降,「世界のフクシマ」になったこの地を訪問する海外の研究者も参加するようになり,現在に至っている。本書の多彩な執筆陣は,こうして形成されてきた。

　執筆者会議は,月1回,大学院ゼミ終了後に,ゼミ生も参加するなか,1年半にわたって行ってきた。海外在住者の帰国時に合わせたり,合宿をしたり,インターネット(スカイプやズーム)を介したり,まさに21世紀のグローバルな時代にふさわしい形式で行ってきた。執筆者たちの「3.11フクシマ」との向きあい方は,「対象世界を外から切り取る認識論的立場には立たず,観察する者も観察される者も,同じ日常的生活者として『向き合う』存在論的地平[1]」に立つことを志向している。とくにフクシマに暮らす執筆者たちにとっては,本書は,いわば「21世紀のゲルニカ」であるとも言える。少なくとも,これを描く心意気で執筆している。1937年4月26日,スペインのバスク自治州ビスカヤ県の都市ゲルニカは,フランコ政権によるバスク攻撃の一環として,激しい空襲を受けた。住民はもとより家畜まで無差別爆撃によって殺され,オークの木を頂く美しい都市は,わずか3時間で破壊された。ゲルニカ空爆を知り,ピカソは憤怒を込めて筆をとった。「ゲルニカ」の誕生である。読者が,とくに第Ⅱ部の各章から,看取していただければ幸いである。

　最後に,フクシマ在住の人間として,「フクシマを忘れない」と支援し,連帯してくれる人々へ心からの御礼を申し添えたい。筆者にとって,和歌山のはっさく,神戸垂水のくぎ煮,土佐の文旦という日本各地の産品は,血となり肉となり,励まし続けてくれている。また太平洋を越えて,筆者たちの話に耳をかたむけてくれるバークレー,ニューヨーク在住の人々の存在は心の支えである。

　本書を,地球のいたるところで,一個の人間として立ち上がり,声を上げ,コミュニケーションを行い,より善き未来に向かって活動している人々に捧げたい。

　なお本書は,「働きつつ学ぶ権利を担う」学術団体である基礎経済科学研究所の創立50周年記念共同研究成果出版の1冊として採択され,助成を受けている。記して感謝申し上げる。

---

(1) 似田貝香門・吉原直樹編(2015)『震災と市民Ⅰ——連帯経済とコミュニティ再生』東京大学出版会,iii頁。

目　　次

<u>総 論</u>

「3.11 フクシマ」が人類史に問いかけるもの
―― 核被災と主体形成 ――

後藤　宣代

I　はじめに ―― ヴォイス・フロム・フクシマの始まり

1　アメリカで発したフクシマの声

　あの日は，朝から好天だった。東京出張に出かける後藤康夫をベランダから見送り，家事をしていた。午前 11 時頃，「過剰富裕化論」の提唱で著名な経済学者，馬場宏二から，長い電話があり，翌週から福島を訪問する馬場夫妻の行程を確認したり，研究について議論したりした。午後になり，2010 年度の講演活動も，故郷の「3 月 8 日国際女性デー岐阜県集会」で一区切りを迎えたので，スポーツジムに行き，汗を流していた。ジムのスタジオ・プログラムでエアロビクスを受講し，そろそろ終了という 14 時 46 分，はじめはゆっくりと，しかし次第に巨大な揺れとなり，まるでシーソーに乗っているような激しい揺れを体験した。これが，東北と関東を襲ったマグニチュード 9.0 の巨大地震との遭遇であった。

　真っ暗になったスタジオを出て，急いで着替えをして自宅に車を走らせた。崩れた塀や屋根瓦，停電した信号，襲ってくる激しい余震のなか，自宅に着いた。5 階建て集合住宅の 5 階の筆者の部屋は，かろうじて玄関の鍵は開いたものの，家財は散乱し，すべて床に崩れ落ちていた。ひっくり返っているテレビ，耐震強化していた食器棚からさえ，食器がすべて飛び出していた。お気に入りのベネチア・ガラスは粉々に砕け，それが余震のなかで動き回る奇妙な光景を目にした。停電ではなかったのでテレビで事態を知ることができたが，固定電話は不通，水道も断水，灯油ストーブは転倒による火災が心配なので

消して，ありったけの洋服を身にまとい，携帯をポケットに入れて重い家財を1人で起こしはじめた。頻発する余震，音信普通で帰らぬ後藤康夫，不安な夜を迎えていたところ，それまで不通だった携帯が急に鳴った。それは安否を尋ねてくれた過労死問題の第一人者，大阪在住の森岡孝二からだった。阪神大震災体験からの励ましに涙がこぼれた。ようやく瓦礫の山のなかからパソコンを探し出し，メイルチェックをした。筆者の目に飛び込んできたのは安否を尋ねてくれる膨大な日本語メイルのなかに混じった英語のメイルだった。「福島の原発が危ないとアメリカ軍が言っている。多量の放射能が感知されていると，あのアメリカ軍が言うからには確かだ。はやく逃げろ」と知らせるバークレー在住の友人たちからだった。カリフォルニア大学バークレー校は，「ドクター・アトミック（原爆開発の父）」で知られるジョン・ロバート・オッペンハイマーが教えていた大学で，筆者の友人たちには，環境，平和，反核のアクティヴィストが多い。そんな友人たちは，福島に暮らす筆者より，福島の原発の状態をネットで把握していたのだ。

　日帰りで学会誌の編集委員会に出席するために上京していた後藤は，東北新幹線は不通と報道されていたので帰宅はしばらく無理だろうと思っていた。家財の中から後藤が所有している自宅の鍵がでてきた。忘れ物や落し物が多い後藤の「自衛措置」で，外出時には鍵類は自宅に置いていたのだ。新幹線，在来線は地震でストップしているし，車のガソリンも殆どない。彼は自宅を目指して帰宅することだけを考えているだろう，もし，私が1人で避難したら，彼はどうするだろう，さて困ったな，と途方に暮れながら，再びメイルに目を通した。今度はシリコンバレー在住で『超・格差社会アメリカの真実』の著者，小林由美から安否を案じるお見舞いメイルが来ていた。彼女からの12日付けメイルには，知り合いの核物理学者からの解説文が転送されており，「炉心溶融が起こっていること」「炉心内部にあるべき放射性核種が外部の環境で観測されている」ことを知らせてくれた。衝撃的な内容に身が震えたが，後藤が帰宅困難な状況にいると思うと，自宅で待つしかないと次第に腹をくくりはじめた。

　13日の夕方，突然，玄関のチャイムが鳴り，ドアノブを開けると，ヒゲも伸び，焦燥した後藤が立っていた。帰宅難民となり，東京駅に2泊，1日目は東京駅地下道に新聞紙を敷いて一夜を明かし，2日目は東京駅構内新幹線待合

室に移り，ダンボールを敷いて過ごしたという。テレビもない東京駅にいた後藤は，11日以来，一体なにが起きているのかまったく把握できていなかった。帰宅後，夢中でテレビを見続け，ようやく事態を理解した。

　まもなく，携帯を持たない後藤が緊急連絡用に指名していた筆者の携帯に，後藤の勤務先の福島大学から連絡があり，ゼミ学生の安否確認をするよう指示があった。学生の連絡先名簿は研究室においてあるので，大学キャンパスに行かざるを得なくなった。福島大学の所在地は，通常，福島駅からJRで東京に向って2駅目に位置する金谷川駅で下車し，徒歩10分ほどである。しかしJRは不通のままだ。16日の昼頃，万が一や余震に備え，ペットボトルの水，キャンデー，懐中電灯などをディパックに詰め込み，マスクをして，自宅を出発した。まず福島県立医科大学までバスを乗り継いで行き，そこから30分ほど歩いて福島大学に向った。その途中，雪が降ってきた。嫌な予感を感じつつ，大学に急いだという。後に，その雪が福島市に大量の放射能を落とすことになろうとは，未だ知る由もなく，まして原発からおよそ北西に60キロ（37マイル）離れている自宅は，まさにフォールアウト（放射能の降下）の通り道となってしまったことも知らなかった。

　大学にたどり着き，研究室を開けようとするのだが，書架から大量の本が落下していて，ドアが開かない。何度もドアを押し返して，かろうじて入室する。研究室の変わり果てた姿に絶句するも，本の山を押し分けて，机上の電話機まで這うように進む。ゼミナールの学生は数人が留守電になっているものの，大半の学生と連絡がついた。なかにはすでに他県に避難している学生もいた。夕方まで安否確認を済ませ，帰宅した。途中のガソリンスタンドは，どこも長蛇の列だったそうだ。

　帰宅した後藤と今後を話し合った。避難するか，留まるか。ヨーロッパでファシズムが台頭してきたときの身の処し方に見習えば，レジスタンス（留まる）か，亡命（避難）かということになる。この事態に，どこで，どう向き合っていくか。2人の見解は一致していた。社会科学研究者として，たとえ放射能で生命に関わることがあったとしても，現場で真正面から向き合おうと，留まることを選んだ。こうして，その日から，筆者は，女性として，住民として，社会科学研究者として，文化人類学で言えば「参与観察者」となって，生きていくこととなっ

4

た。これに加え，さらに決定的なことがつぎつぎに訪れる。

　遡って3カ月前の2010年末，ニューヨークを訪問していた筆者と後藤は，2011年3月末のアメリカ大陸横断鉄道の旅のチケットを購入した。中西部シカゴから西海岸サンフランシスコまで，「カリフォルニア・ゼファー号」というアムトラックで，日本で言えばカシオペア号のような寝台列車での2泊3日の旅のチケットだ。シカゴではフランク・ロイド・ライトの建築群を見学し，都市建築調査を行うこと，サンフランシスコではバークレー校訪問と社会運動の資料収集することを目的としていた。

　ところが3月末，出発したくても東北新幹線や東北自動車道は不通のまま，福島から成田空港へのアクセスは困難を極めることとなった。その一方で，むこうで会う予定であった友人たちからは，「ノブヨ，早く日本を脱出しておいで。ホームステイ先は確保してあるから，ずっとこちらに滞在しなさいよ」と矢のようにメイルが届いていた。半ば渡米を諦めていたところ，出発予定日の2日前にかろうじて成田空港行きの高速バスの運行が再開した。原発が再度爆発するやも知れない状況で，JRが不通の福島駅は閑散として，高速バスに乗車する乗客と筆者たちだけがポツンと立っていた。高齢の女性は，透明のビニール袋一つに身の回りのものを詰めこんで呆然としていた。聞いてみれば，原発立地周辺から避難してきたそうで，これから千葉の娘さんのところに避難するということだった。ようやくバスに乗車し，地震で傷んだ高速道をなんとか成田までたどり着いた。成田に前泊し，そこで「3.11」後に着ていたすべての衣服を脱ぎ捨てた。フクシマから海外に到着した人は，放射線量を測定されているという情報を得たからだ。緊張してアメリカに入国してみたところ，いつもどおりの入国審査で，どこから来たかも尋ねられることなく，まして測定されることもなく，無事にシカゴに到着した。しかしシカゴのホテルでチェックインをした際，身分証明のためパスポートを見せると，フロント係は，「オー，フクシマ！」と驚愕の声を上げた。シカゴのホテルでテレビを見れば，CNNやABCなど各局のニュースは，連日，福島原発がトップニュースで，見出しはどこも「フクシマ核／原発危機（Fukushima Nuclear Crisis）」であった。シカゴではシカゴ大学も訪問した。丁度，「ホーム・カミング・デー」で，保護者らが大学キャンパスを訪問し，保護者用に公開講座が開催されていた。筆者は「ベトナ

ム戦争後のアメリカとベトナム」の講座を聴講した。シカゴ大学といえば，エン
リコ・フェルミらが核連鎖反応の実証実験を成功させた場所で，その成功を
記念する「シカゴ・パイル」の記念碑があるはずだと構内を散策し，ヘンリー・
ムーアの人工再臨界を記念する彫像「核エネルギー（Nuclear Energy）」を見つ
けた。そこには，「1942 年 12 月 2 日，人間はこの地で，最初の連鎖反応を手
に入れ，核エネルギーの制御された解放の道をひらいた」と記されていた。帰
りにスチューデント・ユニオンのショップに立ち寄ったところ，週刊誌『ネイシ
ョン』が目に留まった。フクシマを特集しており，論文「ヒロシマからフクシマ
へ（From Hiroshima to Fukushima）」が掲載されていた[1]。この「ヒロシマか
らフクシマへ」という韻を踏んだ表現に，筆者は，フクシマはヒロシマと一直
線につながっていること，「ああ，ヒロシマの"被爆"とフクシマの"被曝"は，
漢字表記"ばく"の字の違いこそあれ，私もヒバクシャになったのか」と思い
知らされた[2]。シカゴから始まった鉄道の旅は，奇遇にも核開発史を遡る旅とな
り，筆者の人生の転轍点となった。

　旅の終着駅はサンフランシスコ，「常春」の別名をもつこの地は陽光がまぶ
しいくらいで暖かかった。陽春のカリフォルニアの青い空は，どこまでも澄み，
そして暖かかった。ようやく落ち着いて，友人たちに無事に到着したことを連
絡した。しばらくすると，風砂子・デアンジェリスからホテルに電話があった。
彼女は 1980 年代からバークレー在住で，『環境レイシズム』を朝日新聞記者

---

(1)　*The Nation*, April 4, 2011. 因みに，経済学史家の内田義彦は，米ソ冷戦体制の
　　真っ最中の 1960 年代中葉に，シカゴ大学の核エネルギー解放記念碑文について，次の
　　ような箴言を述べている。「たしかに，狭い意味ではそう（解放−引用者）でありますし，
　　遠い将来からみると文字通りそう受け止めるかもしれません。だが，ただ一人生きのこっ
　　た人間が，その解放記念碑を見，そして死ぬということもありうるのです。その時，その
　　人間は，核エネルギーの解放が制御されたなどとは，とうてい考えないでしょう。皮肉な
　　ことに release という言葉の意味は，『解放』でもあるし『爆弾投下』でもある。この二
　　つの意味をもっております。原子力の解放は現実には原子爆弾の投下となり，われわれ
　　が原子力を制御するどころか原爆の存在がわれわれの行動を制御している。」（内田，
　　1966，11−12 頁）。「3.11 フクシマ」という新たな事態からすると，碑文「核エネルギー
　　の制御された解放」という規定は，まことに深刻な問題を孕んでいる。
(2)　執筆者会議で議論した結果，本書では，「3.11」後の福島は，地名としての福島を別
　　として「フクシマ」あるいは「3.11 フクシマ」，「被爆」と「被曝」は，ともに「被ばく」
　　と表記することとした。

6

の本田雅和と共著で出版している。その著書は，化学工場やゴミ処理施設，放射性廃棄物処理施設が貧しい黒人やネイティヴ・アメリカン居住地ばかりに建設されていること，そこに差別構造が横たわっていることを抉り出している。この本は，なぜフクシマに東京電力の名を冠した 10 基もの原発があるのか，東京湾にないのはなぜなのかという疑問に応えるものである。

　電話口で，「ノブヨさん，貴女の声をラジオに流して。現地住民のナマの声を伝えて」と要請してきた。言われるままに，バークレーの独立系 FM ラジオ局（KPFA）を訪問した。このラジオ局は市民メディアとして全米で有名だ。ラジオ局に着いて受付を済ませ，打ち合わせがあるのだろうと待っていたら，いきなりスタジオに入れさせられてインタビューに応じることになってしまった。そこには，バークレー在住で，とくに放射能や原発関連の英語に通暁している笠井綾も同席してくれた。笠井の援助も得ながら，英語も交えたインタビューを受けた。2004 年の留学時は，「どこから来たの」と問われ，「福島」と答えても誰も知らなかった地名が，いまや「世界のフクシマ」になって誰もが知るところになってしまったこと，たとえたどたどしい英語であっても，現地のナマの声を世界に届けることの大切さを自覚させられた。「ヴォイス・フロム・フクシマ」，そんな英語が頭に浮かんだ。以後，「参与観察者」として，「ヴォイス・フロム・フクシマ」の声を届ける主体として，己れを自覚することとなる。ちなみに，笠井とは，このインタビューが縁となり，2015 年 4 月，福島市で「ヒロシマ，ビキニからフクシマへ，そしてフクシマから世界へ──住民の声と行動のグローバルな交流──」と題した国際シンポジウムを開催した。笠井はここでも通訳を買って出てくれ，グローバルな交流を深める大役を果たした。

　このような自己規定の上に，まったく新たにフクシマを位置づける世界的規定が加わってくることになるとは，このとき筆者は気づいていなかった。それは，いきなり外から飛び込んできた。2011 年 10 月 27 日，筆者は「フクシマ後の持続可能なエネルギー政策に向けて──改革のための声（Toward a Sustainable Energy Policy after Fukushima: Voices for Reform）」と題するシンポジウムに招かれた。場所は，カリフォルニア大学バークレー校東アジア研究所講堂。筆者が留学していた折，しばしば，この講堂に出向き，さまざまなシンポジウムに参加したが満席になることは稀だった。ところが，今回，講堂は満席，

入りきれない聴衆が廊下にまで溢れかえっていた。このときはバークレー校の大学院生が通訳の手伝いを買って出てくれたのだが，いざシンポジウムがはじまると，通訳ができなくなってしまい，中座してしまった。とうとう筆者は自力で聴衆の前に立ち，マスコミではなかなか報じられていない，フクシマで起こっている草の根の動き，とくに保守的な福島県で起こった，女性たちの放射能から子どもをまもる活動を，歴史的に位置づけるスピーチを英語で行った。そして最後に福島県在住の農民の詩を日本語で披露した。この詩は渡米直前の23日，筆者が宝塚母親大会で講演をした折，教えてもらったものだ。教えてくれたのは同年6月，阪神大震災で大きな被害を受けた西宮で開催された母親大会で講演をした折にお世話になった女性たち。わざわざ西宮から宝塚まで筆者を訪ねて来てくれたのだった。いわば，この詩は，母親たちのネットワークによって筆者にもたらされたものなのだ。ここで，その詩を紹介する[3]。

見えない恐怖のなかでぼくらは見た
前田　新

見えない恐怖に脅かされて
4ヶ月も過ぎたいまも
ぼくらは，ふるさとの町を追われたままだ
レベル7，その事態は何も変わっていない
何万という家畜たちが餓死していった
人気のいない村に，その死臭だけが
たちのぼっている

姿を見せないものに
奪われてしまったふるさとの山河を
何ごともなかったように季節が移ってゆく

---

(3)　作者は，前田新（まえだ　あらた：福島県農民連会員，福島県会津美里町在住）。『しんぶん農民』2011年7月18日，918号に掲載。

郭公が鳴くそこで，汗を流して働くのは
もう，夢のなかでしかないのか
ぼくらは，そこに立ち入ることもできない

かつて，国策によって満州に追われ
敗戦によって集団自決を強いられ
幼子を棄てて逃げ帰ってきたふるさとを
あの日と同じように，一瞬にして
国策の破綻によって叩き壊された

しかもこれは痛みのない緩慢な死だが
あの日と同じ集団自決の強要ではないのか
７３１部隊の人体実験ではないのか
なかまよ，悲しんで泣いてはいられない
この４ヶ月の間，見えない恐怖のなかで
ぼくらがこの眼でみたものは

それでも，儲けのために
原発は続けていくという恐怖の正体だ

よし，そうならば
ぼくらも孫子のために，腹をすえてかかる

かつて関東軍のように，情報を隠し
危ないところからは，さっさと逃げ帰って
何食わぬ顔で，安全と復興を語る奴らに
そう簡単に殺されてたまるか
なかまよ　死んでいった，なかまよ

聴衆のなかには日本語を理解でき，この詩に感動する人々がいた。講演後，

筆者のもとに駆け寄り，「是非，英語に翻訳を」と要請した。そこで筆者は，留学時の受け入れ研究者，『万葉集』から村上春樹まで，筆者より日本語に習熟しているアンドリュー・E・バーシェイにお願いして，英語に翻訳してもらった。この翻訳によって，世界中の人々が詩を理解できるようになった。「3.11」から1年後の2012年3月，この詩は，フクシマで立ち上がる人々を象徴するものとして，世界中に拡散した。ここで，その英訳も紹介しておこう。

Amid invisible terror, we were witnesses
MAEDA Arata (Tanslated into English by Andrew E. BARSHAY[4])

Assaulted by an invisible terror
Even now, after four months
We remain driven from our own birthplace, our hometown
At Level 7, with no change in the situation at all
Tens of thousands of livestock, starved to death, all of them
In the deserted villages, only the stink from their corpses
Rises into the air

Across the mountains and rivers of our home country,
Stolen away by something that will not show itself,
The seasons change, as if nothing at all had happened
There where the cuckoo cries, can it be only in our dreams
That we toil and sweat?
There, where we cannot even set foot!

Once it was by our country's policy that we were driven to
　Manchuria
By our country's defeat to commit suicide together

---

(4)　アンドリュー・E.バーシェイ，カリフォルニア大学バークレー校教授（歴史学）。

And abandoning our little ones, to escape back home
And now as then, this home of ours
Is smashed to bits as our country's grand plans collapse in ruin

And this time, it's a painless death that takes its time in coming
Yet just as on that day, isn't it collective suicide all over again?
Isn't it the live experiments of Unit 731 all over again?
Friends, friends, we can't just stand here grieving and crying
Over these four months, amid invisible terror
What we have seen with our own eyes

Is the true face of terror that says: no matter
For profit's sake, the reactors must stay on

All right then! If that's how it is
We're ready to take them on, for the sake of our children and
theirs

Just like the Kwantung Army before them, these bastards
hid the facts and were the first to run from danger
And now they put on an innocent face and prattle about safety
and reconstruction
No way will we let them take these lives so easily!
Oh, but friends, my friends are dead

　この英語の詩に感動したアメリカ人アーティストは，「見えない恐怖」を静かな田園風景の版画に表現した。こうして一編の詩は，日本語から英語へ，ナショナルからグローバルへ，詩から版画へ，展開していった。筆者は，その展開を当事者の1人として目撃することとなった。とくに文化・芸術が有する普遍性を実感させられた。これが，本書を貫くライト・モチーフとなっている。

　シンポジウムの翌日，筆者は，いきなりバークレーの隣街，オークランドの「オキュパイ・オークランド」に参加することとなった。これこそ，本書のタイトル「21世紀の新しい社会運動」と「フクシマ」をつなぐ直接体験となるが，この時点で，他ならぬ筆者自身，何が起こっているか，いまだ認識するに至っていない。

2　2011年，地球を一周する憤りの声──オキュパイ運動参加体験

　ここで，「オキュパイ・ウォールストリート」運動を一瞥しておこう。

　米誌『タイム』[5]は2011年末，恒例の特集号「今年の人」に，「抗議する人」を選んだ。チュニジア，エジプトの「アラブの春」は，夏にはヨーロッパへ広がり，秋になるとアメリカの「オキュパイ・ウォールストリート」へ展開し，「抗議のネットワーク」が地球上に張り巡らされたと伝えた。

　チュニジアで，若者が警察への抗議で自死したことをきっかけに，1月，「人間の尊厳と自由」を求める若者の声は，ツイッターやユー・チューブといったソーシャル・メディアによって一気に広がり，エジプトでも，フェイス・ブックによって「誰もが主人公だ」と何万もの若者がタハリール広場に集まり，政治を動かした。5月，2人に1人が失業中のスペインの若者は，「家もない，仕事もない，年金もない，そして恐れもない」と声を上げ，マドリードの広場を占拠（オキュパイ）し，住民集会を開いた。そして「真の民主主義を今こそ」と世界中に呼びかけた。

　その声は北米に届き，7月，カナダ・バンクーバーの反消費主義雑誌『アドバスターズ』が，ブログ上で，世界中の富とパワーを独占し，2008年リーマン・ショックで人びとを不況のどん底におとしいれた元凶はニューヨークの金融街だと狙いを定め，次のように呼びかけた。「9月17日，マンハッタンに集まろう。テントを張って，炊き出しをして，平和的にバリケードを築こう。そしてウォール街を占拠しよう」。これに応えた人びとは，8月，ニューヨーク証券取引所近くの公園で企画会議を開き，2つのことを決めた。意思決定は，総会（General Assembly）をひらき，参加者1人ひとりが発言する合意方式（Con-

---

(5)　*Time*, 2011 Dec.26 / 2012 Jan.2.

sensus）とする。たった1%の経済界が支配し，形骸化してしまった民主主義に対し，スローガンは，「We are the 99%（我々が99%）」になった。

　9月17日，占拠場所のズコッティ公園には，若者2,000人がテントを持参し集まって来た。参加者は，毎日，総会を開きながら，食糧班，メディア班，医療班，アート班，そして清掃班など自主的なワーキンググループに分かれて，仕事を分担した。こうして，広場には，誰もが参加し，対等に発言でき，自発的に仕事を分担する「新しい空間」が創出されることになった。「オキュパイ・ウォールストリート」は，例えば「オキュパイ・サンフランシスコ」など，地名を冠して各地で展開する。なかでも「オキュパイ・オークランド」はゼネストまで展開し，のちに「もっとも尖鋭的なオキュパイ運動」と称されるようになる。その「オキュパイ・オークランド」に，しかもその高揚期にいきなり参加することになったのだ。

　シンポジウムにパネリストとして報告した翌日，大役を果たした安堵感で行きつけの大学近くにある書店にいたところ，友人たちが駆け込んできた。「やっぱり，ここにいたわね。さあ，オキュパイ・オークランドに参加するわよ。いま，映画監督のマイケル・ムーアも駆けつけて，支援活動をしているわ」。

　公民権運動やベトナム反戦の拠点となったオークランド，そこでのオキュパイ運動に加わってしまったのだ。映画『シッコ』の監督マイケル・ムーアを目の前に見て，食料班から食事を受け取り，現場で作成していた「オキュパイ・オークランド」の版画ポスターももらった。市庁舎前の広場は，古代ギリシャを彷彿させる円形劇場のような建築様式で，そこに人々が集まっている。まるで，古代ギリシャのアゴラそのものだ。人々は高らかにスピーチしたり，そこで音楽を演奏したり，絵を描いたりして楽しんでいる。ここは自由な芸術表現と享受空間だ。筆者も大いにエンジョイしてしまった。

　ちなみに，この運動は，しばしば「反格差抗議デモ」として報道されてきたが，今回の運動の特徴は，意思決定は直接民主主義と合意形成方式，仕事の分担の仕方は，自発的な分業（Division of Labor）方式にある。一言にして，直接民主主義に基づく新しい日常生活の創出に他ならない。いわば「生活革命」の試みである。広場という視点から見れば，都市公共空間を占拠する「都市革命」の試みというべきである。

その『タイム誌』に,「オキュパイ・ウォールストリート」をはじめ, 2011 年の抗議の声を上げ, 立ち上がる人々の世界地図が記されていた。日本地図には,「3.11」後の脱原発運動が記されていた。筆者が「3.11 フクシマ」をグローバルに認識した瞬間だ。こうして,「3.11 フクシマ」を 2011 年の世界的な社会運動の環に位置づけることができるようになったうえに, フクシマと「オキュパイ」という, 二つの運動の主体となってしまった。このフクシマと「オキュパイ」という「二つの直接体験」の「具体的普遍性」(ヘーゲル) の探求こそが, 本書の通奏低音となっている。

Ⅱ 「3.11 フクシマ」の歴史的経緯と 「生命を守ろう」と立ち上がる女性たち

1 核兵器・原発開発に立ち向かう女性たち

「3.11」はメディアを介して, 福島を, フクシマ, Fukushima へと置換し,「世界のなかの危険な場所」のひとつに加えた。筆者が住んでいる福島市は, 原発から北西に 60 キロ (37 マイル) に位置し,「帰還困難区域」を除けば, 比較的線量が高いほうだ。放射能との共存が 10 万年余も続くであろう, この街はなんと表現することが適切であろうか。住民の大半は避難・移住していない街, それは, 人類史上初の「低線量長期被ばく都市[6]」だ。

フォールアウトした放射能汚染は, 児玉龍彦 (東京大学先端科学技術研究センター) によると,「熱量換算で広島原爆の 29.6 個分, ウラン換算で 20 個分」(2011 年 7 月 27 日, 衆議院厚生労働委員会における参考人説明) に相当する。2011 年 12 月, 政府は早くも「原発事故収束」宣言したが, いまも処理済み汚染水, 使用済み核燃料, 解体工事で出る放射性廃棄物など, 問題が山積している。

なぜ, フクシマに 10 基もの原発があるのか, 他の地域は, 立地自治体の名称を冠しているのに, なぜフクシマは双葉, 大熊, 富岡, 楢葉という立地自

---

(6) 本書では, 執筆者会議で議論した結果, 執筆者の多くが住んでいる福島市や郡山市など (広く言えば, 中通り地域) を,「低線量長期被ばく都市」と規定することとした。

14

治体4町の地名ではなく、「福島原子力発電所」を名乗っているのか。戦後日本における核の問題を概観し、フクシマを特徴づけていこう。

人類史上初めてのヒロシマへの原爆投下は、英の物理学者パトリック・ブラケット（1948年ノーベル物理学賞受賞）の、「原子爆弾の投下は、第二次大戦の最後の軍事行動であったというよりも、むしろ目下進行しつつあるロシアとの冷たい外交戦争の最初の大作戦の1つであった[7]」という評価が適切である。

第二次世界大戦後、米ソによる原爆製造競争が展開する。1947年3月12日、米はトルーマン・ドクトリンによる「ソ連封じ込め」、ソ連は同年、コミンフォルム結成。49年、米は北大西洋条約、55年、ソ連はワルシャワ条約と、米ソは地球を東西に分割し、それぞれ陣営を固めていく。科学革命によって生み出された原爆をテコに、米ソのグローバルな対抗が本格化していく。科学者は核兵器開発に動員されることになり、その象徴は、アメリカは「原爆の父」ジョン・ロバート・オッペンハイマー、ソ連は「水爆の父」アンドレイ・サハロフ、この2人の科学者の苦悩の人生に深く刻印されている。

1949年秋、ソ連が原爆製造に成功し、米の核独占が崩壊したことで、核開発競争は、ますます激化し、地球を二分する戦後の米ソ冷戦体制が成立する。1953年、米大統領のアイゼンハワーは軍事用に製造した過剰ウランを、「核の平和利用」へと転換する。ここから、原爆の民需転換、つまり原発への道が始まる。その主導権を掌握するために、国連に国際原子力機関（IAEA）を設立する。こうした米ソの動きに抗して、立ち上がったのは女性だ。

女性たちは国際的な統一行動を開始する。早くも1945年11月、第二次世界大戦という未曾有の悲劇を教訓に、二度と戦禍にまみえることがないようにと、平和をまもるために、世界から40カ国の女性たちがパリに集い、世界婦人大会を開催した。ここに国際的な組織、国際民主婦人連盟（国際民婦連）が創立されることになった。1953年6月には、コペンハーゲンで世界婦人大会が開催され、「婦人の権利と子どもの幸福と平和のために団結しましょう」と統一行動を呼びかけた。こうした動きに連帯すべく、日本でも、53年4月、女

(7) パトリック・M.S.ブラケット（1951）。ただし引用は武谷三男（1957）（1968）445頁。ブラケットと同様の「広島への原爆投下は冷戦の始まり」という見解は広く共有され、伊東壮（1989）にも継承されている。

性たちの全国組織として日本婦人団体連合会（婦団連）が結成され，平塚らい
てうが会長に選出された。婦団連が，その結成と同時に取り組んだのが，6月，
コペンハーゲンで開催される世界婦人大会の準備であった。5月には，東京で
第1回日本婦人大会を開催し，世界婦人大会への派遣者10名を選出した。彼
女たちは，次の3つの項目を世界大会で討議することを託された。

　1）朝鮮戦争を即時中止すること。

　2）原子爆弾，水素爆弾，ナパーム爆弾，細菌兵器など残虐兵器の製造・
使用を中止すること。

　3）米・英・ソ・仏・中国は平和のために話し合うこと。

　世界婦人大会への参加を通して，その後，日本の女性たちの平和への統一
行動は広がっていき，翌年の3月8日の「国際婦人デー」（注：現在は，国際女
性デーに名称が変更されている）を中心に，3月8日から4月16日までを「婦人
月間」として，「すべての婦人は戦争に反対し，平和憲法をまもりましょう」と
いうスローガンを打ち出した。

　ところが1954年1月，前年に「核の平和利用」を打ち出したアイゼンハワ
ーによる「原子力発電の経済性」と題する書簡が日本政府に届けられた。1月
21日，エンジンに原子炉を導入した米の潜水艦，第1号ノーチラス号が進水
した。6月30日，モスクワ放送は「ソ連で最初の原子力発電所（出力5,000キ
ロワット）が6月27日に操業を開始した」と告げた。こうして米ソが保持する
核兵器の民需版である原発開発が本格化していく。米の開発方式に即して言
えば，原発は「陸に上がった潜水艦エンジン」ということができる。

　折も折，日本では，3月3日，突然，衆議院予算委員会に「原子力平和利
用研究費補助金」予算案が提出される。提案者の1人は，その前年にハーバ
ード大学で開催された「夏季国際問題セミナー」（統括者はキッシンジャー）に出
席し，米の原子力施設を見学してきた中曽根康弘。翌日，日本初の原子力開
発予算が国会を通過する。日本学術会議は「時期尚早」と強く反対した。

　まさに国家事業としての原子力開発へと舵がとられたそのとき3月1日，太
平洋ビキニ環礁では，マグロ漁船，第五福竜丸が米の水爆実験による放射
能・「死の灰」を浴びていた。漁労長は，当時，多くのマグロ漁船が同環礁
で行方不明になっており，米による核実験が原因だろうと漁民の間では囁かれ

ていたので，米の核実験であることを確信した。もしこの事実を母港に打電すれば，米によって察知されて，拿捕されるか爆破されるか，いずれにしても闇に葬られると直感し，打電しないまま，3月14日，静岡県焼津に静かに帰港することとなった。3月16日，読売新聞が「邦人漁夫，ビキニ原爆実験に遭遇，23名が原子病，1名は東大で重症と判断」とスクープ記事を掲載した。

　当時，原爆投下から9年も経っていたのに，占領下では米軍による報道管制のため，人びとは，ヒロシマ・ナガサキの「死の灰」や「ヒバクシャ」のことはなにも知らされていなかった。だからこそ，第五福竜丸の乗組員が入院したことを知り，初めて放射能の恐怖を感じた。食卓から，放射能汚染を避けるためマグロをはじめ，魚が消えていった。こうして放射能に対する不安は，まず食の安全という観点から，やがて放射能の元凶である核兵器へ，そして核兵器廃絶へと目を向けさせることとなった。

　女性たちは，丁度，婦人月間のさなかにビキニ事件を知ることになり，4月の婦人月間中央大会は，米国や外務省への抗議と，原水爆禁止のための行動を決議した。なかでも東京・杉並の主婦たちは，原水爆禁止署名活動に立ち上がった。4月半ばになると，女性団体や労働組合まで広がり，「杉並アピール」へと結実する。5月9日，原水爆禁止署名運動杉並協議会が結成される。この運動は日本中に広がり，8月には，原水爆禁止署名運動全国協議会が結成され，全国事務局が杉並公民館におかれるまでに至った。[8]

　9月23日，第五福竜丸の無線長，久保山愛吉が死亡する。日本側医師は「水爆による最初の犠牲者」と告発したが，米側は否定した。ヒロシマ，ナガサキ，第五福竜丸と，3度の被ばくを体験した日本の怒りを世界に伝えようと，婦団連は，国際民婦連の副会長をつとめる平塚らいてうほか5名の評議員連名で，各国政府ならびに国際民婦連に対して，「全世界の婦人にあてた日本婦人の訴え——原水爆の製造，実施，使用禁止のために」を送り，「三たびアメリカの原爆によって，計り知れない被害を受けた日本婦人のたたかいを支持してほしい」と呼びかけた。こうした動きのなかで，「世界中の母親の要求を話し合う，母親の大会の開催を」という日本の提案が支持されて，世界母親大

会の開催が決定された。

　日本では，世界母親大会開催に先立って，国内大会を開催し，世界大会に代表を送る運動に取り組むことになった。渡航費を工面するために，たとえ 1 人ひとりの募金はわずかでも，積もり積もれば大金になるということで，全国各地で「1 円募金」が取り組まれた。こうして 1955 年 6 月 7 日から 3 日間，第 1 回日本母親大会が東京で開催され，会場の豊島公会堂には全国各地，各階層から 2,000 人が駆けつけた。戦争で夫や息子，肉親を亡くした母親や妻たち，厳しい職場環境で苦しんでいる女性労働者たち，炭鉱の閉山で首切りになった夫をもつ妻など，いままで外に向かって声を上げたことがなかった主婦・母親たちが，涙ながらに自分たちの境遇を肉声で語りはじめたのだ。のちに第 1 回大会は「涙の大会」と言われ，語り継がれることになる。こうして全国各地でも，日本母親大会のような会合をもとうということで，「集い，語り，声を上げ，行動する」運動が日本全土に広がっていく。

　ちなみに，ここでビキニ事件ゆかりの地である静岡県母親大会を取り上げてみよう。第 1 回静岡県大会は日本大会に先駆けて，5 月 29 日に開催された。会場は掛川から届けられた花菖蒲 500 本が壇上を飾る静岡市立安東小学校，参加者は 370 名。会場が涙に包まれたのは，ビキニ環礁での水爆実験の犠牲者となった久保山愛吉の妻すずが，夫の「遺言」を読み上げ，「ビキニの犠牲者は 1 人でたくさん，戦争をやめさせることが，子どもを幸福にする道，原子兵器をやめさせて」と訴えたときであった[9]。

　7 月 7 日から 4 日間，スイス・ローザンヌで，世界母親大会が「母の名において死から生命を守り，憎しみから友情を守り，戦争から平和を守るために団結して行動しよう」と開催され，世界 68 カ国から 1,060 名が参加した。生命を守る女性たちの運動は，はじめからグローバルである。ここで少しばかり，この運動の意義について言及しておこう。

　1956 年 8 月，第 2 回日本母親大会では，後にノーベル物理学賞を受賞する益川敏英の師，理論物理学者の坂田昌一が「原爆の脅威について」と題する記念講演をおこなった。日本の草の根女性たちは，核兵器がはらむ，冷戦・

---

(9)　静岡県母親大会連絡会編（2012）。

国際政治や原子力・放射能問題などのグローバルな問題群について，現代物理学をはじめとして諸学問を学んでいく，一大学習運動ともいうべきものを創り出していくこととなる。

　周知のように，その後の母親運動は「生命を生みだす母親は　生命を育て生命を守ることをのぞみます」のスローガンのもとに，年1回の日本母親大会を開催し，47都道府県大会や各地域大会も開催し，現在も連綿と続いている。このスローガンは，そもそもは，1955年の世界母親大会のために，ギリシャの詩人ペリディスが詩を寄稿し，その冒頭のフレーズに由来する。このスローガンの意味するものを見てみると，戦争，とりわけ戦後の核の恐怖に対して，生命の大切さが対置されている。換言すれば，核が生み出す生存の不安・恐怖と人間の生存の基本である生命（いのち）との対抗関係であり，冷戦下の，生存をめぐる基本対抗が横たわっていると言える。

　当事者であり，第1回日本母親大会から深く関わってきた櫛田ふきは，「母親運動，原水禁運動，日本のうたごえ運動は日本の三大国民運動」と特徴づけている。櫛田は，戦前のマルクス主義社会科学の二大学派，講座派と並ぶ，労農派の論客で，福島県出身の櫛田民蔵の妻であり，2人の婚礼の媒酌をつとめたのは，河上肇夫妻であった。

　では，こうした国民運動としての母親運動は学問的にはどのように位置づけられ，解明されてきたのであろうか。社会科学の研究対象として取り上げられたのは極めて稀で，ひとり丸山真男だけが，取り上げている。丸山は，日本の社会と組織の特徴は「タコツボ」社会（タテ・系列社会）であり，その変革の基礎には，ヨコのつながりと共通基盤（共通のひろばと言葉，そしてコミュニケーション）が必要であると，「60年安保闘争」の翌年，1961年『日本の思想』において，主婦・母親運動を具体例として挙げながら，次のように提言した。

　　「家庭の主婦とか，母親とかそういう次元で組織化され，……むしろ戦後に国民的規模で成功した組織化は，原水爆反対運動と母親大会……しかしそれがどういう思想的な意味をもっているかということは必ずしも十分

---

(10)　櫛田ふき（1998），132頁。

に反省されていないんじゃないかと思うのです」[11]。

　後述するように，その後の高度経済成長のなかで性別役割分担の名のもと
に，家事労働と非正規労働を押し付けられ，自然科学は不向きといわれてき
た女性たちが，「3.11」後，フクシマの地で，装いも新たに登場することになる。
それは，『日本の思想』が刊行されて，まさに半世紀後のことである。

　ここで，母親運動と福島県との関係について一言，触れておこう。1959 年，
日米安全保障条約改定をめざす与党側は，母親運動を政治運動と断じ，「地
方自治体や PTA の大会参加者にたいする経費の補助は好ましくない」との指
示を出した。これを受けて，福島県教育委員会は，それまで出していた母親
大会への助成金を打ち切る対応をとった。日本母親大会実行委員会は，ただ
ちにこの福島県の対応について討議し，国民にむけて「権力の座にあるものが，
……（母親大会の）実行委員会の活動状況を調査することは，……憲法に明記
された思想・言論・集会・結社の自由を侵すもの」と声明を発表した。1959
年 8 月の第 5 回日本大会では，「子どもを守ることがアカなら，母親はみんな
アカになりましょう」と福島県を代表して参加した板野恵美が発言し，これを
受けて河崎なつ実行委員長が「そうです。そうです。その通り」と立ち上がっ
た[12]。ここで現れた「子どもを守」りたいという母親の願いと与党・福島県教育
委員会との対応は，「3.11」で再び現れる基本対抗である。

　1959 年の日本大会で「そうです。そうです。その通り」と立ち上がった河
崎は，1966 年 8 月，母親運動の分裂の危機にあった第 12 回日本母親大会で，
「母親が変われば社会が変わる」と発言し，母親運動の統一を呼びかけた。
河崎はこの年の 11 月に死去，この言葉は，河崎の遺言となり，いまも母親運
動で語り続けられている。ここに「子どもの生命を守りたい」ということから始
まった母親運動は，母親という主体の変革を通した，社会変革運動へと展開
していくこととなる。

　ちなみに福島県で日本大会が開催されたのは，過去 2 回，1968 年の第 14

(11)　丸山眞男 (1961)，149 頁。
(12)　日本母親大会連絡会編 (2009)，54 頁。大石嘉一郎編 (1992)，316-317 頁。

回大会と，2010年の第56回大会である。とくに2010年8月，「3.11」から半年前に開催された第56回の全体会場となったあずま総合体育館は，「3.11」では多くの避難者を受入れる拠点施設となった。

2　戦後日本の重化学工業化と福島県浜通り「原発銀座」建設

福島県浜通りはもともと「地震銀座」といわれるほど地震多発地帯である。なぜ，そこに，全国54基中，10基もの原発が置かれ，のちに「原発銀座」と呼ばれるほどになったのであろうか。ここで，その起源を一瞥しておこう。

戦後日本の重化学工業化は，都市化をベースとする太平洋ベルト地帯・臨海立地を特徴とする。1960年代になると，日本国内は重化学工業地帯と農業地帯，都市と農村という二重構造が明瞭となった。福島県にあって同じ浜通りに位置しながら，新産業都市いわきの北に位置し，取り残されてしまった「出稼ぎ地帯・海のチベット地帯」をどうするか。地元議員らによる陳情や，「出稼ぎしなくても済むように地元で就職先がほしい」との地元住民の声に押されて，行政側がたどり着いたのが原発誘致であった。

いくら地元で仕事をしたいと願っても，それが原発誘致となると，住民は「原発は危険じゃないのか」といぶかる声を上げ，「先祖代々の土地を原発にはさせられない」と反対した。こうした住民に対して，東電社員は「ヒロシマの原爆とは違って，原発は核反応を静かに優しく行う。万一事故があったとしても，二重三重の防御があるから安全なんです」と説得にまわった。その結果，少数の反対者の意見と行動を切り捨てる形で，地元でも，徐々に「安全神話」が形成されていった（こうして出来上がった「安全神話」は，「3.11」直後，原発がいままさに水素爆発せんとしているというのに，「原子力ムラ」の一員，東京大学教授のテレビ出演を通して，「大本営発表」の如く，続けられたことは記憶に新しい）。

ここで誘致の経緯を少し立ち入ってみておこう。1960年5月，福島県当局は日本原子力産業会議に加盟し，大熊・双葉両町が原発適地と確認する。11月，佐藤善一郎知事が原発誘致を発表し，県開発公社が用地買収にあたる。1961年1月，地元の大熊町議会が原発誘致を知事に陳情し，6月，東電は大熊町を適地と決定。1962年福島県議会6月定例会で，佐藤知事が，進行状況を次のように答弁している。「東京電力の木川田（木川田一隆のこと−引用者）社長

が間違いなく大熊町に設置しますと言っているところから見て，大熊町に東京電力で設置することは間違いはないと確信している。ただ土地の買収については，堤さん（西武鉄道社長の堤康次郎のこと–引用者）の土地が相当あり，この方と東京電力が交渉しているがなかなか進んでいないのが現状である」と進行状況を説明する。東電の木川田一隆社長は，福島県伊達郡梁川町（現在は伊達市梁川町）出身，社長就任前は日本電気産業労働組合（略称：電産）の分裂・解体に辣腕を振るった人物で，社長になるや，徹底した反共労務政策，労働者の不当配転，解雇を推し進めた（ちなみに，このような東電に対して，「思想・信条の自由を守る闘争」，「人間の尊厳を守る裁判闘争」が立ち上がる。そして1995年，東京高裁で全面勝利和解することとなった）。

　1964年に，いわき市を選挙地盤とし，木川田とは懇意の木村守江衆議院議員が福島県知事に当選すると，いよいよ原発建設が進む。1971年，「3.11」で水素爆発を起こす東京電力福島第1原子力発電所第1号基が運転開始し，以後，10基が集中する「原発銀座」が形成され，「3.11」を迎えることとなる。

Ⅲ　フクシマの運動の源流――ヒロシマ・ナガサキからフクシマへ

1　立ち上がった人々，その声と行動

　2011年，いつもと変わらず桜の花は咲いたものの愛でる人もいない，鳥のさえずりだけが異様なほどかしましい新学期を迎えた福島県内。ある大学で，教員が，新入生に「3.11」について，意見を求めたところ，学生はポツリと「別に」と無表情に答えた。その発言に驚いた教員は，「それはないだろう」と再び問うと，「事態があまりに大きすぎて，どう考えていいかわからない」と学生は涙目で答えた。

　筆者も同様の体験があった。「3.11」で新学期開始は延期，ようやく5月の連休明けに第1回目の講義が始まった際，「3月11日，そのとき何処にいたか，今，何を考えているか」と自己紹介を兼ねて発言を求めた。多くは，どこにいて，どんな行動をしたかは，興奮も冷めやらぬ様子で雄弁に語るものの，原発や放射能となると，口数は少なくなり沈痛な表情に変わった。

　こうした態度は，住民もまた同様であった。原発については「安全神話」が

深く浸透しており，「思考停止」を余儀なくされていた。とくに放射能について
は「見えない・臭わない・触れない」という性質で，日常的な五感をすり抜け
るので，なかなか把握できない，前田の詩の表現で言えば「見えない恐怖」
に怯えていた。人々の口からでたのは，以外なほど同じ言葉だった。「くやし
い」「フクシマがこんなになってしまってくやしい」と。「くやしさ」の意味は非
常に複雑で，「何がくやしいの」「どうしてくやしいの」と尋ねても，明確な答え
は帰ってこなかった。反対に，原発学習や脱原発運動を行ってきた住民は，
原発危険との報に，その多くは避難していた。現地にとどまっている住民も，
「やっぱり原発は危険だった」と声を上げたくても，浜通りの立ち入り禁止地域
には多くの行方不明者がおり，行方不明の家族を現地に残して中通りや会津に
県内避難してきている家族のことを思うと，なかなか声を上げにくい状況だった。

　「3.11」から10日後の21日，福島県主催の放射能学習会が福島市内の公
共施設「福島テルサ」で開催され，県が委嘱した専門家は「年間100ミリシー
ベルト以下なら安全」(後に，福島県のホームページには，この100ミリシーベルト
という数値は，10ミリシーベルトであると訂正がなされた)と説明し，不安で駆け
つけた聴衆の多くは，専門家の説明に「安堵」した。これに対して，「100ミ
リシーベルト以下でも危険ではないのか」と質問した住民には，会場から住民
による怒号が飛んだ。こういう形で，「フクシマは低線量で安全」説が流布し
ていく。

　教育委員会は4月から新学期を開始するという方針を出した。これに対して，
放射能を心配する保護者が自主的に線量計を入手し，校庭を計り始め，「子ど
もたちは大丈夫なのか」と不安を募らせた。そういう保護者たちがインターネ
ットで情報を集め，インターネットでも，保護者会でも，地域コミュニティでも，
交流を始めた。若い母親が，子どもの健康が心配で声をあげようとすると，家
庭のなかでは夫や舅や姑が，「県も教育委員会も安全と言っているのだから大
丈夫だ，騒ぐな」と制止されることが多かった。にもかかわらず，多くの若い
母親は，「万が一，将来，子どもになにかあったら悔いを残すことになる。悔
いを残したくない」という思いを強くしていった。それゆえ，深夜，必死にな
ってネットで検索し，情報を集め，思いを共有する母親同士が，ネットを通して
つながりを求めていく。こうして「ママ友」という形で，「放射能から子どもの

健康を守りたい」思いを，ネットが繋いでいく。

　住民の声は，放射能に汚染された大地の声を代弁するかのように，まず農民から上がる。大地と農産物が汚染され，春を迎えたというのに，放射能で田起こしもできない。生業を奪われ，牧草，ほうれん草，そしてキャベツは放射能のために出荷停止となる。乳牛の乳は搾っては捨てざるをえない。

　「くやしい」という声を突き抜ける，巨大な転機が訪れる。声を上げ，立ち上がる人々が登場したのだ。それは1人の尊い命が失われたことから始まる。有機農法に取り組んできた農民は，自慢のキャベツが放射能のために出荷停止となり，その後，自ら死を選んだ。本書の執筆者の1人である山田耕太の勤務する郡山医療生協の組合員で原発学習にも熱心だった。なにより，農民連の会員で，同じく執筆者の1人である佐々木健洋とは仲間であった。この農民の死に，仲間たちの悲しみは，やがて憤りに変わり，自然発生的に「こんなことは許せん。抗議に行くぞ」と立ち上がることになったのだ。

　4月26日，農民たち160余名，バスを貸し切り，東電本社へ向かった。牛を伴い，プラカードにムシロ旗，そこには「フクシマをきれいにして返せ」「もとの福島に戻せ」という思いが様々に表現されていた。東電側は交渉のテーブルにつく人数制限をしたが，「せっかく来たのに，門前払いとはなにごとか」と怒りが爆発し，農民が交渉の場へなだれ込んでいった。

　怒りでなだれ込む模様はNHK夜7時のニュースのトップで報道された。そこには自ら命を絶った夫の遺影を腕に抱え，涙をためた妻の姿が大きく映し出された。同9時のニュースでもトップで報道された。農民たちは，帰路の東北自動車道，休憩のため立ち寄った佐野インター・サービスエリアで，そのテレビ報道を目にして，「ついにわれらの行動が公けになった。これで世論が動く」「潮目は変わった」と勝どきをあげた。これ以後，マスコミは，被害者のナマの声，とくに放射能に汚染された怒り，憤りの声を取り上げることになっていく。

　これに続いてマスコミで大きく取り上げられたのは，5月23日，「子どもたちを放射能からまもれ」と，文科省へ保護者500名以上が直接交渉した場面であった。文科省・教育委員会に従っていたのでは子どもを守れないと，5月1日，ネットを中心にして「子どもたちを放射能から守る福島ネットワーク」が福島市で設立された。「放射能への不安」を共有し合い，あっという間に250名

が集まってきたのである。

　文科省との直接交渉では、「子どもを大人と同一の放射線年間積算量基準の20ミリ・シーベルトにするな、1ミリ・シーベルト以下に引き下げろ」と要求を突きつけた。この基準は、地表1メートルで測ったもので、放射線量は地表に近いほど高くなる。大人には胸から肩あたりの高さであるが、子どもにとっては口や鼻、あるいはすっぽり身長を覆う高さである。「大人と同一」どころか、子どもには過酷であると保護者は怒った。これが、NHK夜7時のニュースのトップで報道され、その後、文科省は、子どもの基準を1ミリ・シーベルトに引き下げた。保護者の直接行動が行政を大きく動かすことになったのだ。これをきっかけに、自治体は校庭・園庭の表土はがしや、除染、そして子どもたちに「線量バッチ」を配布することになっていく。

　全国的には、北は北海道から南は沖縄まで、各地で「子どもたちを放射能から守るネットワーク」が立ち上がり、7月には全国150のグループがあつまり、「子どもたちを放射能から守る全国ネットワーク」が結成されるに至った。疎開支援だけでなく、夏休みには、「フクシマの子どもたちにサマー・キャンプ」という支援活動が行われた。

　さらに、子どもたちを放射能から守る運動は、インターネットを通じて、全世界に知られるようになる。ヨーロッパのNGOは、放射能汚染測定の支援に駆けつけ、土壌と農産物の汚染を具体的に測定し、その情報は、フクシマの住民のみならず世界に向かって発信された。またNGOを支援するNGOの事務所が福島駅前に開所するなど、グローバル・ネットワークが、ネット空間でも、人々の直接的なつながりでも、形成されていくこととなった。こうして、まず母なる大地に関わる生業に従事する農民と、生命を生みだす母親が立ち上がり、それまで立ち上がれなかった人々をも鼓舞することとなっていく。

2　フクシマがヒロシマを呼び起す

　「3.11」で、「ヒロシマとフクシマ」が一括りで扱われることに衝撃をうけたのは筆者だけではなかった。ここで1人の作家の発言を紹介することで、フクシマの問題の所在を明らかにしていこう。それは、ナガサキのヒバクシャ、作家の林京子の発言で、「3.11」に関わって、テレビで内部被ばくが報道された

ときの衝撃を，次のように述べている。

　　「そして，今回，『内部被曝』ということが始めて使われましたね。私はこの言葉を聞いた瞬間，涙がワーッとあふれ出ました。知っていたんですね彼らは。『内部被曝』の問題を。それを今度の原発事故で初めて口にした。
　　被爆者たちは，破れた肉体をつくろいながら今日まで生きてきました。同じ被爆者である私の友人たちの中には，入退院を繰り返している人もいます。でも，原爆症の認定を受けるために書類を提出しても，原爆との因果関係は認められない。あるいは不明といわれて，却下の連続です。……長崎の友だちはあの人も，この人も，と死んでいる。それも脳腫瘍や，甲状腺や肝臓，膵臓のガンなどで亡くなっている。それらのほとんどが原爆症の認定は却下でした。内部被曝は認められてこなかったんです。闇から闇へ葬られていった友人たち，可哀相でならなかった。[13]」

　原爆症認定で否定されつづけた内部被ばく問題。それが，「3.11」後のフクシマでは，「すでに存在している事実」として政府でさえみとめているのである。最初は，毎日摂取する飲料水，とくに乳児のミルク用の飲料水問題として，特に若いお母さんの間で一気に不安が広がっていった。「放出された放射性物質は低線量で，直ちに影響はない」という政府の説明の仕方が，「では将来はどうなるの？　晩発性ということは，将来は影響がでてくるということになるの？」という不安を誘発することとなった。さらにチェルノブイリの事態も広く知られることになり，ヒロシマ・ナガサキでは「因果関係は認められない」といわれてきた甲状腺ガンも，広く認知されることになった。
　林が指摘した内部被ばく問題はどのように消されていったのか。林の『被爆を生きて』でも言及され，自らもヒロシマで被ばくした医師，ヒバクシャ6,000人の治療に当たってきた肥田舜太郎は，内部被ばく隠蔽には「巨大な意志の力が作用している」と喝破する。その張本人こそは，ヒロシマ原爆直後に「内部被ばくなし」としたアメリカ政府であり，その後も，核戦争の被害を少なく見せ

---

(13)　林京子（2011），43-44頁。

るためにも一貫して隠蔽し続けていると糾弾する。そしてアメリカに追随している日本政府もまた，晩発性障害で苦しむ人々をヒバクシャと認定せず，今に至るまで苦しめていると，怒りを向ける。放射能が「ヒバクシャ」をつくる，内部被ばくは「ゆっくりと人を殺す」と警鐘を鳴らし続けた[14]。

　では，そもそものアメリカでは，どのようにして内部被ばくが「巨大な意志の力」で隠蔽されていったのか。アメリカにおける内部被ばく問題を検討する場合，必ず挙がる名前がカール・Z.モーガンである。モーガンは，「保健物理学」創始者の1人であり，アメリカ保健物理学会初代会長，国際放射線防護委員会（ICRP）の初代会長，および同委員会内部被ばく線量委員会委員長，アメリカ放射線防護測定審議会内部被ばく線量評価委員会委員長を務めた。言ってみれば，内部被ばく研究のパイオニアにして第一人者である。その彼が，原発誘致や原発労働者の健康リスクに対する発言のなかで，内部被ばくや低線量における健康リスクに警鐘を鳴らし始めるやいなや，「彼は狂った」と評され，主流から外されていった。こうして内部被ばくと低線量問題は，モーガンを狂人に仕立て上げる形で消されていった[15]。モーガンが上げようとした声は，ヒロシマ・ナガサキのヒバクシャが上げることになる。

　福島県には，「福島民報」と「福島民友」という，地元新聞社が発行する地元紙が2つある。それらが，2011年6月6日，共同通信の配信記事という形で，重大な記事を掲載した。「福島の県民健康調査　被爆国の体験生かせるか」と題した，ヒロシマ・ナガサキのヒバクシャによる福島県への申し入れの記者会見を扱った記事である。福島県は，住民の「放射能への不安」に対して，これまで政府に従い「安全」と言ってきたが，県民の健康不安に応える形で，全県民203万人を対象とする健康調査をはじめることになった。これに対して，日本原水爆被害者団体協議会（被団協）は，かつてのヒロシマ・ナガサキの「調査はしても治療はしない」，「人体実験」となってしまった「苦い歴史」を繰り返してはならないと，福島県に対して，原爆の被害者に準じ，被災者に新たに「健康管理手帳」を交付すること，避難や転居した場合でも，全国どこでも健

---

(14)　肥田舜太郎・鎌仲ひとみ（2005）。
(15)　カール・Z.モーガン，ケン・M.ピーターソン（2003）。

康診断や治療を受けられる体制が必要と申し入れ，記者会見を行った。これが記事になったのである。

　記事は，福島の県民健康調査の「メンバーには広島，長崎両市で原爆被爆者を 60 年以上調べてきた放射線影響研究所（放影研）も含まれる。……『調査はしても治療はしない』『人体実験』と批判された放影研の苦い歴史がある。……米国が自ら投下した原爆の放射線による影響を追跡調査するため，1947 年に設置した『原爆傷害調査委員会』（ABCC）が前身。75 年に日米共同運営の財団法人に改組され，今も年間予算の 4 割近くを米国が負担している」と健康調査の前史を報道している。

　ところが，こうしたことは，全国紙では報道されず，地元 2 紙「福島民報」と「福島民友」が，フクシマはヒロシマ・ナガサキと繋がり，ヒバクシャとなってしまったことを客観的に知らせることになった。ヒロシマ・ナガサキのヒバクシャの「歴史の声」に背中を押されて，「フクシマを『モルモット』にするな，調査するなら治療もせよ，治療するなら医療費は無料にせよ」という声が上がっていくことになった。

　こうして，「ヒロシマとフクシマ」を一括りすることは，被ばくの「ばく」という字の違い，つまり「爆」と「曝」の違いをどう考えたらよいのか，外部被ばくと内部被ばくとでは被ばくの性質に違いがあるのか，「許容基準」という場合に，どの線量水準に設定するのか，と問題が次第に深まっていった。

3　低線量と内部被ばくをめぐる対抗

　「放出された放射能はただちに健康に影響はない」と政府が繰り返せば繰り返すほど，それは「ただちに」という急性症状ではなく，「やがて，ゆくゆくは」という晩発症状になって住民に影響を及ぼすのだということを感じさせた。低線量の放射能が人間にどのような影響をもたらすのか，住民の不安は深まっていく。

　外から放射線を浴びることで被ばくする外部被ばく，これはフクシマでは低線量の問題として認識された。また食品や空気を通して体内に取り込まれる内

部被ばくをめぐっては，科学者，とくに医学者のなかでも見解が大きく異なり[16]，住民は何を論拠にするのか，いわば科学論争に巻き込まれる形となった。住民にとっては，「避難する／避難しない」，フクシマの食材を「食べる／食べない」という行動の選択を突きつけられる形となった。

とくに内部被ばくは，若い母親にとって日常生活上の主要な問題で，食品の基準値はどうなのか，外部被ばくと同じくらいの危険度なのか，より危険が高いのか，地元産品は食べていいのかという生活問題へと直結していく。2011年「3.11」後，厚生労働省が設定した「食品暫定基準値」は，1キロあたり500ベクレル以下，具体的な例をあげると，福島の盛夏を象徴する桃（品種「あかつき」）の場合，セシウム137は1キロあたり500ベクレル以下なら「安全」ということであった（その後，「基準値」は100ベクレルに下げられた）。セシウム137が64ベクレルを記録した桃は，「安全」ということで市場に出荷された[17]。

住民にしてみると，厚生労働省が設定した「基準値」の妥当性について不安が募って行った。というのは，政府は，いつも「これは国際的基準（ICRP）に基づいている」と説明しているが，これとは異なる基準値も存在するからであった。チェルノブイリの経験を活かした基準を設定しているドイツ放射線防護協会は，「3.11」直後，「日本における放射線リスク最小化のための提言」（2011年3月20日）のなかで，飲食物は，セシウム137は，大人は8ベクレル以下に，とくに感受性の強い子どもについては4ベクレル以下にするのが望ましいとしているのである[18]。このような情報はネットを通して発信され，住民，とくに若い母親が子どもの健康を案じて，これらの情報を共有していくことになった。

基準値の幅は，実は，国際的な対抗関係が背後に横たわっていた。日本も加盟している国際放射線防護委員会（ICRP）と，EUの基準となっている欧州放射線リスク委員会（ECRR）との健康リスクをめぐる対抗が存在するからである。フクシマの住民は，いわば，この対抗のなかに投げ込まれる形となり，ど

---

(16) 一ノ瀬正樹・伊東乾・影浦峡・児玉龍彦・島薗進・中川恵一・小野寺優（2012）。島薗進（2019）。
(17) 「朝日新聞」（2011年7月30日）。
(18) セバスチャン・プフルークバイル（2013），58頁。

ちらが正しいのか，どちらの見解に立てばよいのか，それぞれの判断が求められる事態に直面した。ここでも科学論争に巻き込まれる形になった。住民は当事者になったがゆえに，生きるため，子どもの生命を守るために必死で物理学から放射線防護学，分子生物学までも学習し，自分なりの判断を持つようになっていった。子どもをまもるために学習せざるを得ないなかで，いわば「お母さん科学者」になっていくのであった。その学習の一つの成果は，政府はいつも国際放射線防護委員会（ICRP）に従っていると言っているが，政府が情報開示してこなかった，放射能汚染食品の管理をめぐる「ICRP 勧告 111 原子力事故または放射線緊急事態後の長期汚染地域に居住する人々の防護に対する委員会勧告の適用」の発見である。その要点は，次のとおりである。[19]

・汚染食品の管理策の指示は政府にゆだねるのではなく，利害関係者と市民の代表とによる検討と選択に第一の重きを置く。
・放射能による汚染の基準は，ALARA（As low as reasonably achievable：「合理的に実現可能な限り低くする原則」）。
・食品が市場に出回る前に，出荷前に生産者と消費者の代表が参加して協議し基準を選択。

　この「勧告」，とくに市民参加を促す勧告に照らせば，フクシマの住民は汚染食品管理の協議の場に立ち会えることになっていたはずである。しかし現実は「ALARA の原則」さえも知らされなかった。こうした事実が，一層，専門家と言われる人々への不信感となっていった。
　市民参加というのは，上述した「放射能汚染食品の管理」だけではない。そもそも放射線から身を守るための基準設定において，決定的なのは市民参加なのである。その原則はやはり「ICRP 勧告 111」[20]に，以下のように記されている。

---

(19)　『世界』（2011 年 6 月号）。
(20)　ICRP 勧告翻訳検討委員会編（2012）。

- 「防護戦略は，国家計画整備の一環として当局によって準備されなければならない。これらの計画では，防護対策を考慮すべきであり，それには住民によって行われる自助努力による対策を認める条件や見込まれる線量低減の効果が含まれる。これらの対策を前もって計画しておくよう住民に要請することは難しいが，委員会は当局が主要なステークホルダーの代表をこれらの計画の準備に参加させるように勧告する」(13頁)。
- 「汚染地域の管理に関する過去の経験は，防護戦略の履行において地域の専門家と住民の関与が復旧プログラムの持続可能性にとって重要であることを示している。ステークホルダーと共に取り組むための仕組みは，国や文化の特徴によって決まり，その事情に適応させるべきである」(19頁)。
- 「ノルウェーにおける対策の適用とモニタリングにおいて，被災した人々の能力と直接関与が重視されたのは，汚染地域の人々からの要請があったことと，地域の食品生産者が汚染問題の日常管理について重要で詳細な知識を有することを中央当局が認識したことへの双方がもたらした結果である（付属書A. 長期汚染地域に関する歴史的経験，42頁）。

　住民は，このような大原則の存在を全く知らされていなかった。こうして，消費者としてみれば，放射能に汚染された地元農産物をめぐって，「汚染されたものでも地産地消で地元を支援するために食べる，いや内部被ばくを避けるために食べない」という形で，あるいは世代別に「大人は食べるべきだが，子どもには食べさせてはいけない」という形で，分断される事態が生じた。農産物の汚染度はどうなのか，汚染度の情報公開の要望に応えるために，スーパーは自主測定を行い，ホームページや店頭で測定値を公開し始めた。住民側も自主的に測定所を設置する動きを始め，そこに，家庭菜園で栽培された農産物を持ち込んで自ら測り始めた。学校に対しては，給食に用いる食材の測定を要求していくこととなった。各市町村も，こうした住民の声に押されて，身近な行政区の支所などに，測定所を設置することになった。
　内部被ばくについては，住民は「自分の線量を具体的に知りたい」という切実な要望を持っており，そうした要求に押されて，自治体は，内部被ばく量を測るホール・ボディ・カウンターを購入・設置することになった。但し，このホ

ール・ボディ・カウンターで測定できるのは，ガンマ（γ）線のみである。内部
被ばくを重視する説によれば，γ線より，アルファ（α）線，ベータ（β）線がよ
り危険であると主張している。しかし当時，α線，β線の内部被ばく量を計測
する機器はなかったのが実情である。

　「3.11」後，初めての収穫の秋を迎え，福島県は県産米のサンプル調査をお
こない，早々に「安全宣言」を行った。ところが，その1カ月後，比較的線量
の高い里山の農民が，自主的にコメを持ち込み，測定所で測ってもらった結果，
基準値の 500 ベクレルを超えていたことが判明した。こうして，農民の自主的
行動が，行政サイドの「安全宣言」を撤回させることになった。

Ⅳ　フクシマの運動の特質——「子どもを守る」主体としての女性

1　グローバルな憤りの一環

　以上見てきたように，政府・東電と住民，そして住民相互のなかで，意見の
対立や行動の相異が生じることとなった。ここでは，こうした分断を，住民自
身がどのように乗り越え，立ち上がり，具体的な行動を行ったのか，いくつか
典型的なものを取り上げ，その潜勢力について言及してみよう。

　2011 年 4 月に東電本社に乗り込んで直接抗議行動を行った農民たちは，夏
の桃の出荷自粛をめぐっては，東電が準備した分厚い 60 ページに及ぶ賠償請
求書を拒否し，自主作成した書類を叩きつけ，とうとう全面賠償を勝ち取るこ
とになった。この直接行動は，行政側の「がんばろう，福島」「福島は負けな
い」という一大キャンペーンのなかでは，被害に遭いながらも，なかなか声を
上げられない住民を大いに鼓舞することとなった。とくに，自主避難している
母子は，内面では「自分たちだけ逃げてきた」と，留まっている人々への「後
ろめたさ」を抱えており，なかなか声を上げづらかったが，こういう人々にも
「背中を押し」，立ち上がる巨大な役割を果たすこととなった。そして「自主避
難者にも賠償を」という声が高まり，政府もその意を賠償の対象にするところ
まで，行政を動かしてきた。

　ここで注目すべきは，立ち上がり，直接行動を駆り立てたものが，「抗議の
自死」であったということである。「こんな理不尽なこと，不条理なことは許せ

ない」という，憤り (indignation, time for outrage) に他ならない。先述した2011 年のグローバルな運動，そして「3.11」後のフクシマで上がった声は，同じ原理なのである。「3.11」直後は「頑張れ日本」「日本は負けない」「頑張ろう福島」の国内のキャンペーン，「災害時にも耐え，暴動も起こらない美徳の国」と海外のメディア報道。このような内外の忍従への無言の「圧力」「同調圧力」のなかで，なかなか声を上げられないフクシマの人々。沈黙を破り，「同調圧力」を跳ね除けて，勇気を持って声をあげ，立ち上がったのは，母なる大地を汚染され，仲間が自死した農民たちであった。チュニジアと同じように，フクシマでも，仲間の死に憤る人々が，直接行動に立ち上がり，他の運動を牽引する役割を果たしたのだ。

2 「お母さん科学者」の生誕

　フクシマでの直接行動でも，2011 年，世界を動かした「アラブの春」や「オキュパイ・ウォールストリート」と同様に，インターネットが決定的な役割を果たしている。とくに若い母親にとってみれば，家族のなかでは「放射能への不安」が共有されにくく，インターネット空間が「放射能への不安」を共有し合える場となっていく。

　「3.11」からちょうど 10 年前，福島県は「女性の政治参画」が全国最下位であった。筆者は福島県男女共生センターで専門研究員として，全県 90 市町村，その原因と展望を現地に出向き，調査を行った。三世代同居率がきわめて高く，家父長制の残滓は色濃く，女性が声を上げにくい社会状況が存していた。ところがフクシマとなった現在，ごく普通の女性たちが，行政に，中央政府に，東電に，声を上げ，政治と深く関わっている。この 10 年を「参与観察」してきた筆者には，まさに革命的に感じる。女性たちは，科学を学ぶだけではなく，さらには科学のあり方を変革しつつあるのだ。

　歴史を振り返ってみれば，中世イタリア，ガリレオ・ガリレイは天動説で世界を支配していたキリスト教会の権威に対して，真実を求めて，手製の望遠鏡という新しい道具を用いて天体を観測し，地動説を唱えた。17 世紀古典物理学革命である。それから 400 年後のフクシマ，そこでは，中世の「天才の孤独な営み」ではなく，子どもを放射能から守る若いお母さん，「ごく普通の母親」

が主体となっている。

　「3.11」直後，若いお母さんたちは，原発から放出された放射能や，水や食糧に含まれた放射能は本当に「安全・安心」なのかと考えるようになり，とくに官房長官のあの言い回し，「直ちに健康に影響ありません」が気になり，「では，後になると健康に影響がでてくるのね」，「将来影響がでてくるとしたら，一番心配なのは，子どもだわ」と不安が募り，これが原動力となって，お母さんたちは必死で勉強を始めたのであった。マス・メディアやそこに登場する学者は「年間 100 ミリ・シーベルト以下の放射能なら身体への影響は見られません」と喧伝したが，それが本当かどうかは，自分たちで情報と学者を探し，検証するしかなかった。若いお母さんの身近にあった情報源こそが，インターネットで，ネットを開けば，政府が依拠する国際放射線防護委員会（ICRP）の基準とは異なる基準が存在し，マスコミに登場する学者とは異なる見解の学者もいた。こうして「もうひとつの基準，もうひとりの学者，もうひとつの世界」を「発見」し，インターネットでも，家庭でも，ご近所でも，保護者会でも，情報を共有し合い，想いをつないでいくことになった。インターネットという情報共有空間が，家父長制を覆す武器になっていった。

　このように情報共有し，放射能の不安への想いをつないでいけば，その先は，行動となる。放射能は，「見えない，臭わない，触れない」，文字通り「見えない恐怖」であるが故に，「子どものために後悔したくない。では，自分は何をなすべきか」，そんな想いが，放射線量を可視化しようと，線量計をインターネットで購入したり，借りたり，町内会や学校など団体で購入したり，様々なルートで線量計を入手（チェルノブイリ後，線量計は広く普及しており，ドイツ製，ウクライナ製，中国製，日本製など，いろいろな計器が存在していた。ドイツ製は正確だが高価，中国製は安価だが安定性に問題がある。値段も手ごろで安定性があるウクライナ製の評判がよかった）して，自主的に測定運動が始まり，それは「放射能汚染マップ」づくりへと展開していった。汚染度がわかると，その評価や子どもへの影響は，やはり専門家・学者の見解を聞く必要が生じ，住民の立場に立つ専門家・学者を全国，世界中から招いた一大学習運動が展開していくことになる。こうして，若いお母さんたちは，現代物理学から，原子力工学，放射線防護学，分子生物学，そして医学まで学び始めた。

　ガリレオ・ガリレイが切り拓いた科学革命に匹敵する運動が，お母さんたちの切なる想いから，フクシマで起こったのである。キリスト教会の権威に相当するのは，中央政府とICRP，そして安全を説く学者たち。望遠鏡に相当するのは，線量計とインターネット。そして現代のガリレオ・ガリレイこそは，若いお母さんたちである。「お母さん科学者」の誕生，「21世紀科学革命」の始まりである。ちなみに女性の科学者といえば，女性として初めて大学で学位をとったのは，中世イタリアのエレナ・ルクレツィア・コルナーロ・フィスコピアである。彼女の銅像は，イタリア，パドヴァ大学の，あの豪華絢爛なガリレオ・ガリレイ・大ホールに続く回廊に鎮座している。それから400年余，彼女が切り拓いた科学への女性の参加が，フクシマでは，ごく普通の若いお母さんによって，立ち上がり，歩き出したのである。

　フクシマの女性たちの動きは，とうとう福島県議会をも動かした。2011年10月には，女性団体から提出された「県内にある原子炉10基すべての廃炉」請願が県議会において全会一致で採択された。これをうける形で，2011年12月，「原子力に依存しない，持続的に発展可能な社会づくり」を基本理念とする「福島県復興計画」が決定されたのだ。

　「3.11」という事態が，かつて女性の政治参画全国最下位の福島県をして，女性の政治参画最先端に引き上げることになったのである。まことに「山の動く日来る」（与謝野晶子）というべきである。ちなみに，この「山の動く日来る」という詩は，「3.11」から100年前の1911年，平塚らいてうが編集した雑誌『青鞜』の創刊号に掲載されたもので，この表紙絵を描いた人物こそ，ほかでもない，福島県出身の長沼智恵子（後に高村光太郎と結婚），その人である。この詩は，戦後アメリカのジェンダー研究の第一人者，歴史家であり，名著『フェミニズムの歴史と女性の未来――後戻りさせない』の著者，エステル・フリードマンが編集した『フェミニスト基本読本』(Freedman 2007)にもThe Day the Mountains Moveと英訳，所収されている。

　このようなフクシマの運動が，どのように位置づけられているのか，その最先端の位置づけを挙げておこう。2013年1月27日，NHKのEテレにおいて，「日本人は何を考えてきたのか」という12回シリーズ番組の最終回が放送された。「3.11」を受けて，あらためて明治，大正，昭和と近現代日本における代

表的な思想と運動を取り上げてきた番組の第 12 回・最終回を飾ったタイトルは，「女たちは解放をめざす――平塚らいてうと市川房枝」（対談：田中優子，上野千鶴子）であった。最終回が，こうしたタイトルで飾られたのは，20 世紀を総括し，21 世紀を展望する上で，まことに象徴的である。解説者の 2 人は，男たちは「一代主義」であるが，女性たちは未来の生命に責任があり生命をつないできた，経験のなかから苦しみのなかから思想を汲み上げてきた，黙らず声を上げ，経験をぶつけ，闘ってきたと喝破した。⁽²¹⁾

　番組のラスト・シーンは，2012 年 8 月，第 58 回日本母親大会の会場（新潟市）に向かう女性たちの姿，そして会場ステージで被災地フクシマの子どもたちの現状を涙ながらに訴える福島市在住の佐藤晃子の姿が映し出された。市内でもホット・エリアと呼ばれる線量の高い渡利地区に暮らしている彼女は，「原発事故が起きなければ……フクシマを元に戻して欲しい……1 人 1 人の声は小さくとも，たくさん合わせれば大きな力になる」と締めくくった。こうしてみてくると，丸山が半世紀前に提起した課題は，「3.11」という新たな現実・運動を前にして，ようやく共有されつつあるといってよいであろう。

　政府・行政に対抗する形での住民学習運動を近代福島史においてみれば，今回は 3 度目の経験となる。19 世紀末の自由民権運動，20 世紀・1950 年代からの松川事件裁判運動，そして 21 世紀の「3.11」から始まる学習運動である。ちなみに，2012 年 1 月 15 日，NHK で同番組の第 2 回目が放送された。タイトルは「自由民権　東北で始まる――自由や自由や我汝か死せん　苅宿仲衛」（鼎談：菅原文太，色川大吉，樋口陽一）。番組の最後は，いまもつづく「福島自由民権大学」の学習活動が映し出された。自由民権研究の第一人者であった福島県伊達郡保原町（現伊達市保原町）出身の日本経済史家，大石嘉一郎，その愛弟子である田崎公司が講師となって登壇，聴講し発言する人々のなかに，浪江町からの避難者の 1 人で苅宿の末裔である大和田秀文の姿があった。自由民権の地下水脈は連綿と続いていたのだ。

---

(21)　NHK 取材班編（2013），290-291 頁。

V　フクシマの運動の射程——人類史のなかの位置

1　日本資本主義 150 年——「経済大国」の果てに

フクシマの運動の位置づけについて，まず最初に，近代日本のなかで見ていこう。

自由民権運動の土佐とならぶ拠点，福島県喜多方市。その隣市の会津若松市では，2018 年，戊辰戦争 150 年のイベントが続いた。かたや東京では明治維新 150 年を祝った。日清・日露と続く戦争のなかで，急速に「欧米に追いつけ」と「一等国」という先進国入りを果たし，「国民意識」が醸成されていく。イギリス留学を経て，上り詰めていく日本の姿を見つめていた夏目漱石は，『それから』(1909 年) において，次のように鋭く批判する。

> 「日本は西洋から借金でもしなければ，到底立ち行かない国だ。それでいて，一等国を以って任じている。そうして，無理にも一等国の仲間入りをしようとする。だから，あらゆる方向に向って，奥行を削って，一等国丈の間口を張った。なまじい張れるから，なお悲惨なものだ。牛と競争する蛙と同じ事で，もう君，腹が裂けるよ。其の影響はみんな我々個人の上に反射しているから見給え。斯う西洋の圧迫を受けている国民は，頭に余裕がないから，碌な仕事は出来ない。悉く切り詰めた教育で，そうして目の廻るほどこき使われるから，揃って神経衰弱になっちまう。話をして見給え大抵は馬鹿だから。自分の事と，自分の今日の，只今の事より外に，何も考えてやしない。考えられないほど疲労しているんだから仕方がない。精神の困憊と，身体の衰弱とは不幸にして伴っている。のみならず，道徳の敗退も一所に来ている。日本国中何所を見渡したって，輝いている断面は一寸四方も無いじゃないか。悉く暗黒だ。」

同時代人，ドイツ留学体験をもつ森鷗外も，『青年』(1910 年) のなかで，生きる，生活するとはどういうことかと，次のように批判する。

　「生きる。生活する。答えは簡単である。併しその内容は簡単どころではない。

　一体日本人は生きるということを知っているだろうか。小学校の門を潜ってからというものは，一しょう懸命に此学校時代を駆け抜けようとする。その先きには生活があると思うのである。学校というものを離れて職業にあり附くと，その職業を為し遂げてしまおうとする。その先きには生活があると思うのである。そしてその先きには，生活はないのである。

　現在は過去と未来ともの間に劃した一線である。此の線の上に生活がなくては，生活はどこにもない。」

　明治の文豪2人は近代日本の根本問題を的確に見抜いた。「アジアのなかのヨーロッパ」たらんと，「あらゆる方向に向って，奥行を削って，一等国丈の間口を張った」日本資本主義は，早くも公害問題を引き起こす。足尾銅山鉱毒事件発生に，田中正造は，次のように喝破する。

　　「真の文明は山を荒さず　川を荒さず　村を破らず　人を殺さざるべし」

　自然と人間の関係，そして人間と人間の関係，その根本のあり方を，これ以上，みごとに端的に言い表している言葉はない。

　「山を荒らし，川を荒らし，村を破る」公害は，戦後米ソ冷戦・安保体制の下，「経済大国」の道を駆け上がるなかで繰り返されることになる。高度経済成長と東京五輪（1964年）のなか，公害防止策のないまま重化学工業化を推進する日本列島は“公害の実験場”と化した。大都市化，大量生産・消費・廃棄・交通システムはゴミ問題，排気ガス（クルマ社会）問題を引き起こした。さらに「四大公害事件」，水俣病，富山イタイイタイ病，四日市ぜんそく，新潟水俣病が発生する。

　「3.11フクシマ」について，公害・環境問題の第一人者，宮本憲一は「福島第一原発事故はこの悲惨な足尾鉱毒事件以来の住民の強制疎開と自治体の廃

止であって」，「史上最大最悪のストック公害⁽²²⁾」と規定している。足尾，水俣に続く公害，しかもアスベストと同様に，時の経過とともに蓄積され続ける「ストック」性のものであり，「許容」放射線積算量が１年を単位としており，翌年はリセットされてゼロから計測されるようなものではない，ずっと堆積されるものであることを，宮本は正確に位置づけている。原発から９年経過していれば，その９年分の放射能が蓄積されている「史上最大最悪の公害」なのである。

　その宮本は，水俣などの公害裁判勝利では，疫学が大いに効果を発揮したと述べている。とくに水俣病の発生原因については，公害問題の金字塔『恐るべき公害』でも，熊本大学医学部による疫学調査を高く評価している⁽²³⁾。ここで疫学について，あらためて日本疫学会による定義を確認しておこう。

　　「疫学とは，『明確に規定された人間集団の中で出現する健康関連のいろいろな事象の頻度と分布およびそれらに影響を与える要因を明らかにして，健康関連の諸問題に対する有効な対策樹立に役立てるための科学』と定義される。疫学は健康に関連するさまざまな事象の頻度や分布を観察することを目的にするため，対象は１人の人間ではなく集団であるが，集団の特徴（集団の定義，年齢，学年，性別）やどの時点を調査対象とするかを明確に規定した上で事象の頻度や分布を調べる必要がある。また，事象に影響すると結論付けられた要因を除外，軽減する対策を講じ，除外後の効果を公衆衛生的に考えるのは疫学の社会的意義である。歴史上の事例では1854年，ロンドンにおけるコレラ伝播様式の解明や，1950～60年代，イギリスでの追跡調査による喫煙と肺がんの因果関係の解明などへの貢献が挙げられる。『佐々木　敏：はじめて学ぶやさしい疫学（日本疫学会監修），改訂第２版，p.1-7, 2010, 南江堂』より許諾を得て抜粋し転載⁽²⁴⁾」

---

(22)　宮本憲一（2014），716頁。

(23)　庄司光，宮本憲一（1964），124-125頁。疫学の重要性は，宮本憲一（1983，増補文庫版，1989）でも述べられている。

(24)　一般社団法人日本疫学会「疫学用語の基礎知識」https://jeaweb.jp/glossary/glossary001.html，アクセス日2020年2月16日。

　ところが，このように公衆衛生として社会的意義をもつ疫学が，「3.11 フクシ
マ」では消されてしまうのである。そうした前例はすでにチェルノブイリで始ま
っていた。その消されてしまうプロセスをアドリアナ・ペトリーナは詳細に調査
し，その成果を『曝された生——チェルノブイリ後の生物学的市民』に纏めて
いる。「3.11 フクシマ」では，周知のようにチェルノブイリが言及され，そこで
の事態を基準にいろいろと議論されているので，やや長くなるが，ここで少し
立ち入って述べていこう。

2　「生物学的市民」——「真実と声を取り戻す」ために立ち上がる女性

　アドリアナ・ペトリーナはペンシルベニア大学で人類学を教えているが，そも
そもは第二次世界大戦で難民となったウクライナ人の 2 カ国語を話す家庭で育
ち，1944 年，ソ連軍がウクライナ西部をナチスより奪還した混乱時に，住ん
でいた村から逃げ出し，アメリカに移住させられ，戦後の産業ブームの労働力
となった家庭に育ち，ウクライナ語は，いわば母語で，ロシア語も話せる。こ
の生得の能力を活かして，1992 年から 1997 年の間にウクライナ，ロシア，ア
メリカ合衆国で行った 18 カ月間のフィールド調査と 2000 年にウクライナで行っ
た 1 カ月間の追加調査による「参与観察」と民族誌を集大成した。それが『曝
された生——チェルノブイリ後の生物学的市民』である。カリフォルニア大学
バークレー校で学位を取得した彼女は，カリフォルニア大学バークレー校のキ
ャンパスにあるローレンス・バークレー国立研究所の生命科学科放射線生物学
グループの会合にも毎週出席し，放射線生物学も学んだ。2003 年にアメリカ
で出版された本書は，アメリカ民族学会でシャロン・ステファンズ最優秀賞
（2003 年），医療人類学会の新世紀著作賞（2006 年）を受賞している。新しい
序文を添えて，「3.11 フクシマ」後の 2013 年に新版が出版された。序文には，
チェルノブイリの調査に基づいたフクシマへのメッセージが満ちている。その
なかで，チェルノブイリで疫学が消されていった「人間不在のアプローチ」を
「3.11 フクシマ」にも言及しつつ，次のように告発している。

　　「チェルノブイリ災害は，原発事故における高線量被曝と慢性的な低線
　　量を検証する疫学上の試金石となるはずであった。また，人体の放射線

被曝を確実に検証できる『実験室』として，様々な被曝量とタイムスケジュールの医学情報，既存の知識における不確実性の把握，また，原発事故の被曝による健康への影響を考察し予測する有効な方法を生み出すと期待されていた。……

　残念なことに，災害から二五年以上経た現在でも，作業員や避難者を追跡した大規模な疫学調査はほとんど行われていない。研究者がチェルノブイリの影響について国際的に認められるデータを作るには，個人の被曝の経緯を再構築し，臨床データと体系的に関連させる必要がある。しかし，資金援助と研究のネットワークは分断されつつある。チェルノブイリの犠牲者に関する公式見解は，事故直後の短期間に生じた『立証可能』な事実に限定されており，高線量・低線量被曝による長期的な後遺症のデータは無視され続けている。……

　今日に至るまで，あえて人間不在のアプローチが，チェルノブイリをめぐる科学の体制では主流になっている。……

　日本の福島第一原子力発電所で大惨事が起きてから二年が過ぎた。原子力事故による長期にわたる低線量被曝の人体への影響を測定する信頼性の高い方法を，世界中の人々が求めている。チェルノブイリから，そのような測定方法が生まれるはずだった。しかし，生まれることはなかった。……

　このような科学の経緯により，一般市民は現在の，そして未来の災害に対する備えができていないのだ。[25]」

とりわけ，「公式見解は，事故直後の短期間に生じた『立証可能』な事実に限定されており，高線量・低線量被曝による長期的な後遺症のデータは無視され続けている」という告発はきわめて重い。

ここで念のために，ウクライナの人々が辿った20世紀の悲惨な歴史はペトリーナも随所で指摘しているので，振り返っておこう。この歴史的体験は，最近ではアメリカのホロコースト研究者，歴史学者のティモシー・スナイダー『ブ

---

(25)　アドリアナ・ペトリーナ（2016），17-21頁。

ラッドランド──ヒトラーとスターリン　大虐殺の真実』で巷間に知られること
となった。なぜ，このことを敢えて語るかといえば，チェルノブイリで放射能が
フォールアウトしたウクライナ，ベラルーシは，この大虐殺の現場であり，この
地域で生きる，生き延びるため，人々の「処世術」は，その相手がヒトラーや
スターリンであったときから放射能に至るまで，想像を絶するものがあるからで
あり，その生き延びるための「処世術」，行動を十分理解したうえで，フクシマ
への教訓を導かねばならないからである。

　ポスト冷戦後，ポーランドやロシアの公文書にアクセス可能となり，現地で
の聴き取りもかなり自由になり，ホロコースト研究は飛躍した。スナイダーの研
究はその金字塔である。ここで 20 世紀ウクライナの歴史に関するスナイダーの
的確な描写を見ておこう。

　　「二十世紀の半ば，ナチスとソ連の政権は，ヨーロッパの中央部でおよ
　そ 1400 万人を殺害した。犠牲者が死亡した地域──流血地帯^{ブラッドランド}──は，
　ポーランド中央部からウクライナ，ベラルーシ，バルト諸国，ロシア西部へ
　と広がっている。ナチスの国民社会主義とスターリニズムの強化が進めら
　れた時代（1933-38）から，ポーランドの独ソ分割統治（1939-41），独ソ
　戦争（1941-45）までのあいだに，歴史上類を見ない集団暴力がこの地域
　を襲ったのである。ユダヤ人，ベラルーシ人，ウクライナ人，ポーランド人，
　ロシア人，バルト人など，おもに古くからこの地域に暮らしてきた人々が犠
　牲となった。1400 万人が殺されたのは，ヒトラーとスターリンの双方が政
　権を握った 1933 年から 45 年までのわずか 12 年という短い期間のことだ。
　彼らの故郷が戦場となったこともあるが，ここで対象とする人々は，すべ
　て戦争ではなく殺害政策の犠牲者である。第二次世界大戦は史上もっと
　も多くの死者を出した戦争だった。全世界で死亡した兵士のうち，ほぼ半
　数がこの『流血地帯』で戦死しているが，1400 万人という人数には，こう
　した戦闘任務についていた兵士はひとりもふくまれていない。ほとんどが
　女性か子供か高齢者だった。誰も武器を持っておらず，多くの人が所持品
　や衣服を奪われた[26]。」

─────────────────

(26)　ティモシー・スナイダー（2015），10-11 頁。

とくにウクライナは，1930年代はソ連による飢餓輸出（農民から穀物を強制的に取り上げ輸出し，これによって外貨を獲得し，工業化をはかる国策。これによって多くの農民が飢餓で死亡した），1940年前半は，この輸出の大宗をめぐってナチスと激突した，まさに「流血地帯」の中心であった。ペトリーナの『曝された生』のなかでも，虐殺された遺骨の描写が生々しくでてくる。第二次世界大戦後はソ連政権のもと，ソ連崩壊後は急速な新自由主義政策，市場経済のもと，社会保障を剥ぎ取られ，経済的に窮乏していく。そういう人々が，チェルノブイリ事故後，身体に変調をきたしたとき，身を守るためにどのように行動し，そしていかなる市民へと変化していったのか。これを，ペトリーナは，「生物学的市民（Biological Citizens）」と概念化する。この「生物学的市民」は放射能をめぐってウクライナがベラルーシとは異なる対応を行ってきたことに関わり，しかも『曝された生』のキイ概念であるので，その深い内容を見てみよう。

　「ウクライナは平均して国家予算の5%を，崩壊した原子炉の撤去作業や技術的メンテナンスなど，チェルノブイリの余波にまつわる負担のために出費してきた。1995年には，そうした支出の65%以上が被災者の社会保障のために，また法医学，科学，福祉の巨大機構を維持するために使われた。対照的に，隣国のベラルーシでは，自国の被災者の社会福祉のために使う予算はウクライナよりもかなり少なく，チェルノブイリ関連予算の受給者の数を制限している。この国の領土の23%が汚染されたと考えられており，これはウクライナの汚染された土地の割合のほとんど三倍にあたるにもかかわらず，である。ベラルーシの政府は科学的研究を抑圧したり無視したりする傾向がある。災害の規模を過小に見積もり，汚染地域に住む200万人近い人々の医学的調査に十分な資金を提供していない。

　ベラルーシと違いウクライナは，政府の国内的・国際的正当性を喧伝し，領土権を主張するためにチェルノブイリの遺産を利用してきた。チェルノブイリの危機を通じて，災害に対するソヴィエトの対応を無責任だと批判することによって国民自治を推し進める政治を展開してきたのである。国家がチェルノブイリの住民のために新しい社会福祉や科学の機関を立ち上げ，国全体に課すチェルノブイリ関連税から拠出される比較的気前のよい現金

給付制度を被災者や障害者に提供し始めた。……

　チェルノブイリの遺産に対するウクライナの対応が独特なのは，ヒューマニズムを統治の戦略や国家建設と結びつけ，市場戦略を様々な形態の経済的・政治的汚職と結びつけたところに有る。このような相互に関連するプロセスを通じて，新種の公的・非公的な社会的ネットワークや経済が生まれ，国民の一部が政治的に保証された手当てに頼って生き延び，またそこから恩恵を受けることを可能にしてきた。……

　私は，ウクライナに現れたこうした社会的実践を『生物学的市民権（biological citizenship）』と呼んだ。新興の民主主義が市場経済への苛烈な移行過程と結びついているウクライナでは，住民が受けた生物学的ダメージが社会的メンバーシップの基盤となり，市民としての権利を主張する根拠となっている。……生物学的市民権とは，生物学的損傷を認知し補償するための医学的・科学的，法的基準に基づいて遂行される社会福祉の一形態に対する巨大な要求であり，またそれに対する選別的なアクセスであるといえる。」⁽²⁷⁾

　このように，ヒューマニズムと統治の戦略・国家建設との結合を，1人ひとりの市民のレヴェルで運動において捉え返し，新たな市民概念として「生物学的市民」を提起する。「生物学的損傷に関する知識を総動員して公的説明責任や政治力を勝ち取り，金銭的補償や医療ケアというさらなる国家の保護を要求」⁽²⁸⁾していった。つまり，生物学や医学などを学んだ成果を，市場経済に曝され，そして放射能に曝された生身の身体に対する補償として，したたかな交渉術や演技も駆使して要求していったのである。つまりダメージを，運動を通して，社会的なメンバーシップへ，みごとに反転させ制度化させていったのである。

　たしかに疫学は否定されてしまったが，その代わりを果たしたのが生物学の学習だったのである。チェルノブイリより遥か以前から，生きる，生き残るために身につけた「処世術」は，まるで19世紀帝政ロシアの官僚制を徹底的に風

(27)　アドリアナ・ペトリーナ（2016），36-37頁。
(28)　同上，37頁。

刺したウクライナ出身の作家，ニコライ・ゴーゴリの文学世界のようだ。ペトリーナは，みごとにここに生きる人々を描ききっている。そして，2013 年版の序文を次のように締めくくる。

　　「『曝された生』は，真実と声を独占するテクノクラートに代わる 経 験 則[ヒューリスティック]としての災害の倫理を見つめていく。そしてエスノグラフィーの繊細さと感受性をもって，人々がどう生き延びたかを記録していく。この記録のなかで，地上の人々は，絶滅種として分類されることを拒んでいる。彼らは消滅することを拒んでいるのである[(29)]。」

　ここで指摘されている「経 験 則[ヒューリスティック]としての災害の倫理」とは，どういうことなのであろうか。そして「テクノクラートによって独占された真実と声」は，どのように奪い返していくのであろうか。チェルノブイリで被ばくし，「子どもを守」るため，立ち上がったウクライナの１人の母親，アラ・ヤロシンスカヤの行動を見ていこう。

　実は，ペトリーナが調査のためにウクライナにいた頃，大学院生だった筆者もまたモスクワにいた。1994 年厳冬の２月，モスクワ留学中の恩師を頼って，古文書館へのアクセス方法を学ぶための数週間の短い訪問であった。日本に帰る折，師からある写真を持ち帰ってくれと依頼された。それは，チェルノブイリ事故当時，原発から 160 キロ離れたウクライナ，ジトーミル市で新聞記者をしていた二児の母親アラ・ヤロシンスカヤが命がけで事故の事実を暴いた記録に付ける写真の数々であった。筆者は請われるまま，それらを持ち帰り，日本の出版社に渡すこととなった。ソ連邦解体期，しばしば郵便物は紛失し，運よく配達されたとしても遅延することが多かった。また日本人が襲われる事件も多発し，レーニン図書館で出会った日本人研究者同士，どんなに怖い思いをしたか語り合ったものだ。ホテル滞在中には，銃声が聞こえたり，警察犬を伴った警官がホテルを巡回している様子を目撃したり，地下鉄付近では凍死した遺体も見たりした。急速に市場経済に移行するロシア社会に生きる人々が

---

(29)　同上，29 頁。

どんなに悲惨な状態か，厳冬のモスクワ，凍てつく思い出だった。

　無事に持ち帰った写真は，帰国後まもなく，ヤロシンスカヤ『チェルノブイリ極秘——隠された事故報告』(1994) として出版された本のなかに所収されていた。贈呈された本を手にとって，それが 1992 年にロシア語で出版されるや，「現在のもっとも切羽詰まっている問題に対し実際的模範的な回答を示した者」に贈られ，「もうひとつのノーベル賞」と称されもする，ライト・ライブリウッド賞を受賞（ちなみに 2019 年の受賞者は，グレタ・トゥーンベリである），ソ連政府が組織ぐるみで核被害を隠蔽した記録として世界的に注目されていた本だということがわかった。本書を読んで，筆者がどんなに衝撃を受けたかは，すでに別稿で記しているので，ここでは先を急ごう。[(30)]

　ヤロシンスカヤは『チェルノブイリ極秘』に続いて，『チェルノブイリの嘘』(2016) を出版する。これは，真実を明らかにするために議員になったヤロシンスカヤの『極秘』の続編にあたり，ソ連共産党政治局作業部会会議秘密議事録を入手し，これを駆使して，政治家エリートや科学者エリートには「嘘つき症候群」が蔓延していること，とくに最大の「嘘」は，許容被ばく線量をめぐる「嘘」であることを突き止めた。こうして彼女は，「嘘」を発見し，「真実と声を独占するテクノクラート」から，真実と声を取り戻していった。本書の「終章」で，ヤロシンスカヤは，核の危険性は，いままで技術的問題に矮小化されてきたと述べ，「環境的側面——放射能による地球規模の生態系および生物圏の汚染」や「道徳的側面——権力と武器を持つ特定の者の悪意ある選択に翻弄される」が顧みられなかったと糾弾し，環境的規範，倫理的規範に則っていかねばならないと断言している。[(31)]

　ここで，最近の資料開示状況について簡単に述べておこう。チェルノブイリ研究については，2016 年，ウクライナ保安庁は，旧ソ連時代の資料を開示した。これにより，ソ連時代のウクライナの社会動向や KGB の実態，そしてチェルノブイリについて，いままで「極秘」であったことが明るみになった。早くもその成果は英米合作ドラマ『Chernobyl』放送や，新たなチェルノブイリ研

---

(30)　後藤宣代 (2014，筆者関連文献 17)。
(31)　アラ・ヤロシンスカヤ (2016)，515, 526–527 頁。

46

究の知見に基づく刊行(32)となっている。筆者は，福島市内で，可能な限り現地
調査報告と題した報告会を聴講している。「チェルノブイリでは……」と語る報
告者の参考文献に，ロシア語やウクライナ語をみたことがなく，また視察報告
会と題するものにも何度も参加したが，それはウクライナ訪問記ではなく，専
らベラルーシに関するものばかりだった。まして，新たな資料開示に基づく研
究は未見である。2 人のウクライナゆかりの女性の研究に学べば，やはりもっと
ウクライナからの教訓に学ぶべきであろう。また，意気軒昂に「福島ではチェ
ルノブイリのような健康問題は生じない」と宣言する科学者は，ヤロシンスカ
ヤの場合，議員特権を駆使してしか利用できなかった議事録へのアクセスが，
いまや広く可能となっているので，これを踏まえる必要がある。またペトリーナ
が指摘するように，政府が「科学的研究を抑圧したり無視したりする傾向があ
る。災害の規模を過小に見積もり，汚染地域に住む 200 万人近い人々の医学
的調査に十分な資金を提供していない」ベラルーシよりは，ウクライナの経験
に学ぶことも必要であろう。

　さて，本題に戻ろう。ヤロシンスカヤが発見した「嘘」，つまり許容被ばく線
量の引き下げこそ，じつは，「3.11」後，フクシマで，女性たち，とくに若いお
母さんたちが起こした運動の成果なのである。ここで，その意義を公害史と被
ばく史から位置づけていこう。

3　公害史と被ばく史の交差点，フクシマ

　「3.11」直後，政府は「放出された放射能はただちに健康に影響はない」と
説明したが，住民の不安は解消されることはなかった。そこで，先に述べたよ
うに，行政側による放射能学習会が各地で開催されることになった。県が委
嘱した専門家は「年間 100 ミリ・シーベルト以下なら安全」(先述したように，福
島県のホームページには，100 ミリ・シーベルトではなく，10 ミリ・シーベルトと，後
日，訂正がなされた)と説明し，不安で駆けつけた住民はとりあえず安堵したも
のであった。

　しかしながら，インターネット上で，これとは異なる見解を知った住民は，自

---

(32)　Serhii・Plokhy (2018) (2020)。

主的に専門家を招き，各地で学習会を主催することとなった。象徴的な日を挙げてみよう。2011年7月3日，政府の原子力災害現地対策本部で，招かれた専門家は「年間30ミリ・シーベルトの被曝線量でも，がんの発症率に変化は見つかっていない」と主張した。聴衆は県内の市町村長や自治体担当者。同日，福島県北地区高校PTA連合会で，招かれた専門家は内部被ばくを重視し，「福島の子どもたちは危険」と主張した。科学者間でも見解が異なる外部被ばく，内部被ばく，そして低線量問題が，許容線量をめぐる対抗として展開している。「フクシマの運動」は，政府や行政の一方的な許容線量設定に対して，住民サイドが自主学習を重ねて，声を上げ，行動し，その設定を覆しているというところに特徴がある。

　『放射線被曝の歴史』の著者，中川保雄は，許容線量は，生物・医学的な判断による人間にとっての安全基準ではなく，ただただ核開発・原子力開発を優先とした政策のなかで政治的に決定されてきたことを詳細に解明し，さらに，こうした許容線量の引き下げの歴史は，ヒバクシャたちの闘いのなかで勝ち取られてきたものであることを実証している[33]。とすれば，フクシマで展開している許容線量引き下げの運動は，まさに，こうした核・放射能との闘いの歴史を受け継ぐものであると位置づけられ，ヤロシンスカヤが発見した「嘘」を暴く運動とも言えよう。

　こうしてみてくると，「3.11フクシマ」の運動は，近代日本における公害の歴史とグローバルな被ばくの歴史，その21世紀における交差点，結節点に位置づけることができる。だからこそ，そこに孕まれているものは，あまりに広く，あまりに深い。その一端を最後に見ておこう。

VI　おわりに──新たな時代か，破滅（カタストロフィー）か

1　地球史からの位置づけ──「人新生（アントロポセン）」，地球を放射能で汚染した人類史

　9世紀，河原左大臣（かわらのさだいじん）（源融（みなもとのとおる））は，福島市の中心に位置する小高い信夫山の，その「しのぶ」を採り，和歌に詠んだ。『古今集』(恋四，724) に所収され，『百

---

(33)　中川保雄 (2011)。

48

人一首』の一首にもなっているので広く知られている。

陸奥の　しのぶもぢずり　誰ゆゑに
　　　乱れそめにし　われならなくに

　その信夫を冠した信夫山公園周辺は，2020 年現在，「信夫山再生プロジェクト」が進行している。信夫山の「御神坂広場」を中心に，トレーラーハウスを設置し研修施設に，木々の間にワイヤロープを滑り降りる「ジップライン」を整備し遊び場に，という計画である。[34] これに対し，一級建築士で福島市在住の春山哲郎は，2018 年 12 月，「福島民報」の読者投稿欄「みんなの広場」で，その問題点を指摘している。

　「信夫山は，市街地の中央にある，標高が二百七十メートルほどの自然豊かな山である。クヌギ，ナラの雑木林，アカマツ，エノキ，ケヤキの大木，北限といわれるユズ畑もある。カタクリの群生もあり，山野草の宝庫のため，チョウやカブトムシ，野鳥が多い。市民の散策の場で，中学生の総合学習や高校生のトレーニングの場でもある。

　しかし，東京電力福島第一原発事故以降，除染で出た廃棄物の仮置き場を造るため，雑木林を伐採し公園を造った。至る所にグリーンシートの『山』が点在している。

　雑木林を伐採し墓地も拡張されている。『困ったもの』と思っていたところ，先日の福島民報に『信夫山再生　県都元気に』というカラーイラスト付きの記事が掲載された。イラストは，大鳥居付近の広場計画だった。

　事業概要の説明会が開かれたとのこと。プロジェクトは来年度にも誕生させ，観光振興につなげるという。しかし，自然環境が大切。計画は急がず，予算や維持管理費など広く市民の意見を聞き十分に検討することが必要ではないだろうか。」[35]

（34）「福島民報」2018 年 11 月 28 日。
（35）同上，2018 年 12 月 14 日。

　春山は，自宅に近い信夫山周辺の自然を幼少からこよなく慈しみ，「3.11」後は，信夫山の放射線量を仲間たちとともに自主的に測定している。信夫山周辺は，市内では線量が比較的高く，市内の除染で出た放射性廃棄物の仮置き場にするために，美しい松林も伐採されてしまった。平安の時代からその優美な姿で知られた信夫山の惨状を，春山は「信夫山無残」と投稿した。筆者も，信夫山に「放射性廃棄物の山」が出来ているのを見つけたときは仰天した。とくに新緑の萌葱色が美しい季節，放射能を納めたフレコンバックの山は異様というしかなかった。

　春山が代表を勤める「信夫山の自然を守る会」は，福島市長宛てに 2019 年2 月，「『信夫山再生計画』中止の要望書」を送り，12 月には，「福島県自然保護協会」，「高原の原生林を守る会」と連名で，「市道御山町・信夫山線の森林の現状回復と道路拡張工事の中止を求める要望書」を送った。「要望書」は，森林法第 10 条 2，第 25 条を根拠に，土砂崩壊防備保安林・風致保安林に指定されている信夫山に対して，その伐採行為と道路拡張工事は行うべきではないと厳しく指摘している。こうしたフクシマの市民の行動は，地球・自然

---

(36)　同上，2015 年 4 月 23 日。
　　内村鑑三は，夏目漱石や森鴎外と同様，近代日本のあり方に警鐘を鳴らした。田中正造に言及した名文があるので，ここで紹介しておこう。内村は，1911 年「デンマルク国の話」と題する講演を東京で行った。1864 年，デンマークはドイツ・オーストリアの二強国に破れ豊穣な二州を割譲した。そこで国土の半分を占める曠野にして不毛の地，ユトランドを鋤と鍬をもって田園に変え，敵に奪われたものを補おうとした。そして植樹し，ユトランドに緑をもたらした。内村は，「大樅の林の繁茂のゆえをもって良き田園と化した」と述べ，開戦へ猛る「軽佻浮薄の経世家を警むべき」と批判した。日露開戦に対して，非戦論を唱えた内村の視座がよくわかる。さらに内村は，1924 年，『国民新聞』に「樹を植えよ」」という一文を寄稿し，「国を興さんと欲せば樹を植えよ。植樹これ建国である」と提唱した。数カ月後，同新聞に「西洋の模範国　デンマルクに就いて」を寄稿し，次のように述べた。「実に植ゆるべきものは樹であります。しかしてもし自分で樹を植ゆることができなければ，他人をして樹を植えしむることであります。故田中正造君がたびたび言われました，『日光山に植林したのは白河楽翁である。それを古河市兵衛奴が安く政府より払下げて，足尾銅山を開いて，山を裸にして田畑を荒らしたのである』と」内村 (1946)，鈴木俊郎による「解説」106−111 頁。信夫山の伐採，さらには地球温暖化，気候変動に照らしても，この箴言は，21 世紀の現代，いっそうの生命力を有すると言わねばならない。

と人間の歴史からみて，どのように位置づけられるのであろうか。

　いま，我々の世代は，核開発や気候変動，環境問題など，人間活動が地球に影響を与える新たな地質時代，「人新世（Anthropocene）[37]」に突入したという見解が現れた。2000 年，オランダ出身の大気化学者で，1995 年ノーベル化学賞を受賞したポール・クルッツェンによって提起されたものだ。従来の見解は，最終氷河期が終わった 1 万 1,700 年前から現在まで続いているのは，「完新世」という規定であった。しかし，産業革命後の人類は，地球の大気と海の組成を変化させ，地形と生物圏を変えた。とりわけ放射性物質やマイクロ・プラスティックなど，人類によって発明された有害物質によって，地球には新たな層，人工的な層が形成され，地球に計り知れない負荷を与えている。「人新世」は，自然と人間の関係が，いよいよ壊滅的な様相を呈してきたことの別称に他ならない。

2　人類史からの位置づけ——家父長制を終わらせ，新たな人類史へ

　本章では，立ち上がる女性たちの運動をみてきたが，「山の動く日来る」とは，人類史で言うと「いかなる日」に該当するのであろうか。2011 年から始まる運動の新しさについては次章で展開されるので，ここでは 2011 年以後の女性運動の側面から整理してみよう。

　若者と女性に牽引されたオキュパイ運動は，その後，行政による広場からの強制排除によって，それぞれの地域コミュニティでの活動へと拡散していった。そのなかで，様々なネットワークが形成され，それがインターネットによってつながっていった。「オキュパイ・オークランド」でも体験したように，運動は文化・芸術と分かちがたく結びついていた。こうしたアート活動について，

---

(37)　クルッツェンは，「人新世」の始まりを，1784 年と提起している。同年はジェームズ・ワットが蒸気機関の発明特許を取得した年である。ボヌイユ（2018）は，「人新世」概念は，グローバル・ヒストリーや環境史，地球システム科学の研究が活発になるなかで，一層深まってきていると述べている。またルイス（2018）は，生活様式から人類史の画期をとり，「ポスト資本主義」では，再生可能エネルギーによって，環境・気候変動問題を解決できるとしている（348–349 頁）。これらの議論を背景にして，国連の提唱するSDGs（Sustainable Development Goals）がある。そもそものSDGsには，ラワース（2018）が提唱した「ドーナツ経済学」原理が参照されている。

「我々が 99%」のスローガンの生みの親で人類学者のデヴィッド・グレーバーは，一連の「巨大な運動は，本質的には祝祭，具体的には資本主義に対抗するカーニバル，抵抗のフェスティバル(38)」なのだと述べている。振り返ってみれば，19 世紀のパリ・コミューンも，20 世紀のロシア革命も，そうであった。筆者が「オキュパイ・サンフランシスコ」に参加した際も，美術学校に通う女性たちのファッションやポスターに目を見張った。この女性たちの運動，とくにアートと結びついた運動は，2016 年秋，ドナルド・トランプ大統領誕生により，一大画期を迎えることとなる。

　戦後アメリカの第二次フェミニズム運動を日本に紹介した第一人者，ホーン川嶋瑶子は，1960 年代公民権運動に触発されて始まった女性解放運動の最昂揚として，2017 年 1 月 21 日の「女性の大行進」を挙げている(39)。トランプ大統領が就任演説を行った翌日の 2017 年 1 月 21 日，首都ワシントンのホワイト・ハウスは 50 万人の女性たちに包囲された。キング牧師のワシントン行進が 25 万人，実にその倍の人々が集まったのである。日本を含む世界 60 カ国，600 都市，参加者総数 500 万人の「女性の大行進」が行われた。大統領選挙のなかで暴露されたトランプの女性蔑視発言の数々，「女性器をつかむのは簡単」「女は相手がスターならやらせる」「女の賞味期限は 35 歳」に憤りを覚えた女性たち。彼女たちは，草の根で行動を起こし，SNS を使って拡散し，年齢，職業，人種，信仰を超えて，「女性の権利は人間の権利」と訴えて，この日，一斉に立ち上がったのであった。ここでもネットが社会運動を牽引しているのである。

　注目すべきは，プラカードやフライヤー，プラスターに描かれたスローガンと絵，そして女性たちのファッションである。フェミニスト・メッセージを胸にプリントした T シャツを身につけ，ピンクの「子ネコちゃん・プッシーハット」をかぶっている。このプッシー・ハットは，「女性器」の俗語，Pussy をもじったものである。Time 誌は，このプッシー・ハットを表紙に掲げ，その見出しには「行進 (March) は，いかにして運動 (Movement) にまで展開していったのか(40)」

(38)　デヴィット・グレーバー (2015)，283 頁。
(39)　ホーン川嶋瑶子 (2018)。
(40)　*Time*, February 6, 2017.

とあり，そのインパクトの巨大さを示している。そのインパクトの巨大さを示す1つとして，世界22カ国の国と地域で展開しているファッション雑誌『VOGUE』などを出版しているグローバル企業コムデナストは，ただちに特集号を緊急発行した。その特集号のタイトルは，「立ち上がれ！——アメリカ史上最大の抗議の内側」[41]，表紙は，ワシントンに駆けつけた多様な女性たちと彼女たちが掲げている手作りのプラカードである。

　今回の特徴は，コムデナストに象徴されるように，ファッション界がこの大行進を支援し，行進を鼓舞したことにある。立ち上がった女性たちには著名な女性活動家や名だたるハリウッド女優もいたが，圧倒的多数は女性，幼い女児の手を引く若い母親，黒人，ヒスパニック，イスラム教徒であり，もちろんLGBT（性的少数者），男性なども参加していた。

　ニューヨーク在住のアーティストたちは，それぞれが撮影した写真を1冊にまとめた写真集を出版した。その表紙には「なぜ私たちは行進するのか——抗議と希望のしるし」[42]，裏表紙には「これが民主主義よ」と書かれている。このスローガンこそ，「オキュパイ・ウォールストリート」で連呼された「民主主義ってなんだ」「民主主義ってこれだ」と全く同じで，オキュパイ運動の女性版といえるであろう。こうした女性たちの行動に対して，トランプ大統領の側近だったバノン前首席戦略官は，「男性優位の有史1万年の歴史を消し去るもの」と警戒感，恐怖感を露わにしている。

　「女性の大行進」は，反トランプの昂揚のなかで，一気にグローバル化していく。2018年3月8日の国際女性デーに際し，UN Women（国連）は，「Time is Now（いまこそ行動を）」というスローガンを掲げ，挙げて「#Me Too（私も，そうよ）」を支援した。このように，アメリカ発の社会運動は，いまや国連を巻き込みグローバルに，そして，この日本でも展開しているのである。アクティヴィストで社会運動研究者のL.A.カウフマンは，一連の運動の特徴として，①分散型，②ボトムアップ型，③女性が牽引，の3つを挙げている[43]。さらにこ

---

(41)　*Rise Up!* (2016).
(42)　*Why We March* (2017).
(43)　Kauffman (2017).

の運動で決定的な役割を果たしているのはアートだと断言する[44]。

　「3.11 フクシマ」では，女性たちが上げた声は「生命が大事」「生命を守れ」だった。この生命倫理は，やはりアメリカ社会運動でも貫かれている。「女性の大行進」から 1 年後，行進する人数はさらに倍に，100 万人に膨れ上がる。フロリダ州の高校の銃乱射で 17 人が死亡し全米を震撼させた事件に対し，この高校の生徒 5 人による「もう，たくさんだ（Enough is Enough）」という銃規制の訴えに共鳴した人々が，2018 年 3 月 24 日，全米の「私たちの生命の大行進」に集まった。筆者もサンフランシスコ市庁舎前の集会に参加した。若い医学生たちも「自分たちは生命を守るために医学を学んでいる。人を殺す銃はいらない」と立ち上がった。ここでも，アーティストが銃規制を表現する版画を制作し，参加者に配っていた。もちろん筆者ももらってきた。アートという普遍言語によるグローバルなコミュニケーションだ。こうして，生命の尊厳を全面に打ち出した高校生の運動は，いままで政治に無関心だった若者を目覚めさせ，さらなる展開をみせている。周知のように，この運動に勇気づけられ，環境危機に対して 1 人で金曜日学校ストライキに立ち上がり，全世界の若者たちを巻き込んでいったのが，スウェーデンの高校生，グレタ・トゥーンベリその人である。

3　核の歴史からの位置づけ──「フクシマのあとで」

　「3.11 フクシマ」を受けて，脱原発を決定したドイツ政府エネルギー問題倫理委員会メンバーで，日本にも留学したことがあるミランダ・シュラーズは，「3.11」から 1 周年に開催された福島市でのシンポジウムにおいて，ドイツが脱原発を決定した根拠を紹介した。ひとつは判断基準で，都市と農村との地域間，現世代と将来世代との世代間，という倫理問題である。もうひとつは，脱原発運動を促進させた 3 源泉として，1970 年代から昂揚を迎える環境，女性，反核・平和という社会運動が存在し，これが合流し巨大な社会変革に結実したことである。このシンポジウムは，4 つの経済系学会（経済理論学会，日本地域経済学会，経済地理学会，基礎経済科学研究所）が共催し，市民にも開かれた，いわば市民と研究者との協働活動であった。最後に市民と研究者が対等に討

(44)　Kauffman（2018）.

54

議して起草した「集会宣言」を採択した（それは，後に，前田新の詩「見えない恐怖のなかでぼくらは見た」と同様，アンドリュー・E.バーシェイによって英訳され，世界に発信されている）。この様子を嬉しそうに見ていたシュラーズは「日本でも，ようやく市民が声を上げ，本当の民主主義が始まりましたね」と発言し，参加した市民らの大喝采を浴びた。シュラーズは発言の締めくくりに「デモは楽しいですよ。まるでピクニックみたいですよ」と述べた。それは数カ月後，日本でも大きなうねりとなっていく脱原発集会のなかで確証されることとなった。

　ドイツの隣国，フランスで，放射線防護原子力安全研究所倫理委員会委員長を務めたジャン＝ピエール・デュピュイは，その著『ありえないことが現実になるとき——賢明な破局論にむけて』で端的に表現したように，現代が文明の大転換期にあること，「ひとつの人類」という時代を迎えていると断言している。さらに『経済の未来——世界をその幻惑から解くために』のなかで，「この本は，政治が経済に，また権力が経理になぶりものとされていることを目の当たりにした恥辱から，やむにやまれず書いた」と執筆の動機を述べたうえで，経済はすべからく倫理問題であると，「人類破局と倫理」について真正面から提起をおこなっている。デュピュイは自身のチェルノブイリ訪問記のなかで，大江健三郎の『ヒロシマ・ノート』を，共感をもって引用し，「人類破局」のなかを生きる我々が「任意の選択ではない被爆者の同志」と，その人類としての共通性，「ひとつの人類」を強調している。

　このように，シュラーズにしても，デュピュイにしても，20世紀の核兵器から端を発した原子力の問題を，根本的には人類の倫理問題として広く深く議論しているところに画期的な意義がある。翻って，日本はどうだろうか。「エネルギー問題，経済問題」として狭く単純に議論されている。ここに夏目漱石や森鴎外が指摘した近代日本の根本問題を見るべきであろう。

　人類の倫理問題を，人類がこれまで積み重ねてきたありとあらゆる区分，分類，境界などの線引きをいっさい突き抜けた地平において捉え返したのが，ジ

(45)　後藤康夫・森岡孝二・八木紀一郎編（2012）。
(46)　ジャン＝ピエール，デュピュイ（2012a）。
(47)　同上（2013）。
(48)　同上（2012b）。

表　被災3県の災害関連死者数（年齢別）

		調査年月日				
		2015/9/30	2016/9/30	2017/9/30	2018/9/30	2019/9/30
被災3県	合計	3,352	3,468	3,590	3,645	3,683
岩手県	合計	455	460	464	467	469
	年齢別 20歳以下	1	1	1	1	1
	21歳以上 65歳以下	59	60	62	63	64
	66歳以上	395	399	401	403	404
宮城県	合計	918	922	926	928	928
	年齢別 20歳以下	2	2	2	2	2
	21歳以上 65歳以下	117	118	118	118	118
	66歳以上	799	802	806	808	808
福島県	合計	1,979	2,086	2,200	2,250	2,286
	年齢別 20歳以下	1	1	2	2	2
	21歳以上 65歳以下	196	205	216	223	226
	66歳以上	1,782	1,880	1,982	2,025	2,058

出所：復興庁ホームページ「災害関連死の死者数」より筆者作成。

ャン＝リュック・ナンシーの著作である。そのタイトルも『フクシマの後で――破局・技術・民主主義』という，きわめて衝撃的なものである。「フクシマは範例的である」と，次のように文明史において位置づける[49]。

　　「われわれはいまや，70億の人間存在であり，何億何兆というその他の生物とともに相互依存のなかに置かれている。この相互依存のなかで，『自

---

(49)　ジャン＝リュック・ナンシー（2012）。

然』と『技術』の区分，さまざまな技術のあいだの区分，目的と手段との区分，自己目的たるわれわれの存在と無際限に等価的となった目的に仕える手段たるわれわれの社会的生との区分，こうした区分がすべて消え去ったのである。富，健康，生産性，知識，権威，想像力，これらすべて同一の論理のなかに組み込まれる。……この点でこそ，フクシマは範例的である。地震とそれによって生み出された津波は技術的な破局となり，こうした破局自体が，社会的，経済的，政治的，そして哲学的な振動となり，同時に，これらの一連の振動が，金融的な破局，そのとりわけヨーロッパへの影響，さらには世界的ネットワーク全体に対するその余波といったものと絡みあい，交錯するのである。……もはや自然的な破局はない。あるのは，どのような機会でも波及していく文明的な破局のみである。」

問われているのは文明，つまり人間存在そのものなのである。

最後に，「被災3県の災害関連死者数」を挙げておきたい（前頁）。同じ被災地でも，岩手県と宮城県における「関連死者数」，増加率と比較すると，フクシマは突出している。とくに高齢者の増加が著しい。「死者数」という無機的な数字の背後に，1人ひとりの生身の生の営みがある。そして，それが断ち切られてしまったのだ。

筆者は，これからも，あの『平家物語』において，平知盛が最期に放つ一言，「見るべき程の事は見つ」という姿勢で，この地で生きていく。

---

(50)　石母田正（1957）。

【筆者関連文献】
（本章に関わる筆者の既発表論文・学会報告・記事：発表順，日本語のみ）

1 『男女共同参画と地域再生——福島県における女性の政治参画の過去・現在・未来』福島県男女共生センター，2003 年。

2 「ヴォイス・フロム・フクシマ——科学革命と草の根女性運動の新たな展開」経済理論学会第 59 回大会特別部会『東日本大震災と福島第一原発を考える意見・提言集』2011 年。

3 「現地で考える 低線量長期被曝都市・福島——科学革命と草の根女性運動」『経済理論学会第 59 回大会報告要旨集』2011 年。

4 「ヴォイス・フロム・フクシマ——『低線量長期被曝都市・福島』の静かなる革命」『経済科学通信』No.126，2011 年。

5 「フクシマと『オキュパイ・ウォールストリート』運動——2011 年世界各地の『憤り』のなかで位置づける」『政経研究』第 98 号，2012 年。

6 「ヴォイス・フロム・フクシマ——地球を覆う憤りの声」『新英語教育』2012 年 9 月号，2012 年，三友社出版。

7 「ヴォイス・フロム・フクシマ——21 世紀のガリレオ・ガリレイたちの静かなる革命」『新英語教育』2012 年 10 月号，2012 年 9 月，三友社出版。

8 「低線量長期被曝都市フクシマにおける住民の声と行動」明治学院大学国際平和研究所編『PRIME Occasional Papers』第 1 号，2012 年。

9 「フクシマも，世界も，声を上げれば社会は変えられる」『クレスコ』No.147 号，2013 年，大月書店。

10 「書評：後藤康夫・森岡孝二・八木紀一郎編『いま福島で考える——震災・原発問題と社会科学の責任』」『CERA レター』No.25，福島大学地域創造支援センター発行，2013 年。

11 「人類史のなかの『3.11』，そして，そこから始まる新たな運動——問題開示」『経済科学通信』No.132，2013 年。

12 ニディア・リーフ（後藤宣代訳）「同じ地球に生きる私たち——憲法 9 条は世界が必要としている」『経済科学通信』No.132，2013 年。

13 「『3.11』と女性たちの学習運動——1950 年代ビキニ事件から 21 世紀的展開へ」『経済科学通信』No.132，2013 年。

14 「ポスト・ゲノム時代のジェンダーと資本——アメリカを通して考える」『経済理論学会第 61 回大会報告要旨集』2013 年。

15 「わだつみ会気付 拝啓 長谷川信様」『わだつみのこえ——日本戦没学生記念会機関誌』No.139，2013 年。（「学徒出陣」70 周年記念『きけ わだつみのこえ』読後感想文 入賞作品）

16 「フクシマから考える日本と地球の未来——市民が，国を超え，いのちと正義で，つながる」『第 12 回福島県男女共生のつどい 報告集』2014 年。

17 「『3.11』フクシマの人類史的位置——住民の声と行動を通して考える」（後藤宣代・広原盛明・森岡孝二・池田清・中谷武雄・藤岡惇著）『カタストロフィーの経済思想——震災・原発・フクシマ』昭和堂，2014 年。

18 「カウシック・S.ラジャン『バイオ・キャピタル——ポストゲノム時代の資本主義』——もうひとつの「21 世紀の資本論」をめぐる論点整理」『経済理論学会第 62 回大会 報告要旨集』2014 年。

19「社会運動から市民主導型経済セクターへの展開——サンフランシスコ・グリーンフェスティバルにみるアメリカ的な道」『基礎経済科学研究所 春季研究交流集会 報告要旨集』2015 年。

20「芸術はふたたび社会運動と出会う——『左翼戦線——"赤い 10 年"のラディカル・アート展に寄せて』」『美術運動史研究会ニュース——150 号記念近代美術論考集 I』No.149，2015 年。

21「政治経済学のフロンティアとしてのバイオ・ゲノム産業」『基礎経済科学研究所第 38 回研究大会 報告要旨集』2015 年。

22「被災地で展開する低線量およびゲノム学をめぐる政治経済学」『経済理論学会第 63 回大会 報告要旨集』2015 年。

23「『3·11 フクシマ』と市民社会——社会危機と科学的市民の生誕」『基礎経済科学研究所 第 39 回研究大会 報告要旨集』2016 年。

24「アメリカ社会運動とアート——21 世紀における展望」『美術運動史研究会ニュース』No.161，2017 年。

25「核被災と社会のレジリエンス——福島県内における小規模経済の新しい試み」（後藤康夫，羽生淳子との共同論文）羽生淳子・佐々木剛・福永真弓編著『やま・かわ・うみの知をつなぐ——東北における在来知と環境教育の現在』東海大学出版部，2018 年。

26「社会運動としての基礎研の課題をさぐる——21 世紀の「人間発達」・主体形成論へ：グローバルな運動のなかで考える ②アメリカ社会運動——オキュパイ・ウォールストリートから #Me Too まで」『基礎経済科学研究所創立 50 周年記念大会 第 41 回研究大会報告要旨集』2018 年。

27「社会運動としての基礎研の課題をさぐる——21 世紀の『人間発達』・主体形成論へ：グローバルな運動のなかで考える——アメリカ社会運動と女性」『経済科学通信』No.148，2019 年。

28「ポスト・ゲノム時代の『バイオ・キャピタル』とアントロポセン（人新世）」『経済理論学会第 67 回大会報告要旨集』2019 年。

30「書評：中村浩爾・田中幸世編『電力労働者のたたかいと歌の力——職場に憲法の風を』（かもがわ出版，2019 年）『経済科学通信』No.150，2020 年。

※本稿は，1〜30 にわたる筆者関連文献を一部利用している，とくに 17『カタストロフィーの経済思想——震災・原発・フクシマ』（昭和堂，2014 年）に所収されている「『3.11』フクシマの人類史的位置——住民の声と行動を通して考える」は，本稿の骨格となっており，本稿は，2014 年以後の新たな知見や交流を加えた「増補・新版」と言える。

【参考文献】

ICRP 勧告翻訳検討委員会編 (2012)『ICRP Publication 111 原子力事故または放射線緊急事態後の長期汚染地域に居住する人々の防護に対する委員会勧告の適用』丸善出版。

伊東壮 (1989)『新版 1945 年 8 月 6 日——ヒロシマは語りつづける』岩波ジュニア新書。

一ノ瀬正樹・伊東乾・影浦峡・児玉龍彦・島薗進・中川恵一・小野寺優 (2012)『低線量被曝のモラル』河出書房新社。

石母田正 (1957)『平家物語』岩波新書。

内田義彦 (1966)『資本論の世界』岩波新書。

内村鑑三 (1946)『後世への最大遺物　デンマルク国の話』岩波文庫。

────── (1976)『改定版　後世への最大遺物　デンマルク国の話』岩波文庫。

NHK 取材班編 (2013)『日本人は何を考えてきたのか 昭和編 戦争の時代を生きる』NHK 出版。

大石嘉一郎編 (1992)『福島県の百年』山川出版社。

Kauffman, L.A. (2017) *Direct Action:Protest and The Reinvention of American Radicalism.*

────── (2018) *How to Read a Protest: The Art of Organizing and Resistance.*

粥川準二 (2012)『バイオ化する社会——「核時代」の生命と身体』青土社。

グレーバー，デヴィッド (2015)『デモクラシー・プロジェクト——オキュパイ運動，直接民主主義，集合的想像力』木下ちがや・江上賢一郎・原民樹訳，航思社。

後藤康夫・森岡孝二・八木紀一郎編 (2012)『いま福島で考える——震災・原発問題と社会科学の責任』桜井書店。

後藤康夫 (2019)「運動としての変革主体形成論——その思想，知的源泉，そして 21 世紀の飛躍へ」基礎経済科学研究所『経済科学通信』148 号。

櫛田ふき (1998)『20 世紀をまるごと生きて』日本評論社。

静岡県母親大会連絡会編 (2012)『静岡県母親運動 50 年のあゆみ』。

島薗進 (2019)『原発と放射能被ばくの科学と倫理』専修大学出版局。

庄司光・宮本憲一 (1964)『恐るべき公害』岩波新書。

杉並区女性史編さんの会編 (2002)『区民が語り区民が綴る杉並の女性史——明日への水脈』ぎょうせい。

スナイダー，ティモシー (2015)『ブラッドランド——ヒトラーとスターリン 大虐殺の真実（上）・（下）』布施由紀子訳，筑摩書房。

武谷三男 (1957)『原子戦争』朝日新聞社（『武谷三男著作集 第 3 巻』(1968) 所収）。

溪内謙 (1970)『スターリン政治体制の成立 第一部 農村における危機』岩波書店。

────── (1972) 同上『第二部 転換』。

────── (1980) 同上『第三部 上からの革命 (1)』。

────── (1986) 同上『第四部 上からの革命 (2)』。

────── (2004)『上からの革命——スターリン主義の源流』岩波書店。

デュピュイ，ジャン＝ピエール (2012a)『ありえないことが現実になるとき——賢明な破局論にむけて』桑田光平・本田貴久訳，筑摩書房。

────── (2012b)『チェルノブイリある科学哲学者の怒り——現代の「悪」とカタストロフィー』永倉千夏子訳，明石書店。

────── (2013)『経済の未来——世界をその幻惑から解くために』森元庸介訳，以文社。

中川保雄（2011）『〈増補〉放射線被曝の歴史——アメリカ原爆開発から福島原発事故まで』明石書店。

夏目漱石（1909）『夏目漱石全集　第八巻』（1956）岩波書店。

ナンシー，ジャン＝リュック（2012）『フクシマの後で——破局・技術・民主主義』渡名喜庸哲訳，以文社。

似田貝香門・吉原直樹編（2015）『震災と市民Ｉ——連帯経済とコミュニティ再生』東京大学出版会。

日本疫学会「疫学用語の基礎知識」, https://jeaweb.jp/glossary/glossary001.html. アクセス日 2020 年 2 月 16 日。

日本母親大会連絡会編（2009）『日本母親大会 50 年のあゆみ（1955-2004）』日本母親連絡会。

林京子（2011）『被爆を生きて——作品と生涯を語る』岩波ブックレット。

肥田舜太郎・鎌仲ひとみ（2005）『内部被曝の脅威——原爆から劣化ウラン弾まで』筑摩書房。

ブフルークバイル，セバスチャン（2013）『セバスチャンおじさんから子どもたちへ——放射線からいのちを守る』エミ・シンチンガー訳，旬報社。

ブラッケット，M.S. パトリック（1951）『恐怖・戦争・爆弾——原子力の軍事的・政治的意義』田中慎次郎訳，法政大学出版局。

フリードマン，エステル（2005）『フェミニズムの歴史と女性の未来——後戻りさせない』安川悦子・西山恵美訳，明石書店。

Freedman, B.Estelle ed. (2007), *The Essential Feminist Reader*.

ホブズボーム・エリック（1996）『20 世紀の歴史（上）』河合秀和訳，三省堂。

———（2015）『破断の時代——20 世紀の文化と社会』木畑洋一他訳，慶應義塾大学出版会。

Plokhy, Serhii (2018), *Chernobyl: History of a Tragedy*.

———（2020）, *Chernobyl: The History of a Nuclear Catastrophe*.

『別冊 日経サイエンス 231 アントロポセン人類の未来』（2019）日経サイエンス社。

ペトリーナ，アドリアナ（2016）『曝された生——チェルノブイリ後の生物学的市民』粥川準二監修，森本麻衣子・若松文貴訳，人文書院。

ボヌイユ，クリストフ／フレソズ，ジャン＝バティスト（2018）『人新世とは何か——〈地球と人類の時代〉の思想史』野坂しおり訳，青土社。

Why We March, Signs of Protest and Hope: Voices from the Women's March (2017).

本田雅和，風砂子・デアンジェリス『環境レイシズム——アメリカ『がん回廊』を行く』（2000）解放出版社。

ホーン川嶋瑤子（2018）『アメリカの社会変革——人種・移民・ジェンダー』ちくま新書。

丸山眞男（1961）『日本の思想』岩波新書。

宮本憲一（1983，増補文庫版 1989）『昭和の歴史 10　経済大国』小学館。

———（2014）『戦後日本公害史論』岩波書店。

モーガン，Z. カール，ピーターソン，M. ケン（2003）『原子力開発の光と影——核開発者からの証言』松井浩・片桐浩訳，昭和堂。

森鴎外（1910）（『森鴎外全集 第六巻』岩波書店，1972）。

八木紀一郎（2017）『国境を越える市民社会 地域に根ざす市民社会——現代政治経済学論集』桜井書店。

ヤロシンスカヤ，アラ（1994）『チェルノブイリ極秘──隠された事故報告』和田あき子訳，平凡社。

──── (2016)『チェルノブイリの嘘』村上茂樹訳，緑風出版。

Rise Up! The Women's Marches Around The World.─Inside The largest Protest In U.S. History (2016).

ラワース，ケイト（2018）『ドーナツ経済学が世界を救う──人類と地球のためのパラダイムシフト』黒輪篤嗣訳，河出書房新社。

Lewis, L.Simon & Maslin, A. Mark (2018), *The Human Planet: How We Created the Anthropocene.*

コラム1

鈴木二三子さん

一般財団法人国際女性教育振興会福島支部長

福島県女性団体連絡協議会会長

有限会社グリーンタフ工業代表

　　自然の声に耳を傾けて：新潟県との境に位置する西会津に，築150年の自宅で，息子夫婦と孫と暮らしています。祖先には村長もおり，祖父は信用組合や産業組合の創設にも関わっていました。一方で研究熱心で気象への造詣が深く，普段は良質なお茶を飲み，水にもこだわりを持っていました。

　「跡継ぎ」として，長女の私は父に同伴して会合に参加しましたが，成長するにつれて「オンナのくせに」と差別され，次第にジェンダーの問題に関心を持つようになりました。また，独身時代，母が病弱だったことから，有機農業に目覚めました。転機は，農薬を多用していた友人が流産し，農薬が原因だと直感したことです。

　農薬を使った息子がアレルギーを発症したことから，無農薬・有機に徹するようになり，カリフォルニアとフランスの有機農業から，多くを学びました。日本における農林水産省の有機の基準は，世界に通用する国際基準とは異なっているので，農水省の有機認証は，あえて取得していません。

　お天気予報は農作業に不可欠。自然の声に耳を傾けて，農業を行ってきました。その成果は，2008年にNHK・ハイビジョン特集「すべては自然の贈りもの─西会津のお天気母さん─」と題して放映され，翌年には第3回国際有機農業映画祭でも上映されています。

　生命の十字路と農業の多様性：西会津町は，飯豊連峰に連なる山々に固まれた穏やかな所。北限南限の植物に加え，日本海側の植物があり，「遺伝子の十字路」「生命の十字路」です。四季おりおりの食文化には，先祖から受け継がれてきた生活の知恵が積もっています。それが，3.11で断ち切られてしまいました。

　子どもたちが健やかに育つ食べ物を届けたい──3.11後の活動：長崎の被ばく医師である秋月辰一郎さんの『死の同心円』を読んだり，実際に自分でチェルノブイリを視察した経験から，放射能被害の晩発性について，真剣に考えるようになりました。

　将来を担う子どもたちが健康に育ってほしいという思いから，体に良いといわれる黒米で味噌作りをはじめ，2012年に「黒米味噌本舗」を設立しました。翌年には，西会津の女性たちと一緒に加工所を作り，さまざまな加工食品を販売しています。9事業所，総勢20人くらい。「西会津農林産物加工ネットワーク」という名称で，私は会長を務めています。

　ネットワークの目的は，情報交換，技術研修，販売。とくに子どもたちに食の安全と健康を届け，育てた農作物は自然の恵みを捨てないで活かし，保存していきたい。そして女性自身で経済力をつけていきたい。

（2016年7月12日，福島県西会津町の自宅にて。文責：後藤宣代）

出所：『やま・かわ・うみの知をつなぐ──東北における在来知と環境教育の現在』羽生淳子・佐々木剛・福永真弓編著，東海大学出版部，2018年。（ただし，写真は新たに加えた。撮影／羽生淳子）

第Ⅰ部　世界のなかで考える

第1章

2011 年のグローバルな運動とフクシマを貫くもの
—— 未来からの合図 ——

後藤　康夫

I　はじめに ——構想力, 歴史的想像力

　アーティスト, ミュージシャンの立ち上がりは早い。時代感覚は鋭く, 方向性も明快だ。その一人, 大友良英は, 3.11 から1カ月後の4月28日, 早くも東京藝術大学の特別講演会「文化の役目について」において, 福島高校の同窓生, 遠藤ミチロウと和合亮一の3人で立ち上げるプロジェクトの話をし, 最後に次のように締めくくった。

　　「いま, 福島で起こっているこの事態に対してどうしていくか, そこからどう未来を見つけていくか。そして, それができるのは, この事態を今, もっとも身にしみて体験している福島の人たちであり, この事態を引き起こしてしまった我々だと思う。将来, 『福島』という言葉が, ネガティヴな響きのままでいるか, それとも新しい未来を切り拓く先駆けになった名誉ある地名として世に残るのか, そこにわたしたちの未来がかかっていると言っても過言ではありません。今のこの過酷な現実をどう解釈し, どう未来を切り拓いていくか——文化の役目はそこにあると思ってます。[1]」

　突きつけられた課題, 突破していく活動の方向, そして主体はきわめて明快だ。では, そのような活動はどんな方法, 姿となるのであろうか。大友は, 3

---

(1)　大友良英 (2011), 32 頁。

人で立ち上げた「プロジェクトFUKUSHIMA！」の活動を，8月15日に「未来はわたしたちの手で」というスローガンのもと，福島市郊外の広場「四季の里」において，「音楽解放区」(「コラム3」参照) の形でやり遂げる。9月はじめ，その活動を次のように総括した。

　　「かつて九歳のときに福島に転校してきたオレは，言葉を封印することで音楽を発見することになったわけだけど，今度の52歳の転校では，もう一回言葉を獲得しなおそうと思っている。いまさら福島弁のネイティブになることは無理だけど，今の身の丈のままの自分で福島の扉を叩き，自分の言葉を，自分の音楽を発見しなおす。そうした中で，もう何ものも封印することなく，新しい日常を獲得しようと思っている。それはオレひとりで出来るものでもないし，福島の人達だけでできるものでもない。道路を作って日本中おなじような店を作るような方法ではなく，地域コミュニティと外の世界がつながっていく中で，出入りの風通しをよくしながら見つけていく，僕らの新しい日常。だから，オレはもう一度福島に転校しなおすと同時に，もう一度世界の扉を叩こうと思っている。もう一度自由に世界を動こうと思ってる。今度は一人ではなく。」[2]

　身の丈のままの自分で「自分の言葉」を発見しなおす。もう何ものも封印することなく，解放された自由な「新しい日常」の獲得。それも，「地域」と「世界」がつながっていく「僕らの新しい日常」。まことに壮大な構想力，8.15の確かな実行力。周知のように，アメリカはニューヨークのズコッティ公園で「我々が99％」のスローガンを掲げたオキュパイ・ウォールストリートの占拠活動が始まるのは，9月17日のことであった。大友の先見性は見事というほかはない。先ほどの文章のなかで，8.15が切り拓いた地平をみはるかす。

　　「本当にこれは福島どうこうという問題ではなく，僕ら全人類の未来の問題なのだ。その意味でもフェスティバルが終わって終わりではなく，や

---

(2)　同上，323-324頁。

っとスタート地点に立ったと言った方がいい。長い戦いはこれから先に待ってる⁽³⁾。」

　然り。8.15が担うことになったのは,「全人類の未来の問題」。8.15は「やっとスタート地点に立った」のだ。「長い戦いはこれから先に待ってる」のだ。この地平が,潜勢力（Potential）を形成する。その意味は,後に探求することとして,3.11によって露呈された日本社会の歴史的な問題に,少し言及しておこう。8.15活動の1カ月前,大友との対談のなかで,遠藤ミチロウは,戦後築いてきた今の社会が爆発した,戦後の出発点は8.15,だからフェスティバルは8.15にしたと述べた後,さらに深める。

　　「あの戦争で変わったものって,なんだったのか。……ひょっとしたら,あの戦争でも変わらなかった,もっとずっと前から続いている,明治維新からの何かがあるのかもしれない。近代化していく日本そのもののなかに⁽⁴⁾。」

　近代日本の出発点にまで立ち返り,近代化の日本特有のあり方,日本資本主義の上からの強行的創出に切り込む。そこから,遠藤は幕末の世直しのとき,全国に広がった民衆の群舞,祝祭の「えじゃないか」に着目し,2013年の8.15から福島駅前の「まちなか広場」でのフェスティバルは創作「えじゃないか」盆踊り,身体表現の一大アート空間を創出していく。
　その後,遠藤は病に倒れ,入院し,病床で詩を綴る。その中から,潜勢力を醸成すると思われるものを,いくつか紹介しておこう⁽⁵⁾。

　　「放射能は何も言わないただ犯しつづけるストーカー／取り締まれない危うさに／　気を緩めたら傷つくばかりだ」（「放射能の海」）
　　「僕らは試された／アメリカは試した／……僕らは試した／自分たちの愚かさを／二度めは自爆した／ヒロシマからフクシマへ」（「ヒロシマ2014.8.6.

---

(3)　同上,322頁。
(4)　同上,57頁。
(5)　遠藤ミチロウ（2015）,35頁,113頁,147頁。

フクシマ」)

　「八・十五　母の誕生日に戦争は終わった。しかし，三・一一の大震災の原発事故で新たな戦争が始まった。福島は戦場になった。」(「母の誕生日」)

　その後，退院し，ライブ活動に復帰するも，2019 年 4 月 25 日，永眠。享年 68 歳[6]。

　このように，遠藤の 3.11 フクシマとの向き合う姿勢を見てくると，1945 年 3 月 10 日の 10 万人余を焼き尽くした東京大空襲の折，戦争や大火，疫病，地震という惨事への向き合い方を求め鴨長明『方丈記』に立ち戻った堀田善衛の深い思索が想起されてくる。堀田は，日本社会の歴史的根本問題を鋭く，こう言い放つ。

　　「人災，大災害を招いた責任者を人民が処刑する，あるいはリコールをする政治的自由，思想的自由のない長い長い歴史……そういう万貫の磐石を持ち上げて歴史の根石（ねいし）もろともに投げ捨てるにひとしい強力な否定者[7]。」

　このような「強力な否定者」，歴史の変革主体はいかに形成されるのか。遠藤の姿勢から学ぶべきことは，草の根からの「歴史的想像力[8]」と言わなければならない。では，世界のいたるところが「新たな戦場」となった 2011 年のグローバルな運動に立ち入っていこう。

II　2011 年グローバルな運動の特質
——民主主義と市民，その新しい形での出現

　アメリカの週刊誌『タイム』は，周知のように年末になると，特集「今年の人」を組み，その年に活躍した人物が表紙を飾る。2019 年に「若者の力」と銘打って表紙を飾ったのは，地球温暖化防止を求めて，9 月「未来のための金

----

(6)　同 (2019)。
(7)　堀田善衛 (1988)，166–167 頁。
(8)　マニュエル・ヤン (2019)。

曜日」のスローガンのもと全世界 195 カ国 6,000 カ所 700 万人にまで広がって
いった抗議行動の立役者, たった一人で毎週金曜日に国会前で座り込みを始
めたスウェーデンの高校生, グレタ・トゥーンベリ[9]だ。こうした「若者の力」
を 2019 年に先んじて, その「潜勢力」までも全世界に示すことになったのが,
2011 年の運動なのだ。ところが 2011 年の表紙は特定の個人ではなかった。
「抗議する人(プロテスター)——アラブの春からアテネへ, オキュパイ・ウォー
ルストリートからモスクワへ——」と銘打って, 覆面をした若者が描かれたの
だ[10]。同じ「若者の力」でも, 不特定多数, 群集としての若者というところに意
義がある。特集記事を見ると, 写真も含め 30 ページにもおよび, そのなかに
「抗議のネットワーク」と題した世界地図が掲載され, 世界各地の 27 の国・都
市名が記されている。注目すべきは, そのなかに日本地図もあり, その説明に
脱原発運動があることだ。3.11 後の運動をグローバルな「抗議のネットワー
ク」の一環として全世界に知らしめた瞬間である。さっそく 2011 年の運動の
特質がどのように概観されているか見ていくことにしよう。

　冒頭に全体像が事実に基づき, 3 点にまとめられる。世界各地で少なくとも
300 万人の若者が街頭や広場に出た。「抗議」という言葉が新聞やネットにこ
れほど登場したのは歴史上初めてだ。どこでも若者は, 既成の制度や伝統的
なリーダーシップのトップダウン方式に「もうたくさんだ」と底辺から声を上げた。
そして, その新しさが 3 点にわたって整理される。

　①不公正・不条理への怒り, 憤りから, あるいは「人間の尊厳」を求めて個
人の自発的な行動が始まり, それが集合して巨大な変革となった。

　②場所は異なれど, どの集まりでも民主主義の理念 ——「人民の支配」
——が表明され, 人々は投票箱ではなく街頭において実行した。

　③新しい世代の若者は, ソーシャルネットワークの技術でつながり, 相互に
見守りあい, 「抗議の声」が拡散された。

　これら 3 点を一言で概念化すれば, 個人の自律, 参加民主主義, そしてネ
ットワークと言うことになる。

---

(9)　『タイム』(2019), 12 月 23／30 日号。
(10)　同上 (2011), 12 月 26 日／2012 年 1 月 2 日号。

72

この記事で興味深いのは，近代民主主義の50年ごとの抗議・叛乱運動の
グローバルヒストリーとして位置づけられていることだ。第一ラウンドはアメリ
カ革命（1776年），フランス革命（1789年），そしてハイチ革命（1804年）。18世
紀大西洋市民革命である。第二ラウンドは1848年革命（パリ，ベルリン，ウィ
ーン）。大陸ヨーロッパ革命である。第三ラウンドは1910年代の革命（ロシア，
ドイツ，アイルランド，トルコ，エジプト，メキシコ）。20世紀初頭のプロレタリア革
命と民族独立革命である。第四ラウンドは第二次世界大戦後の世界中に広が
る叛乱（植民地解放，キューバ，ハンガリー，アメリカの公民権，欧米の戦闘的な
カウンター・カルチャー）。20世紀後半の地球大の波動である。そして，第五ラ
ウンドは2011年。これはアメリカ発グローバリゼーションの「随伴現象」であ
り，ネットによって可能となった21世紀のグローバルな民主主義変革の蜂起と
して位置づけられている。これは，的確な位置づけと思われ，あらためて後
述する。

　もうひとつ興味深いのは，ニューヨークのズコッティ公園占拠会場に開設さ
れた「青空図書室」のブックリストだ。「運動の正典」となっているのは，7冊。
ハーワード・ジンの『民衆のアメリカ史』，ロス・パーリンの『インターン国家』，
アントニオ・グラムシの『獄中ノート』，マイケル・ハートとアントニオ・ネグリの
『マルチチュード』，スラヴォイ・ジジェクの『現実界の砂漠へようこそ』，ステ
ファン・エセルの『怒れ，憤れ』，そしてベル・フックスの『私は女ではないの』。
著者とタイトルから，若者の関心がわかろうというものだ。

　こうした民主主義把握として示唆に富む『タイム』に先立って，実は，この
日本において3.11からわずか4カ月後，早くも坂本義和が朝日新聞のインタビュ
ーにおいて，フクシマとグローバルな運動をつなぐ的確な把握をしていたこ
とは特筆に値する。坂本は鋭く見抜く。

　　「コミュニケーションの発達により，福島であれ，アフリカであれ，中東
　であれ，同じ人間が存在し，人間らしく生きるために闘っていることを，
　世界の無数の人が日常的に実感できます。これは歴史上初めてのことです。
　21世紀の市民社会では，こうした他者の命に対する感性を共有すること

を重視していくべきだと考えます。[11]」

　ここで画期的なことは，3点に要約できる。1つはフクシマとアラブの春のグローバルなつながりを，ともに「同じ人間が存在し，人間らしく闘っている」と，その根本の共通基盤，普遍性においてみごとに抉り出している。2つ目は，この闘いをネットやテレビというコミュニケーション媒体を通して「世界の無数の人が実感できるのは歴史上初めて」という21世紀世界の新たな運動が出現し，闘っている当事者と他者である普通の人の見たり，聞いたりする日常感覚においてグローバルな共通感覚（コモン・センス）が成立したと断言する。知識や概念ではなく感性・身体感覚をもってする普通の人によるグローバルな世界の獲得である。3つ目は，全体として「21世紀の市民社会」の編成原理が「他者の命に対する感性を共有すること」と明快に打ち出されている。そして国家や企業ではなく，主体となる市民の新しい存在形態が「知識人の主体は変わった」として，次のように方向づけられる。

　　「知識人という言葉はなくてもよいのですが，知識人がかつて示した批判力と構想力は必要です。そうした力は，市民レベルで議論しながら，急速に積み上がっているのではありませんか。市民の小さなグループがあちこちに出来て，地方にも広がり，それなりの成果を上げている。他方，国家を超えて世界中の人たちとインターネットを通じて直接意見を通じ合い，同じ人間として，どういう社会をつくるのか議論をしている。新しいタイプの市民的知識人が生まれている。[12]」

　批判力と構想力をもった市民，地域の草の根に根ざしながら，ネットを介して国家を超え世界とコミュニケーションする市民的知識人。これをクリアにしたものこそ，3.11フクシマなのだと記事の見出しには，こうある。「3.11後は国越え／市民が連帯築き／命と正義を基盤に」。みごとな定式というべきである。

---

(11)　坂本義和（2011）「朝日新聞」7月20日。
(12)　同上。

74

それでは，このような特質をもつグローバルな運動が孕むことになった「潜勢力」に焦点をあてて深堀りしていこう。

III　新しい社会運動の潜勢力—— 未来からの合図

　最初にニューヨークのオキュパイ・ウォールストリート会場の「青空図書室」のブックリストのなかから，日本でも良く知られているジジェクとネグリ＆ハートを見ていこう。

　ジジェクは，2011 年の運動全体を「危ういまでに夢見た一年だった」と総括し，2 つほど課題を提起する。1 つは，そもそもこの運動をどのような視点から見るべきなのか。過去から現在へと連続的な発展の歴史主義的理解を排し，未来から読み取れと提起する。

　　　「ウォール街占拠運動，アラブの春，ギリシャやスペインにおけるデモなどの出来事は未来からの合図として読まなければならない。言い換えれば，われわれは出来事をその文脈と生成的起源を介して理解するという月並みな歴史主義的展望に背を向けなければならない。そうした視点から急進的な解放的爆発を理解することなど，不可能だ。そうした出来事を，過去と現在の連続の一部として分析するのではなく，現在は隠されているその可能性として活動を休止しているユートピア的未来の制限を被り歪められた（また時には転倒的な形態すらとって存在する）断片と考えることで，未来への展望を取り込まねばならない。[13]」

　「未来からの合図」として読め。「現在は隠されているユートピア的未来の可能性の断片」を掘り起こせ。現在は連続的発展ではなく，未来から引っ張られた非連続の一大飛躍，断絶的発展というのだ。しかも合図は，「歴史の客観的な研究からは察知されない。ある事にその身を捧げるという立ち位置からのみ，それは察知可能」だ。この「ある事にその身を捧げる」という主体的・

---

(13)　スラヴォイ・ジジェク (2013)，24 頁。

実践的な立ち位置が決定的なのだ。

　もう 1 つは「解放の夢」から醒めた後,「何をなすべきか」。問われている真価を,こう語る。

　　「彼らの真価が問われるのは,その後に何が起こるかであり,自分たちの日常生活がどう変わり,またどのように変えられねばならないか,という点だ。これは,しかし,困難で忍耐が必要とされる作業を要請する。この作業は抗議者たちが始めるものであって,終わらせるものではない。彼らの基本的なメッセージは,こうだ。タブーは破られた。われわれはあり得べき最良の世界に生きているわけじゃない。われわれは代替案について考えることを許された。むしろわれわれは。代替案について考えることを余儀なくされているのだ。[14]」

　困難で忍耐が求められる「日常生活」の変革だ。そのためには,未来を引き寄せ,取り込む構想,代替案(オルタナティブ)を考えねばならない。全体として,ジジェクが指摘するふたつの課題は,きわめて重要だ。とくに「未来からの合図」こそ,潜勢力にとって決定的なのだ。これを,さらに探求していこう。

　ネグリ&ハートは,2011 年の運動を明確に社会運動と規定して,その新しさはこれまでの主体形成の順番(マニフェスト・言葉が主体・行動をつくりだす)が逆転したことだ,と次のように総括する。

　　「今回の社会運動はその順番を逆転させ,マニフェストも預言者も時代遅れのものにした。変革の担い手たちはすでにストリートに降り立ち,街の広場を占拠している。支配者を脅かし権力の座から引きずりおろすだけでなく,新たな世界のビジョンを呼び起こしている/さらに重要なのは,マルチチュードが自己の論理と実践,スローガンと欲望を介して,一群のあらたな原理と真理をすでに宣言したことだろう。[15]」

---

(14)　同上,163-165 頁。
(15)　ネグリ&ハート(2013),9 頁。

　最初に変革の担い手，主体がストリートや広場に出現。ついで，その行動
が新たな社会のビジョンを呼び起こす。最後になって新社会の原理が宣言され
る。つまり2011年の社会運動は最初に言葉・宣言ありきではなく，主体の行
動・実践ありき。言葉による宣言・マニフェストは最後となったのだ。では，
そうした主体の行動そのものは，どんな新しさを作り出したのか。その典型は
マドリードとニューヨークの広場で行われた「集会（アセンブリ）」にあるとし，
共通する3つの特徴を見出す。1つは泊り込みや占拠という戦略である。これ
までのグローバルな運動は，WTOやIMF，サミットなどの開催地を渡り歩く
「ノマド（遊牧民）的運動」であったが，2011年からは対照的な「定住的運動」
となったのだ。2つ目は運動はリーダーや司令部を立てる代わりに組織化のた
めの「水平的メカニズム」を発展させた。すべての参加者がともにコミュニケー
ションをリードできるように，意思決定の民主的慣行を創り上げたのだ。3
つ目は運動はすべて〈共〉を求める闘争とみなし得る。一方で私有財産の支配，
他方で公有財産の支配や国家による管理に抗する運動だ。
　ところできわめて興味深いのはネグリ＆ハートが，「運動が促進する原理
──平等や自由，持続可能性，〈共〉への開かれたアクセスなど──」にもと
づく実践は「新しい主体を創出している」として，この新しい主体を中世イング
ランドのコモナー（平民・庶民→共民）にちなんでコモナーと定義するに至る。

　　「共民とは，次のような非凡な仕事を成し遂げる平凡な人物のことを指す。
　すなわち，その仕事とは，私有財産を万人のアクセスと享受に向けて開く
　こと，国家の権威によって管理される公的財産を〈共〉へと変容させるこ
　と，民主的参加を通じて〈共〉の富を管理，維持発展させるためのメ
　カニズムを個々のケースにおいて発見すること。」[16]

　ここに，これまで叛乱や抵抗が色濃くあったマルチチュードと規定されてき
た主体は，オープンアクセスと民主的参加による自主管理を担う創造的な共民

(16)　同上，188頁。

へと生成変化した。2011年の新しい社会運動は抗議や叛乱の形において，その実，新社会形成への潜勢力を成熟させる画期的な意義を持つことになったのだ。

　さらに立ち入って「都市社会運動の潜勢力」を階級対抗の視点から強調するデヴィッド・ハーヴェイを見てみよう。その意義を次のように見出す。

　　「都市から都市へ広がっているウォールストリート占拠の戦術はこうだ。権力のてこが多数集中している場所に近い中心的な公共空間，すなわち公園や広場などを奪取し，その場所に人間の身体を置くことによって，公共空間を政治的コモンズに転化することである。この空間は開かれた議論と討論の場になる。……この戦術は……他のすべてのアクセス手段が阻止された時には，公共空間における身体の集合力が最も有効な対抗手段……真に重きをなすのは，ツィッターやフェイスブック上におけるつぶやきのバブルではなく，ストリートや広場における生身の身体だ。[17]」

　階級的対抗関係は公共空間をめぐる対抗，すなわち無限に価値増殖する資本の「貨幣権力」と「生身の身体」の「身体の集合力」との対抗だ。この空間をコモンズに転換するのは，開かれた議論と討論だ。では，そこで何を討論するのか。集合力の行き先を次のように方向づける。

　　「民主主義的に結集して，凝集性のある対抗勢力になる必要がある。それはまた未来のアウトラインを自由に思い描かなければならない。オルタナティブな都市，オルタナティブな政治システム，そして究極的には，生産，分配，消費を人民の利益に沿って組織するオルタナティブな方法のアウトラインを。[18]」

　未来のアウトラインを自由に描く。公共空間・コモンズとしてのオルタナティ

---

(17)　デヴィッド・ハーヴェイ（2013），262-263頁。
(18)　同上，264頁。

ブ都市の創出,「都市への権利」の獲得だ。そこから資本の世界市場支配に
対抗する都市間のグローバルネットワークの形成だ。いまや階級闘争は,工場
レベル,一国レベルをはるかに超えて,都市の公共空間・コモンズをめぐるグ
ローバルな展開となったのだ。

　ここで,ハーヴェイが着目した「生身の身体」の「身体の集合力」に立ち入っ
てみよう。ハーヴェイ以上に「公共空間における身体の集合力」を「諸身体
の複数性」の視点から決定的に重視するのは,ジュディス・バトラーだ。バト
ラーはオキュパイ・ウォールストリートの現場に赴き,「民衆集会(パブリック・
アセンブリ)がもつ政治的潜勢力」について,平明な言葉で,こう語りかける。

　　「私たちが諸身体として共同で公に出現することが重要であり,私達が
　　公に集合して集会を行うことが重要なのです。私たちは街頭と広場に諸
　　身体として共に到来しています。私たちは諸身体として苦しみ,住居や食
　　物を必要としているのであり,私たちは諸身体として互いを必要とし,互
　　いを欲望しているのです。ですから,これは公的身体の政治であり,身体
　　的必要であり,身体の運動であり声なのです。……私たちは人民意志とし
　　て,選挙デモクラシーが忘却し,見捨てた人民意思として,可能な限り,
　　座り,立ち,動き,話します。しかし私たちはここにおり,ここに留まり,
　　『私たち人民』という言葉を行為化しているのです[19]。」

　新自由主義的資本主義による市場原理のグローバルな展開のもと,「不安定
性(プレカリティ)」や「裸の生(ベア・ライフ)」に曝されて,私たちは,広場に
諸身体として到来,互いを必要,欲望する。身体の運動,声,ここにいること
自体が「私たち人民」・人民意思という言葉の行為なのだ。こうした身体行為
において出現してくるものが,人間の根源的な複数性,相互依存関係性,社
会的生そのものだ。こうした「複数性」を暴力的に剥奪するのが新自由主義的
資本主義だ。この社会の根源的な再構成を「欲望」する運動こそ社会運動な
のだ。その潜勢力があらためて次のように総括される。

(19)　ジュディス・バトラー(2018),310−311頁。

　「社会運動はそれ自体一つの社会形式であり，社会運動が新しい生き方を，生存可能な生の形式を要求するとき，それはその瞬間に，それが実現しようとする諸原理そのものを行為化しなければならない。これが意味するのは，社会運動が機能するとき，そうした運動——それのみが，生存可能な生という意味での良い生を送ることは何を意味するのかを明確にしうる——の中に，ラディカル・デモクラシーの<ruby>行為遂行的<rt>パフォーマティヴ</rt></ruby>な行為化が存在する，ということだ。[20]」

　社会運動はなにかの目的を実現する手段ではない。それ自体で「1つの社会形式」なのだ。そこで求めるのは，「新しい生き方」，すなわち「良い生」（他者たちと共に生きる善き生——「私」と「あなた」とは両義的で潜在的平等——）。これが危機の時代における応答，つまり「デモクラシー的な生の批判的条件」なのだ。

　最後に，オキュパイ・ウォールストリートにおいて「我々が99％だ」という合言葉をつくり，「階級だけではなく階級的権力」を明るみにしたデヴィッド・グレーバーを取り上げ，2011年運動の取りまとめをしておこう。2011年11月，広場占拠の強制排除以降，「オキュパイは死んだ」という評論に対し，グレーバーは，普通の人々による「直接経験」の重みを語って，切り返す。

　「かれらが理解しなかったことは，いったん人々の政治的水平性が広がったならば，もはや止まらないことだ。数十万のアメリカ人……が自己組織化，集団行動，そして人間的連帯をいまや直接経験している。……われわれは……運動やセミナー……集会をすることで，真に民主的な文化の土台を築き，まったく新しい政治の構想に息吹を与えるスキル，習慣，経験を取り入れるのだ。それとともに，世間一般からずっと以前に死を宣告した革命的想像力が再生するに至るのである。／参加した人はみな，民主主義的文化の創造は長きにわたるプロセスであると認識した。われわれはつ

---

(20)　同上，283頁。

80

まるところ徹底的な道徳的変革について語り合ったのだ。[21]」

　「政治的水平性」はもはや止まらない。決定的なのは，自己組織化，集団行動，そして人間的連帯の直接経験。制度ではなく，日常生活における行動様式，文化，道徳の総体としての新しい習慣だ。集合的想像力は，新しい経験，新しい習慣を創出し，「革命的想像力」を「再生」させていくのだ。
　ここまで，海外の論者を見てきた。あらためて，日本の論者を取り上げて，理論的な総括を試みてみよう。

IV　総括と展望——あらたな人類史的過渡期の始まり

　日本においては，2011年に先立って，20世紀末（1999年）に，グローバルな社会運動が着目され，それが孕む潜勢力，とくに変革主体像とその人類史的位置がクリアに提起されていることはきわめて興味深い。グローバルな資本主義世界の「構造・対抗・展望」（山田盛太郎）の把握において，日本の社会科学の良き伝統を発展させる形で人間解放への巨大な潜勢力を真正面から押し出している経済学者2人だ。
　山田盛太郎の「構造論」と大塚久雄の「主体論」の統一を試みている石井寛治は，資本主義「世界システム」の構造と変革主体の解明において，変革主体を「世界市民」と規定し，その人類史的位置を明快に提起する。

　　「巨大な多国籍企業の世界的活動を規制するためには，企業や国家の
　　支配から少なくとも精神的に自立した市民たちの世界的規模での連帯が
　　必要であり，その意味での『世界市民』に支えられたさまざまなレベルで
　　の国際的組織の活動，将来的には世界政府の形成が課題となろう。それ
　　は直接生産者が生産手段の所有を社会的・民主的なかたちで回復する過
　　程であり，そうした未来社会が構築できるかどうかに21世紀の人類史＝

(21)　デヴィッド・グレーバー（2015），16頁。

世界史の存続がかかっているように思われる[22]。」

　文字通り「未来からの合図」としての「世界市民」だ。

　南克巳は，山田盛太郎の「(再生産) 構造論」を現代科学革命のネット革命段階に着目して，ポスト冷戦のグローバルな世界において展開し，すでに人類史的に新しい世界 (ネット新世界) が始まったと断言する。すなわちネット世界では閉鎖・私的所有・ヒエラルヒーという階級社会の原理にもとづく資本主義的生産様式を超えて，オープン・共有・自律分散という新しい社会編成原理にもとづく新しい生産様式 (「共有にもとづく個体的所有の再建」としての「自由な諸個人の連合体」) が，地上世界に先だって先行的に成立している。それだけではない。同時に地上世界でも，オープンという万人参加，共有という分かち合い，司令塔を持たない水平的な自律分散ネットワークという形で，新しい社会編成原理にもとづく新しい社会運動がグローバルに展開しているのだ。具体的には，ネット世界においてはオープン・ソース「リナックス」の「自由な諸個人の連合体」としてのグローバルな開発方式，地上世界においては 1992 年のリオ・アースサミット，1995 年の北京世界女性会議の「環境と女性」という人類史的テーマを先端とするネットにもとづくグローバルな新しい社会運動の大波だ。いまや，運動は「コミュニケーション・インターナショナル」段階に突入したのだ。こうして南は，新たな人類史的過渡期の開始 (「歴史の終わり」とは，じつは「人類社会の前史・階級社会の終わり」と「本史の始まり」)，そしてこれを担う主体は「社会的個人」(マルクス『経済学批判要綱』) と宣言することとなった[23]。「未来からの合図」としての「社会的個人」はすでに確固として実在しているのだ。

　石井と南の提起から学ぶべきこと，それは人類史の巨大な飛躍を切り拓く「歴史的想像力」である[24]。この「歴史的想像力」こそ，潜勢力にとって，決定

(22)　石井寛治 (2015)，320 頁。

(23)　後藤康夫 (2004)，407–412 頁。

(24)　ちなみに，2011 年のグローバルな運動について，板垣雄三 (2012) が，「市民たちの立ち上がりの多角的な共鳴・共振が無限大のネットワーク」を形成していることに着目して，「これまでの革命を革命する新しい市民革命」，「人類の歴史を大きく二つに分けるような新段階の兆し」と人類史的に位置づけ，さらにフクシマの地が自由民権運動の二大中心地のひとつと指摘しているのは，きわめて示唆に富む。

82

的なのだ。

　なお，参考までに「歴史的想像力」に学んで，21世紀のグローバルな世界史像を掲げておこう。

参考図　21世紀のグローバルな世界史像

(基準：マルクス『経済学批判』序言)

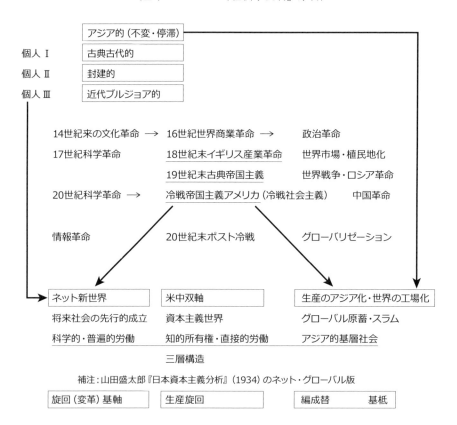

補注：山田盛太郎『日本資本主義分析』(1934) のネット・グローバル版

| 旋回 (変革) 基軸 | 生産旋回 | 編成替 | 基柢 |

石井寛治 (1999) 歴史学研究会大会全体会報告「戦後歴史学と世界史——基本法則論から世界システム論へ」石井寛治『資本主義日本の歴史構造』東京大学出版会，2015年。
石母田正 (1952)『歴史と民族の発見——歴史学の課題と方法』東京大学出版会 (平凡社ライブラリー，2003年所収)。

板垣雄三（2012）「これからの世界に向かって立ち上がる市民たち」『DAYS JAPAN』4月号。

内田義彦（1966）『資本論の世界』岩波新書。

遠藤ミチロウ（2011）「この怒りを，希望へ」大友良英『クロニクル FUKUSHIMA』青土社。

―――（2015）『膠原病院』アイノア。

―――（2019）『ユリイカ 総特集 遠藤ミチロウ 1950-2019』通巻 746 号，青土社。

大友良英（2011）『クロニクル FUKUSHIMA』青土社。

―――（2012）「立ち上がった新しい市民運動――8.15 世界同時フェスティバル FUKUS-HIMA! に全国から 1 万 3 千人，ネット同時発信に全世界から 25 万人参加」後藤康夫・森岡孝二・八木紀一郎編『いま福島で考える――震災・原発問題と社会科学の責任』桜井書店。

後藤康夫（2004）「戦後生産力の独自な性格――情報革命とグローバリゼーションへの展望」福島大学国際経済研究会編『21 世紀世界経済の展望』八朔社。

―――（2009）「構造と主体――山田盛太郎『日本資本主義分析』の変革像と戦後展開素描」福島大学『商学論集』第 78 巻 2 号。

―――（2011）「21 世紀型危機からネット新世界への主体・歴史・理論――資本主義の『解体と止揚』の始まり」基礎経済科学研究所編『世界経済危機とマルクス経済学』大月書店。

―――・森岡孝二・八木紀一郎編（2012）『いま福島で考える――震災・原発問題と社会科学の責任』桜井書店。

―――（2013）「2011 年グローバルな占拠運動の人類史的意義――フクシマと世界を貫くネット新世界，主体，そして変革像」経済理論学会『季刊 経済理論』第 50 巻第 1 号，桜井書店）。

―――（2014）「ハリケーン・カトリーナの衝撃とニュー・オーリンズの未来――災害をめぐるグローバルな対抗」福島大学国際災害復興学研究チーム編『東日本大震災からの復旧・復興と国際比較』八朔社。

―――（2016）「冷戦植民地・アジア的構成の日本から戦後民主変革の『再開』へ――ポスト冷戦 25 年の世界史像において考える」基礎経済科学研究所『経済科学通信』第 139 号。

―――（2019）「運動としての変革主体形成論――その思想，知的源泉，そして 21 世紀への飛躍」基礎経済科学研究所『経済科学通信』第 148 号。

坂本義和（2011）「朝日新聞」7 月 20 日。

南克巳（1970）「アメリカ資本主義の歴史的段階――戦後＝『冷戦』体制の性格規定」『土地制度史学』第 47 号。

―――（1995）「冷戦体制解体と ME ＝情報革命」『土地制度史学』第 147 号。

―――（1999）ポスト冷戦研究会報告「ポスト冷戦 10 年の経済的帰結――情報革命と金融革命との世界史的な連繋に着目して」（資料は，後藤康夫「戦後生産力の独自な性格――情報革命とグローバリゼーションへの展望」福島大学国際経済研究会編『21 世紀世界経済の展望』八朔社，2004 年に所収）。

―――（2001）ポスト冷戦研究会報告「情報革命の歴史的位置――インターネットの生成史に照らして」（同上）。

堀田善衛（1988）『方丈記私記』ちくま文庫。

山田盛太郎（1934）『日本資本主義分析』岩波書店（文庫版，1977 年）。

マニュエル・ヤン（2019）『黙示のエチュード——歴史的想像力の再生のために』新評論。

Balibar, Etienne (2017) *Citizen Subject: Foundation for Philosophical Anthropology.*
Buck-Morss,Susan (2019) *Revolution Today.*
Butler, Judith (2015) *Notes Toward A Performative Theory of Assembly* (ジュディ
　　ス・バトラー『アセンブリ——行為遂行性・複数性・政治』佐藤嘉幸・清水知子訳, 青
　　土社, 2018 年)。
Greaber, David (2013) *The Democracy Project: A History, A Crisis, A Movement*
　　(デヴィッド・グレーバー『デモクラシー・プロジェクト——オキュパイ運動・直接民主主
　　義・集合的想像力』木下ちがや・江上賢一郎・原民樹訳, 航思社, 2015 年)。
Hardt, Michael and Negri, Antonio (2009) *Common Wealth* (マイケル・ハート＆アント
　　ニオ・ネグリ『コモンウェルス——〈帝国〉を超える革命論』(上)(下), 水嶋一憲・清水
　　知子訳, NHK 出版, 2012 年)。
——— (2012) *Declaration* (『叛逆——マルチチュードの民主主義宣言』同訳, 同,2013 年)。
——— (2017) *Assembly.*
Harvey, David (2012) *Rebel Cities: From the Right to the City to the Urban Revo-*
　　lution (デヴィッド・ハーヴェイ『反乱する都市——資本のアーバナイゼーションと都市の
　　再創造』森田成也・大屋定晴・中村好孝・新井大輔訳, 作品社, 2013 年)。
Jameson, Fredric (2016) *An American Utopia: Dual Power and the Universal Army*
　　(フレドリック・ジェイムソン『アメリカのユートピア——二重権力と国民皆兵制』田尻芳
　　樹・小澤央訳, 書肆心水, 2018 年)。
Mason, Paul (2012) *Why Its Kicking off Everywhere: The New Global Revolution.*
——— (2015) *Postcapitalism: A Guide to Our Future* (ポール・メイソン『ポストキャピ
　　タリズム——資本主義以後の世界』佐々とも訳, 東洋経済新報社, 2018 年)。
Sassen,Saskia (2014) *Expulsions:Brutality and Complexity in the Global Economy*
　　(サスキア・サッセン『グローバル資本主義と〈放逐〉の論理——不可視化されていく人々
　　と空間』伊藤茂訳, 明石書店, 2017 年)。
Time (2011) Dec. 26／Jan. 2. 2012.
——— (2019) Dec.23／30.
Zizek, Slavoy (2009) *First As Tragedy, Then As Farce* (スラヴォイ・ジジェク『ポスト
　　モダンの共産主義——はじめは悲劇として, 二度めは笑劇として』栗原百代訳, ちくま
　　新書, 2010 年)。
——— (2012) *The Year of Dreaming Dengerously* (『2011 危うく夢見た一年』長原豊
　　訳, 航思社, 2013 年)。
——— (2013) *Demanding the Impossible* (『ジジェク, 革命を語る——不可能なことを
　　求めよ』中山徹訳, 青土社, 2014 年)。
——— (2016) *Against the Double Blackmail: Refugees, Terror and Other Troubles*
　　with the Neighbours.
——— (2017) *The Courage of Hopelessness: Chronicles of a Yeaar of Acting Dan-*
　　gerously (『絶望する勇気——グローバル資本主義・原理主義・ポピュリズム』中山徹・
　　鈴木英明訳, 青土社, 2018 年)。

第2章

グローバルヒバクシャとフクシマをつなぐ
──その終わらない旅，そして運動──

藍原　寛子

I　はじめに

　出掛けることを決めた瞬間に始まる旅もあれば，「ああ，これは旅だったのか」と，気付いた時にはすでに始まっている旅もある。筆者は約20年間，福島県の地方紙で記者だった間，東京電力や福島第一，第二原発，JCO放射能漏れ事故，阪神淡路大震災など原発事故や災害の取材をしてきた。その後，フリーランスのジャーナリストとして東日本大震災の被災地に入り，現在も取材を続けている。3.11のずっと前から，福島で原発の破局的な事故と，それに伴う放射能被ばく被害はいずれ起きるかもしれないと筆者は直感していたようにも思う。初めにそう思ったのはいつだったのだろうか。JCO事故で茨城県民が県境を超えていわき市に避難してきて，毛布にくるまり震える姿を見た瞬間だったか。東京電力の事故隠しが大問題となり，県庁を訪ねた同社幹部が頭を下げて「県民にお詫びする」と言いながら，何の感情も宿さない，あの目を知った時だったか。

　3.11直後から，筆者はグローバルヒバクシャを訪ねる旅を続けてきた。今までにはなかった「何か」に突き動かされていると感じ始めてはいたものの，そのきっかけが何だったのか，今は明確に思い出せない。気が付いたら旅の途上に放り込まれていた。3.11直後に福島市内のスーパーの入口で「人生って何」「これからどうなるの」と，涙を浮かべ，長時間真剣に語り合う女性たちを見た時も，続く余震の中で，横に寝かされたままの墓石に刻まれた失われた命を感じた時も，カチッと大きな音を立てて，筆者の中のボタンが押された。

世界の被ばくの系譜に，間違いなく故郷フクシマが位置付けられたのだと確信させるボタンの音。筆者自身も，世界中に数えきれないほど存在している核の被害者「グローバルヒバクシャ」の一人だと知った瞬間だったのだ。

筆者も所属する日本平和学会は，2004年にグローバルヒバクシャ研究会（高橋博子・竹峰誠一郎共同代表）を発足させた。同研究会はグローバルヒバクシャをこう定義する。「グローバルヒバクシャとは，広島・長崎の原爆被害と共に，核開発が推進されてきた結果，被害者が世界で生み出され，甚大な環境汚染が地球規模で引き起こされてきた現実を明確に可視化すべく，作り上げた新たな概念装置である。グローバルヒバクシャは，各地の差異に留意しながらも，地域の特殊問題としてのみとらえるのではなく，広島・長崎を含め様々な核被害の問題を横断的にとらえ，核被害者を結びつけていきたいという問題意識を投影した言葉でもある」(1)。

筆者自身がグローバルヒバクシャである事実に直面した瞬間に筆者の中に生まれた，同じグローバルヒバクシャへのまなざしは，人生の時間をはるかに超えた長い半減期を持つ放射能の可視化に長年取り組んでいる人々の姿を浮き上がらせた。「核や放射能と闘う人たちの声を聴き，学びたい」という動機が沸き起こる。それぞれの地域で何が起き，何が奪い壊され，何が生まれてきたのか。世界各地に存在する放射能汚染の被害現場，そこで被害を受けたヒバクシャたちとの対話の旅は，2020年までに，広島，長崎をはじめとして，欧州はフランス，イギリス，そしてミクロネシアはマーシャル諸島共和国，アジアはフィリピン，ベトナム，アメリカはスリーマイル原発，インディアンポイント原発，ハンフォード核施設地域に，ニューメキシコ州，ネバダ州，ユタ州，カリフォルニア州などにわたる。このうち5，6カ所の地域は複数回訪問し，現在も継続取材中である。それは3.11フクシマ後からちょうど1年後の2012年3月，原発・核大国であり，同時にたくさんのヒバクシャを国内外に生むフランスから始まった。

---

(1) 日本平和学会ホームページ「⑭グローバルヒバクシャ：設立趣旨」2016年，https://www.psaj.org/2010/11/18/⑭グローバルヒバクシャ-設立趣旨/（2020年3月20日閲覧）。

Ⅱ　フランス ── 政府と放射能を監視する2つの測定所[(2)]

「市民が，福島の土をフランスまで送って測定してもらっている」という話を，福島市で放射能測定を始めたお母さんたちから筆者が聞いたのは2011年10月頃のことだった。人々が試料を送った先は，原発大国・フランスの南東部，小都市ヴァランスにある「クリラッド」(CRIIRAD) と，西部ノルマンディ地方カーンにある「アクロ」(ACRO) という2つのNGOだった。このNGOは，1986年のチェルノブイリ事故後，放射能に汚染された食料や水などからの内部被ばくに脅かされた市民が，安全性を確認しようと設立。それ以来，測定活動を続けている。

　クリラッドは，3.11から2カ月後の5月，県内で最初に開所した市民放射能測定所「CRMS」(福島市) と連携して，測定のワークショップや勉強会を開催。会場には入りきれないほどの人々が詰めかけた。アクロも「福島老朽原発を考える会」(フクロウの会) とともに，福島県や岩手県などの子どもの尿に含まれる放射性物質を測定し，数値を発表していた。

　フランスまで試料を送って測定を依頼する──。その話に筆者の中には「どうしてチェルノブイリ事故の風下地域があり，原発大国でもある遠いフランスまで送らなければならないのか」という疑問が浮かぶと同時に，「市民が設立したNGOが，事故から25年近く経っても，いまだに測定活動を続けているのはすごい」と圧倒され，「福島でも，25年後も測定を続けているのかもしれない」と，未来への視点が芽生えた。当時，国や県は水や食品の測定をしていたが，測定時と数値公表にタイムラグがあったり，サンプル調査で試料数も少なかったり，測定される農作物や食品も限定的だったりしていた。「お金を払ってでも，今日食卓に並ぶ食べ物をすぐ調べて欲しい」という人々がそのワークショップに殺到した。真剣な表情で，講師の話を一言も漏らすまいとメモを取

(2)　藍原寛子「情報不足による『不安』を埋める市民放射能測定所──先輩格のフランスNGOから学ぶ」『日経ビジネスオンライン：「フクシマの視点」2013年3月23日掲載記事をもとに大幅に編集・加筆した（『日経ビジネスオンライン』は2019年1月でサービス終了）。

り，ホームビデオで撮影していた。

　それから5カ月後，福島県の元知事・佐藤栄佐久に「フランスの原発，脱原発の現状と，チェルノブイリ後の状況を見に行かないか」と声を掛けられ，現地を訪ねる機会を得た。原発を視察した後，一行と離れて一人，両NGOを訪ねる。2012年3月3日にクリラッドへ，そして8日にアクロの研究室へ。3.11からまもなく丸1年という時期だった。

1　政府の嘘を，自発的な調査で暴いた

　クリラッドの測定研究所ディレクター，ブルーノ・シャレイロンは，フクシマから来た筆者を駅まで出迎えてくれていた。彼は3.11から2カ月後にフクシマを訪れ，市民に測定のアドバイスをしていた一人だ。

　測定所の研究室に入る。たくさんの機材が並んでいた。「3.11後，測定の依頼とともに土壌を中心にした試料がサンプル調査のため日本から送られてきている。日本国内でも市民放射能測定所が次第に立ち上がっているから，もっと日本国内で測定してもらうようにお願いしている。輸送には時間がかかるし，危険も伴うから。でも，実際に送られてきた試料の中には，予想以上に放射線量が高いものもあってね」とシャレイロン。次に測定を待つ試料の中には，福島市内の小学校の校庭の土もあった。

　クリラッドが活動を始めたのはチェルノブイリ事故から2カ月後。イタリア，ドイツなど国外の研究グループから，放射性降下物が報告されていたが，フランス政府は「チェルノブイリはフランスから遠い。我が国には影響がない」と言い続けた。しかし，ある時，イタリアで汚染が報告され，「政府は嘘をついているのでは」と疑問を持った人々が，牛乳や草などの試料をリヨンの大学に持ち込み，教授らが測定して，放射能汚染を確認。やはり，政府は正しいことを言っていなかった。嘘もついていた。「政府が出す情報を，独立した第三者機関として検査し検証することに活動の意義がある。そして，真実を知りたいと思う気持ちが活動の始まり。私たちの初心なんだ」とシャレイロン。「見えない放射能」だからこそ，疑問を持つ。被ばくの可能性を考える。そこから自発的に行動し，検証する。

2　3.11で，フランスの人々が直面した被ばく被害の「悪夢」との対峙

3.11以前，クリラッドのサポーターは4,000人程度だったが，3.11後，7,000人に急増。「放射能汚染に対する市民の関心が高まった」とシャレイロンは話す。チェルノブイリ原発事故というあの「悪夢」は，3.11フクシマで鮮やかに「現実」のものとして蘇ったのだ。

ただ，クリラッドの活動の中心は25年前とは違い，原発や核・軍事施設周辺の環境中の放射能測定にシフトしてきている。フランス国内でも原発が多数建設されている「原発銀座」のローヌ川岸に空間放射線自動測定器6台を設置し，24時間のモニタリング。測定した数値は職員の携帯電話に自動配信され，放射線値が急激に上がった場合にはいつでもその変化を市民に知らせることができる。

その他の測定では，1997年，ノルマンディ地方のラ・アーグ再処理施設の排水パイプが高濃度の放射能で汚染されていた問題をNGOグリーンピースと共に調査して解明。政府や企業はこれを受けてようやく汚染パイプの交換と一帯の立ち入り禁止措置を取った。

また，フランス国内に残る200カ所ものウラン鉱山閉山後に残された多くの放射性岩石の問題では，スキーリゾートの駐車場で汚染岩石が残されて高い放射線を発していたケースや，製材工場の裏のウラン鉱山跡で高い放射能汚染が放置されていたケースも，独自調査で発見。メディアも取り上げ，企業による除染にこぎつけた。

さらに活動は海外へも拡大していく。フランスの旧植民地・ニジェールのウラン鉱山で，労働者や周辺住民が被ばくした問題も世界に発信し，大きな話題になった。シャレイロンは「持参した放射能測定器をニジェール政府に奪われながらも，それを想定して別の測定器を隠し持ち，なんとか測定したんだ」。必死の思いで測定を続けた様子を話してくれた。

チェルノブイリ原発事故後，様々な形で起きる被ばくの被害。その被害に向き合い，測定器を持って対峙する姿勢が，フクシマで生かされようとしているのだ。筆者はそのダイナミズムに心震える思いがした。同時に，彼らの測定活動は，原発事故後のフェイズの変化とともに，食品測定から環境測定へと移りながら，自分たちがチェルノブイリの被害者であることに加えて，自国フランス

が持つ政策の「被ばくの加害性」への直面へと視点を広げていることに，測定の力を感じていた。

3　核・軍事施設周辺の測定が向き合わせた加害性

　原発や核の加害性と向き合うもう一つの NGO アクロも，核燃料再処理工場や核軍事施設が密集する場所で，放射能汚染の監視を続けていた。クリラッド同様，地元のカーン大学の教官や研究者たちが設立し，市民とともに活動を始めた。3.11 後は福島を含めた東日本で，被ばくした日本の子どもの尿検査を行ってきた。

　「日本のメディアはパリ支局にたくさんいるのに，いつも電話取材だけ。3.11 後，直接この研究室に取材に来た記者は，あなたが初めて」。アクロの研究室に着くと，待っていた代表のデビッド・ボワイエが，歓迎の笑顔とともに開口一番，そう言った。その言葉の中に，「原発事故が起きるまで彼らの活動に見向きもしなかった」という自責の念と，「自分も彼らと同じ状況だ」という現実が，筆者自身の中に暗い感情として湧き上がってくる。

　ボワイエは京都大学で核物理学を学び，日本語も堪能。メンバーは共に，1 年に 2 回，ノルマンディ地方の 600 キロにわたる沿岸の 12 測定地点を順番に回り，沿岸の魚介類や海藻，海の泥などを測定するほか，河川 10 地点の水質環境調査を定期的に行っている。この日，アクロの職員で博士号を持つミレーヌ・ジョセットとインターンの学生，地元の市民ボランティア 3 人の合計 5 人と共に，グランヴィル海岸での採取調査に同行した。長靴をはいてバケツと保管容器を持ち，切り立った崖からノルマンディの海岸へ降りていく。海岸の砂や泥を取る。金属のコテで岩に張り付いた「カサ貝」をはがして容器に入れる。その作業をいくつかの地点で繰り返す。「これは食べられる貝で定期監視対象になっている。この場所は核施設の上流にあるから，貝の放射能は 1 キログラム当たり 10 ベクレル以下で，高くはない」とジョセット。

　1 人のボランティアの女性に参加した理由を聞いた。「友人の息子ががんになった。友人と話す中で，チェルノブイリ原発事故が原因ではないかと話題に上ったの。因果関係は不明。でも，こういう調査に参加することで，実際の数値も分かるし，把握できるんじゃないかと思って」。事故から時間が経ってもまだ

生き返る放射能の恐怖。悪夢。把握されないがんとの因果関係。そこに,「測定に加わり学ぶことで解き明かしたい」という市民の思い。「多くの人が少しずつでも参加して,放射能汚染に関心を持ち続けるための活動を続けていく意義は大きい」とボワイエは語る。この時,まだフクシマで海岸の汚染は詳細には測定されていなかった。「いずれ福島でも海の汚染調査が必要だ。すでに汚染されていることを政府は明確に言っていないけれど……」。愕然とするほどの放射能汚染。筆者は,測定しなければならない場所の数々があるフクシマを,遠く離れたフランスで想った。

　日本では,国や行政がきめ細かな放射能測定を行わない,いわば測定のネグレクトがきっかけとなり,市民の手による測定活動が始まった。「不安」と「安心」の間で揺れる気持ちの背景に,「無知」や「見えにくさ」があると知った市民が県内各地で,放射能測定所を立ち上げている。それはフランスも同じだった。福島の人々がわざわざフランスまで試料を送る理由がついに分かった。それは極めて合理的な理由からだった。フクシマとフランス。その間に,時間と距離を隔てて,「見えない敵・放射能との闘い」への共感と信頼があったからだ。3.11 を自分事として考えられる人々がフランスにいるからだ。この時,お互いの成果と教訓を共有し,市民レベルでの「連携の鎖」が出来上がっていく様子が,うっすらと描かれ始めていた。

Ⅲ　マーシャル諸島共和国── 今も故郷へ帰れないヒバクシャのつながり[(3)]

　3.11 から丸 3 年を目前にした 2014 年 3 月 1 日,筆者は一緒にグローバルヒバクシャを研究する日本平和学会の研究者や,現地調査を希望する公募の大学生 4 人とともに,日本の南東約 4,600 キロの太平洋の環礁の国,ミクロネシアのマーシャル諸島共和国の首都マジュロにいた。この日は 1954(昭和 29)年,ビキニ環礁東方約 110 キロで行われた水爆ブラボー実験からちょうど 60 年の日。Nuclear Victims and Survivors Remembrance Day(核の被害者とサバ

---

(3)　藍原寛子「福島のいま⑤　ビキニ被ばくから 60 年──日本の学生たちの見たもの」『婦人之友』2014 年 5 月号をもとに大幅に編集・加筆した。

イバー／闘い生存した者たちの日）が開かれ，ビキニ環礁やロンゲラップ環礁出身の人々が追悼式に参加した。

　「日本は世界で唯一の被ばく国」だと日本政府や日本のメディアはコピー・アンド・ペーストしながら同じフレーズを繰り返す。しかし，核や原発の被ばく地の面的広がりと共に，ヒバクシャたちの存在領域も拡大してきた。冷戦下，核保有国による原水爆開発の犠牲になった太平洋の多くの国々。その一つがマーシャル諸島共和国だ。広島・長崎への原爆投下の翌年，1946年から1958年まで，同国海域で米国は実に67回もの原水爆実験を繰り返した。54年のブラボー実験では，海域で操業中の静岡県焼津港のマクロ漁船「第五福竜丸」の乗組員が被ばくし，久保山愛吉ら多数の船員ががんや白血病で亡くなった。

1　加害者は「嘘をつき，否定し，機密扱いにする」── 繰り返される手口

　現地では，政府の元外務大臣，トニー・デブルムに話を聞く機会を得た。デブルムは子どもの頃，住んでいたクワジェリン環礁で，核実験のフォールアウトの被害に遭った。その後，病気となり，治療を繰り返している。住民として故郷を喪失し，健康被害に遭い，被害の当事者性を持つ同国を代表する政治家だ。加害者アメリカに責任と賠償を求めて粘り強く交渉し，国際社会に告発し続けていた。

　彼は3.11後から，寝る間も惜しんでインターネットで様々な情報を収集し，発信してきた様子を熱心に語ったのち，「核兵器はどんな種類のものであっても不道徳で違法なのは明白だ。人類が持つこと，使うことは許されない」。核兵器の延長に原発があって，それらは不可分だ。同じように，原水爆実験被害のマーシャル諸島のヒバクシャたちと，3.11フクシマのヒバクシャたちが，時間を経て不可分な「ヒバクシャ」の線で太く繋がったことをデブルムは力説した。「ヒバクシャの系譜にフクシマも並んだ」と改めて感じた体験だった。

　それが決定的になったのは，インタビューの締めくくりの瞬間だった。「福島の人たちにマーシャルの教訓を伝えたい。何か重要な教訓があれば教えてほしい」と筆者が尋ねたあと，静かな怒りをたたえた目で，デブルムが短く答えた。「（加害者は）嘘をつき（Lie），否定し（Deny），機密扱い（Classified）にする。フ

クシマでも同じことが起きるだろう」。1986 年のチェルノブイリ原発事故でフランスを始めとする風下地域が直面した情報隠しが，その 30 年以上も前からこの地では起きていた。繰り返される悲劇，繰り返される手口。強烈な警告だった。

　筆者が次にデブルムに会ったのは日本。2016 年 3 月 1 日，静岡で開かれた 62 年目のビキニデーで来日した際にインタビューをし，改めてフクシマへの思いを聞いた。会場でスピーチしたデブルムはこう聴衆に訴えた。「私たちは核兵器廃絶の使命のもとに団結し，一人ひとりが命の続く限り，力を尽くさねばなりません」。それから約 1 年半後の 2017 年 8 月 23 日，突然のデブルムの訃報が世界に伝わった。世界中の脱原発，核廃絶運動に関わる人々，グローバルヒバクシャたちに衝撃を与えた。享年 72 だった。

2　被害を矮小化する加害大国アメリカに対峙する環礁小国の大きな闘い

　人口わずか 5 万人，国土は環礁（小さな島々）に分かれた，文字通りの小さな国マーシャル諸島共和国。この「小さな国の大きな訴え」を体現してきたのが，デブルムだった。その部隊は世界，国際的な舞台，そして世界中に無数に存在している，ヒバクシャと連帯する国，団体，人々との固いつながりの構築だった。

　彼は，1 年間，ほぼ毎月のように世界各地に呼ばれ，講演し，会議に参加し，熱心に活動を続けた。2014 年，核保有国に核軍縮の義務の履行を求めて ICJ（国際司法裁判所）へ提訴。この提訴には日本を含め世界の弁護士たちが知恵を出し合って協力している。ところが「世界唯一の被ばく国」日本は 2016 年，核武装国のアメリカ，ロシア，中国，フランス，イギリス，インドなどと並び，審議しない案に賛成。大国がこぞって審議拒否するなか，それでもデブルムは核軍縮を訴え続けた。

　3 月 1 日の 60 年追悼式典が，首都マジュロの中心部・ニティジェラ（＝国会）の特設会場で開かれた。クリストファー・ロヤック大統領は式典の中で「米国による 67 回の原水爆実験は，被ばくしたすべての人々を今も苦しめている。後に米国により，セシウム 137 の被ばくレベル調査結果が公開されたが，そのレベルは信じられないものだった。被害は 4 つの環礁だけではない。米国は全ての情報を公開すべきだ」とスピーチした。マーシャル諸島共和国が明確に，

米国ガテマラー国務次官代行に厳しい言葉で異議を申し立てている。その力強いスピーチに筆者は強い衝撃を受けた。同時に，60年経ってもなお，加害者・米国による情報隠し，特に人々の被ばくの実態や健康調査の結果が非公開で，被害の実相が隠されている事実に，マーシャル諸島共和国は，引き続き，米国への追加補償をなんどもなんども求め続ける。それは被害者が生きている限り，記憶や歴史が残る限り，決して諦めない誓いにも聞こえてくる。

米国のガテマラー国務次官代行は「マーシャルの人々が今も健康被害に苦しんでいる。これは人道，モラルの問題。我々は核兵器のない社会のために貢献していく」と語ったが，具体的な核兵器廃絶政策もなく，また健康調査や医療費の補償など，具体的な施策はなし。文字通りゼロ回答だった。

第五福竜丸で被ばくし，仲間を失い，自らも闘病生活を送る大石又七がスピーチに立った。「これが最後の渡航かもしれない。どうしてもマーシャルの人々に伝えなければいけない。被害を与えた国は被害者に補償すべきだ。核兵器も，原発も断固として反対だ」と式典前に語っていた大石。「核兵器を作るために，多くのマーシャルの人々が犠牲になった。指導者の猛省を促したい」。大石の命がけの訴えが会場に響いた。

原水爆実験が行われたとき，太平洋に広がる，青や緑，水色の色とりどりの美しい珊瑚礁が破壊され，そのかけらは放射性物質を含んだ白い物質，いわゆる「死の灰」となって，デブルムら家族が暮らすクワジェリンにも降り注いだ。天から降り注いだ白い粉を，異常天候の雪だと思って口にして，内部被ばくした子どもの中にデブルムがいたのかもしれない，と想像した。しかし，公式に米国が被害を認めた地域はビキニ，エニウェトク，ロンゲラップ，ウトリックの4環礁のみで，実際の被害は矮小化された。多くの人々が無視され，国際的な核の棄民となったことへの怒りを持って，国際社会に訴えた。マーシャル諸島の問題は世界の課題なのだ，と。

マーシャル諸島共和国の人々の長い闘いを知る中で，筆者の中で問題が明確化されていった。まさに，マーシャル諸島はフクシマだ，と。いや，3.11を経て，フクシマがマーシャル諸島になったのだ。避難指示区域の外側まで放射性プルームが流れてホットスポットになった飯舘村や川俣町。避難の遅れ，行政不信，帰らない人々。進まない除染。挙句の果てにその地域には原発の

爆発後，放射性物質を含んだ雪が降り，避難生活でストレスを抱えた子どもたちが雪だるまを作り雪合戦をした。久しぶりの雪をなめて内部被ばくした。その被ばくリスクに気づかなかった自分を責める親たちがいる様子も，マーシャルとフクシマが時と所を越えて共有し合う，痛みを伴う体験だ。

　筆者は滞在中，何度もマーシャル諸島とフクシマの現状を比較し，考える事態に直面した。そしてこれから 60 年後——自分自身はすでに死んでいるかもしれない，未来のフクシマや日本の姿を思った。マーシャル諸島の住民の取り組みは，フクシマの未来への貴重なメッセージだ。毎年行われる健康診断に，日本から訪れた医師と看護師が長年たずさわっていることも現地で知った。健康を守る活動を通じて，両国の市民レベルのネットワークと信頼が強固なものになっている現実に，希望を感じる自分がいた。

　現地滞在の後半，核実験で被ばくし，病を患う，核実験被害者団体 ERUB（エラブ）代表のレメヨ・アボンにも話を聞いた。彼女は別れ際，筆者の手を握り，フクシマへのメッセージを託した。「こんなこと二度と繰り返さないでって，フクシマの人に伝えて。そして……また来てね」。2018 年 2 月，レメヨ・アボンがこの世を去った。再会かなわず接した訃報に，あの温かい手を思い出した。デブルムにレメヨ，闘い続けた人々が次々とこの世を去っていくことに，正直，焦りを感じた。大石も高齢となり，闘病生活を送る。核との闘いは生きる時間との闘いでもあるのだ。核廃絶を加速度的に進める重要なカギに，本来ならフクシマがなり得るべきだ。しかし 2020 年の今，そうはなり得ていないのが現実。2014 年から 16 年ごろにかけて，筆者にとってのグローバルヒバクシャの旅は，世界各地のグローバルヒバクシャの存在と，互いの存在に共鳴して仲間を得ていく喜びや安どとともに，根本的な解決につながっていない無力さや痛恨さを抱く瞬間も含んだものとなっていった。

Ⅳ　イギリス・ウェールズ——農民の反原発に向けた共闘[4]

　3.11 後，市民たちが測定結果や知識の共有，被害者追悼式などでグローバルヒバクシャのネットワークを拡大させ，世界中でフクシマと連帯するデモなどの抗議活動がメディアで報じられるようになった。その一方で，国際的な原子力ムラが黙っている訳はなかった。その象徴的な出来事の一つが，日本政府によるトルコ，イギリス，ベトナムなど海外への原発輸出である。「フクシマはまだ完全に復旧していない。帰還困難区域もあり，廃炉作業は見通しも立たないのに，なぜ」と，普通なら疑問に思うはずだ。しかし安倍晋三首相は「状況はコントロール下にある」と五輪誘致のスピーチで語り，政府は「3.11 後，最悪の事態は避けられた。事故で得られた教訓を生かせる」として海外に安全性をアピールする。加えて国内では再稼働への動きを加速させようとしている。

　フクシマを消し去ろうとしている。被害者を棄民にしようとしている。原発輸出で，海外にグローバルヒバクシャを増やそうとしている——。その状況に危機感を覚えた福島の 2 人の農民がいる。福島県農民連会長で，コメやあんぽ柿（干し柿のこと），野菜生産者の根本敬と，帰還困難区域の浪江町津島地区で畜産を営んでおり，現在は大玉村で避難生活を送る浪江町議の馬場績。この 2 人と共に，2018 年 7 月，イギリス・ウェールズのアングルシー島へ向かった。日立製作所の 100％子会社，ホライズン・ニュークリアー・パワー社（以下，ホライズン社）が新原子炉建設を予定するその地に暮らす農民や住民を激励するためだ。ホライズン社は，廃炉作業中の原発（ウィルファ A）の隣に，約 3 兆円の事業費をかけて改良型沸騰軽水炉 2 基，「ウィルファ B（ウィルファ・ニューウィッド）」の建設を予定している。2017 年に包括的設計審査（GDA）に合格しており，筆者らが訪問した際には，立地許可や開発同意，環境影響評価・許可の審査手続きが現在進行中だった。すでに日英両政府による債務保証や公的資金投入も予定されていた。

---

(4)　藍原寛子「日立が英国で原発建設」『いつでも元気』2018 年 11 月号をもとに大幅に編集・加筆した。

　だが客観的にみても，事業困難性は否めなかった。3.11後，世界中の原発の安全対策について各国の国民が問題を提起し，日本の原子力規制庁も安全基準をより厳しくした。このため安全対策にかかる経費が高騰し，2011年以降に世界で建設を予定していた原発は軒並み事業費が高騰。計画を断念する事業者も出ていた。さらに英国はEU離脱を控え，「EU離脱と同時にEURATOMからの離脱問題があり，2006年日英原子力協定の再締結の可能性もある」(原子力資料情報室・松久保肇)。日立製作所は「現時点で中止すれば最大2,700億円の損失」と試算。リスクを減らすため，持ち株率の削減も想定しているという。日立は2019年までには着工の可否を最終判断すると表明したが，不透明要素も多かった。

1　フクシマから被害の実相を届ける

　現地を訪れた筆者ら3人は，地域の脱原発グループ「PAWB (パーブ)」の協力のもと，のべ8回にわたり，地元議会や学校，地域集会などで講演や記者会見を開催。原発企業や政府間の広報とは全く違う，被害者の視点で見た原発事故の危険性と被害の実相を伝えていった。馬場は，「今でも自宅が浪江町の帰還困難区域にある。自宅に帰るのに行政の許可が必要で，防護服を着て入る」と報告。「見てください。農地や牧草地はこれほど荒れています。長期的に避難者を生み，帰れるかどうか見通しも立たない悲惨な事故を起こすのが原発。この地に原発を建設してはならない」。家族で耕した水田が荒れた現状。失われた景観，地域社会，日常生活。150年の歴史がある和牛肥育ができない現状を写真とともに説明した。

　根本も，避難できずに牛舎で餓死した牛たちや，「放射能ピラミッド」といわれる除染廃棄物の巨大な黒いコンテナバッグの山を写真で紹介。「アングルシーは美しい地域。こんな汚染物をまき散らし，人々を分断する原発はいらない」と，失われるものの大きさについて参加者が思索を深められるような訴えを続けた。白い防護服や放射能測定器を持参し，参加者に防護服を着てもらい，測定器の数値の理解を深めてもらうなど，リアルな体験の共有が図られた。

2 「神は細部に宿る」——具体的な説明の重さ

　滞在中，地元アングルシー議会議員約10人との懇談の場が設けられた。ほとんどが原発賛成で反対議員はただ1人。フクシマから訪れた2人は，地方政府が中央政府に確認しておくべきことについて質問した。例えば，住民を交えた大規模な避難訓練の有無や避難経路の確認，ガイガーカウンターや安定ヨウ素剤の確保と住民配布の方法，避難経路，放射能汚染対策，原発の津波・高波対策などだ。ほとんどが不明確で，具体的な答えはなかった。ある議員が「いいや，避難訓練はやっているよ」。よくよく聞くと「原発企業，サイト内の訓練は定期的にやるようになっている」。安定ヨウ素剤の配布も原発作業員だけ。根本たちが指摘したのは，大規模原発事故に対応した一般市民の防護策や避難計画。多数の人が数珠つなぎに避難し，途上に放射能雲のフォールアウトで被ばくしたフクシマの被害が，その後の放射能・被ばく防護政策に反映されていない。それどころか，政策自体が不在。「いくら安全神話があるとしても，あまりにもひどすぎはしないだろうか」。それが率直な筆者の印象だった。

　実は，牧羊農家が多いウェールズやスコットランドなど英国北部地域にも，1986年のチェルノブイリ事故後，グローバルヒバクシャが生まれていた。放射能汚染で羊も内部被ばくした。出荷制限と，セシウム137の全頭検査も行われていた。羊の最後の農場の移動制限が解除になったのは3.11の翌年，2012年。事故のスパンから考えるとつい最近のことだ。そうした自国の放射能汚染の教訓がありながら見直されず，フクシマを含めたヒバクシャ，被ばく地との経験の共有もできていない。根本と馬場がより具体的で，日常生活や農業に密着した内容で，放射能汚染や避難体験を語ったことは人々に強烈なインパクトを与えた。懇談が終わると2人の議員が駆け寄ってきた。賛成側だった1人の議員は言った。「今まで原発は安全だと賛成してきたが，大事なことは全てロンドンで決まってしまっていた。孫や子どものことを考えたら原発には反対だ」。たった1人だったかもしれない。だが，体験の共有と言葉の力で，黒を白に変えていく瞬間をフクシマの教訓から創り出していったのだった。

3　ウェールズの農民の孤独な闘いに，フクシマの農民が"助太刀参戦"

この後，原発建設予定地で酪農・畜産を営むリチャード・ジョーンズ，妻グウェンダ一家を訪ねた。夫妻は柔らかな笑顔で出迎えてくれた。一家は土地売却に強固に反対している。土地を売らずに頑張ってきたことで，いわれなき悪評を流されたり，村八分にされたり，様々な嫌がらせを受けてきた。それでも決して売らないと固く誓う。「農地は先祖の代から，それ以上，何百年も前からここにある。農家は農地によって生かされている。土地は売り買いの道具ではない」と語るリチャード。「他の農家はビジネスマンのように土地を売った。日立の本社の人は，札束で土地を買うだけ，ここに来たこともない。ちゃんと来て，私たちと話すべきだ」と怒りと落胆の表情で語った。

根本は強いシンパシーをたたえたまなざしでリチャードたちを見つめた。「農民の立派な体躯，パワーを感じるね」。馬場が言う。「フクシマでは，2014年，県内の全原発廃炉に向けて住民が議会を動かし，県内59の全市町村議会が廃炉を求める意見書や決議を出した。そしてついに東電が廃炉を表明した。私たちには力がある。草の根民主主義の力を信じ，共に闘おう」。固い握手を交わした。ジョーンズが家や農地を案内してくれた。家のあちこちに何代も前の先祖の肖像画が掲げてある。農地には自らエネルギーを作り出す農民の自立の象徴として毎時80キロワットの風力発電の風車タービンがしっかりと立っていた。根本は「百姓は百のこと，なんでもできるから百姓なんだ。エネルギーだって自分たちで作り出せる。私も原発事故後，自宅に太陽熱温水器と薪ボイラーを設置した。農民連も県内各地域で発電所を作り，年間約3億円の売電収入を得ている」と地域発電事業に取り組んでいることを説明。「これからも脱原発のために連帯していこう」と，PAWBのロブ・イドリースも加わり，"助太刀参戦"の固い握手を交わした。　エネルギーの自給自足。3.11後の新しい抵抗の姿がそこにあった。この訪問から約半年後の2019年1月，日立製作所とホライズン社は原発増設事業の事業凍結を発表した。

V　ベトナム——チャム人たちの「チェルノフニット[5]」

　「チェルノフニット」という言葉を知っているだろうか。チェルノブイリとフクシマと，ベトナムの原発建設予定地ニントゥアンの3つの地名を合成した言葉で，この言葉を発案し，タイトルにした小説を書いたのが，ニントゥアンの先住民族であり，少数民族チャム人の詩人インラサラ。チェルノブイリ，フクシマの教訓を生かし，ニントゥアンが原発白紙撤回で止めた，という出来事を象徴している。安倍政権の原発海外輸出政策は2018年12月のトルコ，19年1月のイギリス・ウェールズと，次々にとん挫した。最初のとん挫の"のろし"となったのが，2016年11月のベトナムの原発計画が白紙撤回で，そこで大きな力を発揮したのが，ベトナム作家協会の重鎮でチャム語とベトナム語で言論活動を展開するインラサラ，その人だ。

　2019年2月，ベトナム研究者で原発問題に詳しい沖縄大学教授の吉井美知子の案内で，同大学の学生4人，ノーニュークス・アジアフォーラム・ジャパン事務局長の佐藤大介，上関原発止めよう！広島ネットワークの渡田正弘，日本インドネシアNGOネットワークの安部竜一郎らとともに現地を訪ね，インラサラに話を聞いた。

　ベトナム政府は2009年，原発建設計画を国会で決議。翌10年，日本とロシアに原発事業を発注。両原発はいずれも，先住民族チャム人が多く住んでいたベトナム中南部のニントゥアン省に予定された。ロシアは国営企業ロスアトムが同省トゥアンナム県ヴィンチュオン村に「第一原発」を，日本は日本原子力発電がニンハイ郡タイアン村に「第二原発」を計画。2012年ごろからは，建設予定地の契約締結，造成，送電網整備，道路建設などインフラ整備が進められた。第一原発予定地ではこれに伴って住民の立ち退きが強行された。これに強く抵抗し続けたのが，少数民族のチャム人たちだった。チャム人の祖先は，2世紀から17世紀まで，東南アジアの海洋貿易を担ったチャンパ王国を

(5)　藍原寛子「白紙撤回されたベトナム原発の旧建設予定地を訪ねる——アベノミクス『原発輸出』頓挫はここから始まった」『週刊金曜日』2019年4月25日，1230号をもとに，大幅に編集・加筆した。

築いた歴史を持ち，今でも多数の史跡が残っている。インラサラは，チャム人のなかでも詩人でジャーナリスト，作家として尊敬されている。

1　詩人インラサラの孤独な闘い，そして国際連帯へ

「3.11 フクシマが原発の危険性をチャムの人々に身近な危険として知らせてくれたことが，原発反対に向けて動く大きな動機になった」とインラサラは語る。しかし圧力，攻撃，そして孤立が彼を襲う。「100 万ドル（の賄賂）をあげるから活動をやめろ」と言われたり，会合で無視されたり，原発安全セミナーへの招待状が来たこともあった。「原稿を高く買う」という甘い話も。このような手法は日本の「原子力ムラ」が使う手段と酷似している。本人は明言しなかったが，別の取材の中では生命に関わる危機もあったと，筆者は現地で聞いた。それでも反原発のスタンスを公表・明言し，記事を書き続けた。「友人，知人が 100 人ほど集まった会合で，誰も声を掛けてくれなかった時は本当に辛く，孤独だった」。

孤独な闘いのなか，支えたものは何だったのだろうか。

「原発予定地でのベトナム人の歴史と比べ，チャム人の歴史ははるかに長い。ニントゥアン省にはベトナムの半分以上のチャム人が暮らし，100 カ所以上の重要な史跡やお寺がある。もしも原発事故が起きたら，自分たちにとって大事なものが失われてしまう——そう考えたら，何も怖くなくなった。とにかく必死で反対した」。2015 年から 16 年にかけて，ロシアの第一原発予定地内のチャム人の「ほこら」が無くなっていることが判明し，チャム人たちの大きな怒りが沸き起こった。その「ほこら」は海上交易で栄えたチャンパ王国時代から伝わる，海難者をまつったものだ。チャムの人々にとっては重要な歴史や文化，誇りを汚されたも同然だった。ロシア企業に訴えると「ほかに移しただけ。賠償金を 500 万ドル（約 6,000 万円）払う」と言ってきた。まさに二度，三度の蹂躙（じゅうりん）。「文化・歴史・アイデンティティの破壊行為」が強まれば強まるほど，抵抗運動も強固なものになった。

アメリカのスリーマイル原発事故や，ソ連のチェルノブイリ事故と，3.11 フクシマが異なるのは，SNS（個人のソーシャルネット通信）で一人ひとりの市民が情報を発信できるインターネット時代を迎えていたことだ。チャムの人々がこの地

の大切さや原発反対の意見を訴える機会が全くなかった一方で，国の外側から，その声を聞こうとする人々，その声を広く発信しようとする人々が現れる。イギリスやフランス，日本などの海外メディアや，研究者，支援のNGOなど，外からの応援が増えると，署名や抗議行動をすれば警察に逮捕される危険もかえりみず，チャム人の女性詩人キューマイリーがインラサラに賛同。こうして1人，2人と，少しずつ賛同者が増えた。ベトナムでは極めて珍しい署名活動も展開され，その数は600人を超えた。

　また，3.11フクシマの状況をまとめた日本語の資料などを，ベトナム語に翻訳し，政治家へ届ける市民のロビー活動や，安倍晋三首相への抗議書の送付も。「国内だけでなく国外の知識人の声が大きな影響を与えた。特に日本の首相に抗議文が送られたことは，非常に大きなインパクトだった」。市民の知力，行動力，その震源にインラサラの情熱がある。

　市民の反原発運動のうねりとともに，原発建設計画は白紙撤回された。インラサラの表情は穏やかだが，まだ笑顔は少ない。懸念材料があるからだ。「原発計画はなくなったが，予定地は整地され，電線もあって使える状態だ。ベトナム政府がキャンセル料を求められている可能性もあり，建設予定地が原発の代替として核のゴミ捨て場などに再利用され，別の国の企業が進出する——などということにならないよう，今後も厳しく監視していく必要がある」。闘いはまだ終わってはいない。

2　アジアの核・原発ドミノを防いだチャムの人々の反対運動

　2011年2月，日本原電がベトナム電力公社と原発建設に向けた協力協定を締結。その翌月にレベル7に達した3.11フクシマが起きた。ベトナムにもその被害が伝わり，2014年1月に首相グエンタンズンが建設延期を宣言。2016年，「再生可能エネルギーの伸びがあり，原発と他のエネルギー源が共存できなくなった」として，ベトナム政府は正式に原発事業を白紙撤回した。沖縄大学の吉井は白紙撤回の背景をこう分析する。3.11後，その現状がベトナムの人々へ伝えられ，ロビー活動が行われるなかで，①ベトナムの財政難，②国内の電力需要の低迷，③原発産業の人材不足，④推進していたズン首相の失脚，⑤台湾の企業フォルモサによる公害事件，⑥チャム人を中心とした先住民，住民の

反対運動。そこには，ボトムアップの脱原発市民の力と同時に，共産党一党独
裁政権下における政権中枢の共産党の政治家による「原発断念」の判断が大
きかったと分析する。

　原発予定地や脱原発を目指す人々がいるところを訪ね，知識や経験の共有
と信頼，そして励まし合いの中から市民の脱原発ネットワークを築き，「脱原発
への勝利の方程式」を探る地道な営みを続けてきたノーニュークス・アジアフ
ォーラムの佐藤は，ベトナムの白紙撤回は，長年，原発建設計画がくすぶって
おり反対運動も活発な隣国のフィリピン，インドネシア，タイ，マレーシアに大
きな影響を与えた。『核ドミノ』につながりかねない ASEAN（東南アジア諸国
連合）の『原発ドミノ』を防いだ」と，その意義を分析する。

VI　アメリカ ――スリーマイル原発

　2019 年 3 月 28 日，筆者は 40 年前，あの歴史的な原発事故が起きた場所，
米国東海岸ペンシルバニア州スリーマイルに居た。まさに 40 年の記念の年で，
多くの原子力関係者や被ばく被害を受けた人々，住民らが現地で開かれる記念
式典や集会，勉強会を開催する予定で，その取材のためだ。今回で訪問は 3
回目，スタンフォード大学の佐藤恭子，ニューヨークのアーティスト田中康予も
一緒だ。現地では 3.11 フクシマ後の調査を続けるシカゴ大学名誉教授のノー
マ・フィールドとも交流。筆者らは，これまで何度も通ったスリーマイル原発周
辺の風下地域を中心にまたレンタカーを走らせ，現地で暮らす人々を訪ねた。
　スリーマイル島原発は 1974 年 9 月に 1 号機，78 年 12 月に 2 号機が運転を
開始。79 年 3 月 28 日，運転開始からわずか 4 カ月弱の 2 号機が炉心溶融を
伴う事故を起こし，その後保管状態に置かれてきた。事故から約 5 カ月後か
ら除染と燃料取り出しが始まったが，2 号機の廃炉作業は完全完了していない。
1 号機の運転と作業員・住民の被ばくに反対する運動が，地元の市民団体「ス
リーマイル・アイランド・アラート（TMIA）」により，現在も続けられている。
事故から 40 年を迎え，地元の大学，TMIA を中心とした様々な団体，市民
グループが，原発事故やエネルギー問題を考え，再発や被ばく防護対策を議
論し，また世界で発生した直近の原発事故・フクシマの教訓から学ぶ会合を

開催した。筆者は，スリーマイルには，3.11後を生き抜く人々が学ぶべき事実が山積していると考えている。フクシマを拠点とするジャーナリストとして，これまで取材してきた数々の世界の核・原発・放射能被災地の中でも，特に重点的に取材している取材先だ。なぜそう考えるか。

　それは市民から見た事故後の状況（政府機関でもなく，原子力専門家でもなく，あくまでも市民）が，あまりにも3.11フクシマに酷似していることだ。原発の土地が元軍事施設・小さな空港であること。国策も絡んだ民間の原発事業者が起こした事故で，放射能の拡散情報が迅速に地元住民に伝えられず，避難が遅れた点。そして事故後も十分な健康調査と補償が行われず，低線量被ばくや内部被ばくがほとんど無視された点。森林除染は技術開発すらされていない点。数え上げればきりがない。そういった問題点を指摘し続ける住民の言葉ひとつひとつに，ジャーナリストとして，一福島市民として，強いインパクトを受けるのは何の不思議もないことだった。

1　批判や圧力に屈せず奇形の草花を研究——メアリー・スタモス

　初めてスリーマイルを訪れる直前，原発建設時から反対運動と監視活動を続けてきたTMIAのエリック・エプスタインに連絡を取った。エリックは事故当時フィラデルフィアの学生だったが，その後スリーマイルに移り，学校の先生やリサーチャーなどをしながら，事故の影響調査や住民の賠償裁判の支援，政策的な提言を行っている，極めて幅広い人脈を持つキーパーソンだ。

　エリックが最初に紹介してくれたのが，メアリー・スタモス・オズボーンだった。事故直後の極めて初期段階から，被ばく・健康問題，環境汚染を告発し，熱心に活動してきた，これまた重要なキーパーソンの一人。事故後，TMIAに参加し，日本をはじめ世界各地に呼ばれて被害の状況を世界に発信し続けてきたシンボル的な存在だ。事故から40年，彼女も病気を経て復調しつつあった。隣に，事故当時9歳だった長女のレスリーが寄り添う。「事故後，大切な友人，隣人たちが次々に病気になっていった。法律的なアドバイスをしてくれた友人も亡くなって，本当につらかった」。ゆっくり言葉を選んで話し始めた。

　1979年の事故当時，原発から約9.6キロの高台にある自宅で，家族と一緒に暮らしていた，ある意味，「普通の」主婦だったメアリー。なぜこれほどま

でに脱原発活動にエネルギーを注ぎ続けてきたのか。そこには壮絶な体験が
あった。

　事故が起きたのは3月28日のまだ暗い朝4時。ところが，その事故の状況
は直ちに住民に知らせず，時間が過ぎた。朝6時，建設業に従事するメアリー
の夫レイが，何か空気が違う，というようなことを言って仕事に出かけた。メア
リーは「金属を吸っているような感覚がした」というが，その後は特に何も考え
ることなく，レスリーと小学校のスクールバス乗り場まで行って見送り，長男で
2歳のニコラスと午前中，外で過ごした。実は午前7時頃には燃料破損が明ら
かになり，午前7時30分に連邦政府やペンシルバニア州政府が放射能のモ
ニタリングを開始していたのだが，住民はその事実を知る由もない。同じ話は
40年式典に参加した，事故当時まだ幼かったマリア・フレスビーからも聞いた。
「あの朝，金属の味がしたわ。でも私たちは何も知らされず，すぐに避難もし
なかった」。連邦政府が州政府の緊急危機管理庁に避難を勧告したのは30日
に入ってから。州知事は30日10時頃，原発から8キロから16キロ範囲の住
民に屋内退避を勧告したが，連邦政府のNRC（原子力規制委員会）とのやり取
りが不調で，州は午前11時40分になって「発電所から8キロ以内の妊婦と
学齢前の乳幼児の避難」を勧告，同時に地域内の学校を全て閉鎖した。危険
を感じた住民の中にはこの勧告前にすでに避難していた人もいたが，実際には
学校閉鎖を契機として避難した人が多く，その後も仕事のために帰宅する人が
出るなど，数日から数週間で戻った住民が多かった。

　さて，避難前のメアリー一家に戻る。29日，事故がテレビで放送された。
「事態はすべて収まっている。数日のうちに運転再開」との内容。ただ，世界
中の記者がスリーマイル原発に事故取材に来ていることが近所で話題になり
「きっと私たちが考えているより大きな事故のはず」とお互いに話し合う。メア
リーは出掛ける娘に冬のコートを着せ，フードをかぶるように言って送り出す。
学校では風船を飛ばすイベントをするということで，メアリーとレイは揃って子
どもたちのイベントを見に出かけたが，娘レスリーはフード付きの服，隣の家
の子はフード付きの服を着ていなかった。それは事故の深刻さを知ってのこと
ではなく，なんとなくの勘だった。だが数日後，原子炉のメルトダウンが明らか
になり，原発事故の映画「チャイナシンドローム」封切りと重なって，世界中

の大問題となる。後年になって，隣家のフードをかぶらなかった女の子は自分が白血病になったことをレスリーに告げる。メアリー宅の周辺に白血病の患者が増えてくることが分かるのは，その後，数年経てからだった。

2　スミソニアン博物館がファイリングへ

　事故直後から，「金属味の空気」のほかに彼女が気づいたことがある。それは事故から6日後の4月3日，避難先からいったん自宅に戻ってみると，大切に手入れをしていた家の中の植物が短期間で異常なほどに成長していたのだ。4月6日に一家は帰還するのだが，その後も家の前の庭のバラの花びらの中から茎が伸び，お化けのようなサイズの畑のタンポポの葉などを次々に見つけ，そのたびに大切に収集して，専門家にその原因を聞く活動を始めた。初めてメアリーの自宅を訪問した際，たんすの引き出しいっぱい，家のリビングのテーブルや暖炉近くの本棚に葉っぱや過去の新聞記事などがギッシリと並んでいた。

　「『植物の異常現象は放射能の影響ではない。科学的に因果関係は証明されない。たまたま起きた出来事だ』という科学者もいた。でも，もしかしてDNAへの影響が起きている前触れだとしたら危険だ，と思いました」。彼女自身が採取した植物を持参し，多くの専門家に直接質問し，議論を重ねた。彼女に対して「感情的な人だ」「非科学的だ」という，それこそ感情的な批判や心無いうわさをする人も現れた。一方で，メアリーに触発されて，奇形の植物を探し出す人も増えた。やがて，住民から「人間の健康被害をしっかり調査しなければならない」と声が上がり，公衆衛生基金が資金を提供してTMI-PRRCスリーマイル原発健康問題委員会が発足。市民の手で健康調査や聞き取りが始まった。専門家の中にも，ネバダ州やユタ州の核実験場での健康被害や，スリーマイル原発事故後の健康被害を多角的に分析する必要があると提言する人が現れ，市民や研究者のネットワークで様々な形で被害調査が始まった。

　事故から10年後ごろ，メアリーはこう述べている。「少し前に筆者は，普通の母親や父親が，原子力に関する"専門家"になる必要はないと気が付きました。本当に必要なのは『人間として持たなければならない当たり前の常識』だ

けであり，まさしくそれは原子力を推進している人たちに欠けていることです[6]」。この言葉に，作家吉村昭が臓器移植を描いた記録文学『神々の沈黙』を思い出した。「専門家になる必要はない。むしろ専門家になってはいけないと自分に言い聞かせた」(吉村)。政府の事故調査委員会とは独立して設置された国会事故調査委員会 (黒川清委員長) は，専門家や原子力業界など，原子力に日々携わる人々が足をすくわれる背景に「規制の虜」があると指摘した。こうした，専門家と言われる人々とは異なる，一人の住民，一人の母親であったメアリーは，専門家や原子力ムラの業界人が陥りやすい「知識の虜，規制の虜」とは遠く離れた場所で，生活者として実践し，考え，取り組んできたのだ。

　さて，住民が起こした裁判の多くはその後，原告敗訴となり，ピッツバーグ大学，コロンビア大学など大学の専門家による被害調査も続いているが，原因企業や政府はその因果関係を公式には認めていない。そんな中，事故から40年を前にして，メアリーやTMIAのメンバーに久しぶりにうれしい情報が舞い込んできた。それは，ニューヨークのスミソニアン博物館が，メアリーがこれまでに収集した数々の情報，資料，奇形化した植物サンプルをスリーマイル原発事故の記録として保存することを決めたという知らせ。40年の式典に合わせ，地元の施設でこうした資料の公開が行われ，多くの市民が展示資料から様々なことを学んだ。

Ⅶ　おわりに —— 抵抗する者たちのグローバルネットワーク

　3.11後，福島県では住民の多様なコモンズ (共有地) が次々に奪われた。そもそも多くの人が避難してコミュニティが崩壊したため，共有空間が崩壊した点に加え，物理的に見ると，自然景観や文化を形成していた農地が放射能汚染されて耕作放棄地となったり，地域の集会場や公園が「地域のために」という理由で除染廃棄物の仮置き場に次々に転換されていった。加えて，「原発震災からの復興」で多くのイベントが開催され，個人のプライベートな時間と労力

---

(6)　弘中奈都子・小椋美恵子編『放射能の流れた町——スリーマイル島原発事故は終わらない』阿吽社。

が安易に奪われる。地域の言論空間は「風評被害」の文言で台頭するヘイトと萎縮と疲弊がある。まさにこれがフクシマで起きている「放射能による《公共圏》の収奪」であると筆者は考える。しかし，筆者たちグローバルヒバクシャは，ただ黙って収奪され続けているのだろうか？

1　グローバルヒバクシャの「連帯の公共圏」を広げる営み

いや，そうではない。グローバルヒバクシャとは，「被ばく者／被ばく当事者として，核や原発，放射能の被害を識った人々」であるがゆえに，被害の自覚から生まれる行動が社会を変えてきた。

その活動の特徴として，一つには，チェルノブイリ原発事故，スリーマイル原発，核実験など，核や原子力の暴力性と，放射能被ばくを住民に甘受させる「悪魔の手口」を，地域，歴史，国家などを超えて，被害者の視点から世界的なネットワークで明らかにしてきた点がある。マーシャル諸島共和国の元外相，故トニー・デブルムがいう「嘘をつき，否定し，機密扱いにする」ことは広島・長崎以前の核開発から始まっていた。それを被害者の側からより具体的で，個人や生活者レベルまで落とし込み，政策立案者や政治家の政治判断を超えて，「生活者としての危機感覚や倫理観」へと働きかけてきた。

二つ目には，被害当事者の視点から，測定や知識の共有をすることで，具体的な行動が取れることを歴史的に証明してきた。世界各地にはグローバルヒバクシャが大勢いる。国家が教えてくれなくても，世界の歴史，世界中のグローバルヒバクシャのあゆみが，次にとれる手だてを教えてくれる，巨大な「世界のヒバクシャによる知的図書館」を目に見えない形で作り上げてきた。

三つ目は，核により人権が脅かされることに抵抗を続けてきたグローバルヒバクシャによる国境を超えた，多極型で緩やかで，かつ強固なつながりとして「抵抗の公共圏」が形成されてきたことだ。抵抗の形は，測定や資料収集，デモや集会，勉強会など非暴力で行動を伴ったものである。こうした動きは，何らの規約も規則も会費も伴わない活動であり，1960年から日本における「ベトナムに平和を！市民連合」(ベ平連)に通底する。同連合の発起人の一人，鶴見俊輔はマッカーシズムに対する市民の運動をこう述べる。「生き方のスタイルを通してお互いに伝えられるまともさの感覚は，知識人によって使いこなされる

イデオロギーの道具よりも大切な精神上の意味を持っている」と。圧力や攻撃を受けながらも，メアリーが取り組んできたことは，鶴見が言う「まともさ」を自分の中に存在させ，ブレずに行動し続ける真摯な営みに思えてならない。

2　32 年後のフクシマへのメッセージ

　スリーマイル原発事故 40 年の取材で出会い意気投合した米国のジャーナリスト，リビー・ハレビーが，2019 年 5 月，ポッドキャストを通じて公開のメッセージを筆者あてに送ってくれた。このメッセージは多くの世界の人々にシェアされた。彼女は 40 年前，事故現場の近くに滞在した体験を持ち，現在もスリーマイル原発事故後をレポートし続けている。核や原子力ムラによる収奪への抵抗の宣言と，共闘し，連帯する者たちに向け，筆者の問いに対する彼女の力強いメッセージで，本章を締めくくりたい。

　3.11 フクシマから 40 年後の未来へ向けたハレビーの言葉は，人類が背負った核の命運の重さを再確認させてくれる。同時に，放射能被ばくとの「長く終わらない闘い」へ向けての改めての宣戦布告と，筆者たちグローバルヒバクシャがお互いの旅の中で強く、固く連帯し，この旅の終わりには勝利するという希望の宣言である。

　　「スリーマイル島で見聞きしたことは，40 年経ったとき，3.11 で大きな打撃を受けた日本の人々がどうなっているかを垣間見るような思いがした」と語った藍原寛子にこう伝えたい。
　　32 年後，あなたたちの 40 年目が回ってきたとき，こんなふうになっているでしょう。
　　まず，3.11 フクシマで放射能のために命を落とした人は一人もいない，と誰も彼もに言われるでしょう。あなたたちのがんも甲状腺障害も流産も先天性障害も心臓麻痺も自己免疫疾患もすべて原発 3 基のメルトダウンで放出された放射能と一切関係ない，とも言われるでしょう。病や痛みに対して賠償はなく，たいした同情も寄せられないでしょう。不安を漏らせば冷笑され，当局に無視され，健康調査や検査やデータ収集を呼びかけても誰も聞く耳をもたないでしょう。つまり，将来，人々が問題の元をたどろ

110

うとしても，それを助ける証拠を蓄積することは叶わないでしょう。いつでもあなたたちより大きな声，お金が拡張する決まり文句によって，あなたたちの言葉はかき消されてしまう。あなたの真実など真実ではない，と言われる。自分で獲得したと思っている知識は実は知識なんかではない，とも。黒は白，上は下。アリスよ，もう鏡を通り抜けたんだからいい加減におだまり！ さっさとどこかへ行っちまえ！という雰囲気⁽⁷⁾。……そんなふうになっているでしょう。

　しかし，それだけではありません。小さなヒーローの一団もそこにいることでしょう。広い心と深い知性を持つ女性と男性。互いに手を差し伸べて，真実を共有し，記憶し，伝えることの大切さを知っている人たち。真実には癒やす力があり，どんなに辛くても，真実を知らずに麻痺状態で生きるより，知ったほうがよい，ということをしっかり分かっている人たち。他の人をもこの大義に惹きつけることができる，と考えている人たち。大義とは，何が起こり，人々にどういう影響を及ぼし，そしてこの悪が二度と繰り返されないために何が必要かを学ぶための闘い。核（ニュークリア）の脅威へ抗議する声は絶対沈黙に追いやられない。どんなにひどい時代でも，この声は大きくなっていく。勝利を勝ち取るまで。そして「活動家」（アクティビスト）とは，権力者が無視しようとする不正に立ち向かう，ふつうの市民のための名誉のバッジ。

　スリーマイルの事故は実際に起こった。放射能は放出された 。人も環境も被害を受けた。政府も事業者も（原発の）メーカーもだれ一人責任を取らなかった。言い訳ばかりを並べ立て，宣伝し，押しつけ，しまいには真実にまでまつり上げた。責任回避のための大げさでゆがんだ言い訳に過ぎないのに。空気中の放射線量を測るモニターが稼働してなかったって？ 血液検査も結果がやっかいかもしれないから必要ないと？ 犬が宿題をぺろっと食べたことにするための工作なのだ（訳注：証拠隠滅を子どもが宿題をしなかったことへの言い訳に例えている）。

---

(7)　ルイス・キャロルの児童文学『不思議の国のアリス』の続編，『鏡の国のアリス』より。鏡を通り抜けて鏡の世界に入ったアリスは，意思を持って動き回るチェスの白と黒の駒を見る。しかし駒たちにはアリスの姿が見えず，アリスに持ち上げられて驚く，というシーン。

核に対する闘いは半減期をまたない。恒久の闘いなのだ。あるいは，プルトニウムのアイソトープが存在する限り――といえば，人間にとっては永久のこと。だから筆者は「核の真実」を探し求め，見つけたときは正確に，誰にでも，どんな形でも拡げ，それをできる限り続けることを自分の神聖な任務だと考えている。みなもやってください。そして次世代へバトンタッチしましょう。さらに，その後続く世代に，どうやってバトンタッチするかを教える。

　これはダビデとゴリアテの戦いみたいに思えるかもしれませんが，あの勝負はダビデの勝利に終わったことを思い出してください。

リビー・ハレビー[8]」

"Libbe HaLevy, Producer/Host, Nuclear Hotseat Podcast/Broadcast."
（和訳：ノーマ・フィールド　シカゴ大学名誉教授）

＊本文中のデータ，肩書き，情報等は取材当時。
＊マーシャル諸島共和国の取材の一部は，公益財団法人トヨタ財団『福島発世界へ～マーシャル諸島のヒバクシャに学ぶ実践的研究』助成費を活用した。アメリカ・スリーマイル原発の取材の一部は国際交流基金日米センター・米国社会科学研究評議会（SSRC）安倍フェローシップジャーナリストフェローの奨学金を活用した。

【参考文献】

Libbe Halevy (2014) "Yes, I Glow in the Dark! : One Mile from Three Mile Island to Fukushima and Nuclear Hotseat" (English Edition) Heartstry Communications.

Harvey Wasserman and Norman Solomon with Robert Alvarez and Elenor Walters (1982) "Killing Our Own The Disaster of America's Experience with Atomic Radiation" Dell Publishing Co.,Inc.

Inrasara Web Page "Inrasara.com" https://inrasara.com/(2020年2月9日最終閲覧).

Inrasara (2019)「ベトナムの原発輸出計画の白紙撤回――文化と生活を守る先住民族チャム人の抵抗」（日本平和学会2019年春季研究大会での報告，https://www.psaj.org/2019/05/19/ベトナムの原発輸出計画の白紙撤回-文化と生活を守る先住民族チャム人の抵抗/, 2020年3月20日最終閲覧）。

The Marshall Islands Journal (Febrary 28,2014) "Bravo link brings Japanese to

(8)　ノーマ・フィールド　シカゴ大学名誉教授からのメール，2019年5月3日。

RMI" TMI Alert (2019)" Press Packet prepared by TMI Alert in Commemoration of the 40th Anniversary of the Beginning of the Three Mile Island Unit 2 Accident" TMI Alert.

Three Mile Island Alert Web Page http://www.tmia.com/（2020年2月9日最終閲覧）．

ウォーカー，J. サミュエル（2006）『スリーマイルアイランド――手に汗握る迫真の人間ドラマ』西堂紀一郎訳，ERC 出版。

ハバーマス，J. H. (1973)『公共性の構造転換』細谷貞夫訳，未来社。

黒川創 (2018)『鶴見俊輔伝』新潮社。

東京電力福島原子力発電所事故調査委員会 (2012)『国会事故調 調査報告書』http://www.mhmjapan.com/content/files/00001736/naiic_honpen2_0.pdf（2020年2月9日最終閲覧）。

佐々木英基 (2013)『核の難民――ビキニ水爆実験「除染」後の現実』NHK 出版。

高木仁三郎 (1980)『スリーマイル島原発事故の衝撃――1979 年 3 月 28 日そして……』社会思想社。

竹峰誠一郎 (2015)『マーシャル諸島――終わりなき核被害を生きる』新泉社。

「中国新聞」(2014)「遠き故郷 ビキニ水爆実験 60 年(中) 文化伝承 除染は限定的」3 月 16 日。

中原聖乃・竹峰誠一郎 (2013)『核時代のマーシャル諸島――社会・文化・歴史，そしてヒバクシャ』凱風社。

認定特定非営利活動法人 FoE Japan (2018)「ブログ記事・イギリスへの原発輸出――現地住民の声」https://foejapan.wordpress.com/2018/01/18/wylfa/（最終閲覧 2020 年 2 月 9 日）。

認定特定非営利活動法人 FoE Japan (2018)「イギリスですすむ日立の原発輸出――公的資金で後押し!? 市民に押しつけられるコストとリスク」https://foejapan.wordpress.com/2018/02/16/wylfa-2/（最終閲覧 2020 年 2 月 9 日）。

認定特定非営利活動法人 FoE Japan (2018)「英国・ウェールズへの原発輸出の問題」http://www.foejapan.org/energy/export/wales.html（最終閲覧 2020 年 2 月 9 日）。

ノーニュークス・アジアフォーラム編著 (2015)『原発を止めるアジアの人びと――ノーニュークス・アジア』創史社。

花田達朗 (1996)『公共圏という名の社会空間――公共圏，メディア，市民社会』木鐸社。

花田達朗 (1999)『メディアと公共圏のポリティクス』東京大学出版会。

「毎日新聞」(2014)「被ばくの傷跡 ビキニ事件 60 年(上) 死の灰 まだ怖い 陽光の島 戻らぬ住民 資金難，除染進まず」3 月 23 日。

三宅泰雄・檜山義夫・草野信男ほか (2014)『ビキニ水爆被災資料集』東京大学出版会。

柳田邦男 (1983)『恐怖の 2 時間 18 分――スリーマイル島原発事故全ドキュメント』文藝春秋社。

第3章

「科学技術と市民」とフクシマ
――STS（科学技術社会論）の視点から――

佐藤　恭子

I　はじめに――フクシマの衝撃

　3.11時，アメリカ東海岸在住だった筆者にとっても東日本大震災，そしてフクシマ核被災は大きな衝撃だった。筆者にとって，このフクシマこそは研究者，教育者，市民としてのあり方を深く顧みることを促し，人生の転機となった。当時すでに文化社会学・STS（科学技術社会論）の研究者として研究・教育に携わっており，電力や環境の問題や他国の核・原子力に関する著作も多数読んでいたにも拘らず，過酷事故が起きうる可能性はもちろん，日本の原発に関してほとんど知らなかったばかりでなく，生まれ育った東京と地方の関係や原爆と原発の関係など，3.11まで全く考えたことが無かった。その後フクシマを考えるところから始まり，ヒロシマ，ナガサキまで遡って，第二次大戦後の日本と世界の歩みを核・原子力の歴史と政治を通して探求するという研究をするに至った。そしてその過程で研究のアプローチとしてのみでなく，民主社会のあり方を再考するツールとしてのSTSの可能性・重要性を再認識した次第である。核・原子力のような高度な専門性を要する科学技術[1]の分野に市民がどう関わっていけばいいのか，また専門性を持った科学者・エンジニアが自らの分野の枠を超えて社会を考えるというのはどういうことか，というような課題にSTSは

---

(1)　科学と技術の区別は存在するが，ここでは両者が複雑に絡み合っており，はっきりとその領域を区別できないことに関するSTSの知見に基づいて，その総体を表す時は科学・技術ではなく科学技術という表現を用いる。これはテクノサイエンスと呼ばれたりもする（Latour 1987など）。

独自の知見を積み重ねてきた。特に科学技術という私達の日常から未来までを大きく左右する領域での決定は誰がするべきなのか，という問題を扱った民主主義社会と専門知の関係に関する深い見識は，筆者はもっと広く知られるべきだと考える。日本社会に限らず，地球規模で人類が直面する環境問題など，様々な喫緊の課題へ対応していく際の有効な糧となると思うのである。

　本章では，まずSTSのアプローチと知見の基本を紹介した後，特に市民参加についての道を開いた研究を論じ，例として低線量被ばくの問題をSTS的な視点で分析する。その際に日本では広く知られているトランス・サイエンスの概念とその限界について論じる。最後に科学技術の問題に関する新しい市民の参加のあり方を紹介し，その可能性を検討して締めくくりたい。

Ⅱ　STS（科学技術社会論）のアプローチ・知見とその意義

1　STSの科学技術観——社会と切り離せないものとして

　STS（science and technology studies または science, technology, and society）は科学技術を対象に研究した歴史学，人類学，社会学，哲学などの知見の蓄積と対話から欧米で1970年代以降に制度化されてきた学際的な学問分野である。筆者が重視するSTSの知見は，科学技術と社会の切り離せない関係を明らかにするものである[2]。一般的な科学技術観では，科学技術は普遍的・中立的・客観的なものとして，社会的価値観に左右されない（＝その外側にある）「真実」「本質」を徐々に見つけていく本質主義的，決定論的なプロセスとして理解されることが多い。そして技術観においては「技術は秘められた最適な形を見つけていく」「最も優れた技術が生き残る（＝現存する技術のあり方は最適なもの）」という技術決定論の考え方が往々にして内包されている。更に，この広く普及する「常識」では，科学技術は専門家の独壇場であり，彼らが客観的な科学的真実を見つけていくのを受動的に享受するのが一般人のあり方であり，科学技術に関する一般人の不安や抵抗は無知・無理解・不合理性に

---

(2)　STSの知見・可能性については拙著論文「STSと民主主義社会の未来：福島原発事故を契機として」（『科学技術社会論研究』第12号，2015年）でも論じた。

よるもの，つまり彼らの知識・理性の欠如によるものであるとされる。このいわゆる「欠如モデル」では解決策は科学コミュニケーション，そして科学リテラシーの向上，という専門知の（またはその分かり易い説明の）一方通行的，啓蒙的な伝授によるものとなる。

　これに対し，STS 的な科学技術観では，**科学技術は根本的に政治的であり，権力や文化，歴史的コンテクストに影響を受けている**ものとする。ここで「政治的」というのは，一般的な意味，つまり政府，政党，組織・団体，派閥，経済的利権やその間の対立によって左右されるということではなく，より広義の「誰のどのような前提や原則が関わってくるか，そしてそれはどのような力関係を表しているか」という面があることを指す。つまりこれは「真実の普遍的，客観的で純粋な科学技術」「あるべき姿」（＝本質）がまずどこかにあって，それを外から権力・権益や文化など社会的な要素が左右するというのとは別の意味であり（それはそれでもちろん重要であり，研究の視野に入ってはいるが），それよりもっと根本的にどんな問題やゴールが追求されるのか，という問題設定自体が客観的でも無ければ無作為でもなく，何らかの価値や世界観を反映している，という視点だ。STS にはそういった深いレベルで誰の価値や世界観が，そしてそれに伴うどんな認知の枠組みが科学技術の展開の根本に組み込まれて来たのかを批判的に検証した実証研究が多数ある。例えば，社会的ジェンダー観がいかに生物学をはじめとする科学研究に深く入り込んでいるか（Haraway 1991），また初期の多様な自転車が様々なステークホルダーそれぞれの解釈や影響力の違いなど当時の社会的・歴史的状況によって（デザイン自体が最適であるからではなく）世界中に普及している今ある形態に落ち着いたこと（Pinch and Bijker 1987），そして科学的客観性という概念の歴史的展開に科学者像や道徳観がどのような役割を持ったか（Daston and Galison 2007），などは重要な知見であり，つまりこうした意味で科学技術に政治性・文化性が根源的に内在することを示す。更に，科学的データ収集自体がその時に使える技術に依存するものであり，その技術のあり方は何が研究・開発にふさわしいかという価値観，またどのようなマテリアルが入手可能でどれだけ資金を投入できるか，など様々な社会的要因に影響されており，決して純粋・中立・普遍といえるプロセスでは無く，政治性に加えてある種の恣意性に満ちたものであ

ると示唆する。また科学的データ自体の解釈や技術の持つ意味の解釈自体の
オープンさ（interpretive flexibility）が安定した共通理解に収束していく過程
に介入する様々な社会的要因なども示してきた。そして科学者にもエンジニアに
も各分野で当たり前となっている慣習や文脈があり，それは日々の研究開発活
動のオペレーションがスムーズに行くためにも，各分野で知見を蓄積するため
にも当然必要であり重要であるが，同時に中立・客観ではなく，政治性・文化
的前提に満ちたものであることも明らかにしてきた。科学史の重鎮，スティー
ヴン・シェーピンの2010年の著作のタイトル，*Never Pure: Historical Stud-
ies of Science as if It Was Produced by People with Bodies, Situated
in Time, Space, Culture and Society, and Struggling for Credibility
and Authority*（「純粋ではありえない：身体を持ち，時間・空間・文化・社会とい
う状況に置かれ，信頼性と権威を求めて努力する人々に作られるものとしての科学の
歴史的研究」筆者訳）はSTS的な示唆に満ちている。

　こうした科学技術の社会構築的な見方（本質主義に対して科学技術も社会要因
に影響を受けて成り立つとするもの）は欧米のSTSの中では1970年代後半から
強い影響力を持ってきた。ここで強調しておきたいのは，STSも社会構築的
な見方も反科学・反技術という訳ではなく，また科学技術の貢献を否定するも
のでは決してないということだ。無限にある現象の全てをデータとして捉える
事は不可能であり，その中でどこを切り取って理解しようとするかという研究行
為には限界がある。例えばどんなデータが集積可能か，というのは前述したよ
うに常にどのような技術が存在し利用可能かに制約される。技術開発におい
ても全ての人に同じような利益をもたらし，リスクやコストが平等に分散される
技術は無く，その意味で全ての技術にある見地・価値観が組み込まれている。
もちろんSTSではこうした科学技術の限界や政治性を正確に捉えることで，
より良い（＝それぞれの社会において重視される公益や社会的目標により近い），より
自覚的な科学技術を作っていけるのでは，という意欲がある。数々の実証
研究の積み重ねから浮かび上がって来たこの分野のメタ知見として，科学技術
は社会や歴史と密接につながったもので，今のあり方と全く違った方向に行っ
ていた可能性もあった，という点が重要である。

　もう一つの重要知見として，**科学技術が社会の重要な構成的要素である**，と

いうものがある。これは一見当たり前のようで実は深い批判的意味を持つ。一般的に誰しも現代社会における日常が科学技術の様々な産物で満ちていることも，ライフサイエンスやAIなど先端科学技術が私たちの将来を大きく変える重要なファクターであることも容易に理解できるだろう。しかしSTSの知見はさらに踏み込んで通常科学技術とあまり関係ないとされる領域でも実は科学技術との関わり合いから逃れることはできない，ということをも示す。それは政治におけるソーシャルメディアの役割や，アートとテクノロジーの関係などの現代社会の事象に限らず，人類の多様な食文化が様々な科学知・技術革新の産物であることや，印刷技術の発展が近代国家の発展に極めて重要な役割を果たしたこと（Anderson 1983）など，社会におけるありとあらゆる分野で科学技術が構成的な要素であることを明らかにする。つまり科学技術はそういう意味でも社会の外にあるのではなく，様々な分野と密接に絡み合って存在しているのだ。これは科学技術の社会への「インパクト」という枠組みでは無く，科学技術が社会自体を構成してきたとするものだ。それにも関わらず，人文学・社会科学の多くの分野で人間や組織・社会の現象やあり方を検証する際に，科学技術はそれ自体がはっきりと分析の中心とされる時（例えば「原子力の歴史」や「遺伝子組み換え食品の政治」など）以外では，まるで黒子のようにあって無きがごとき存在として分析の対象とならないことが多い。しかし科学技術は先在する目的や欲求の為の単なる中立的な手段でも無ければ，社会現象において変数として分離できる要因でもない。例えば私達の人間観・世界観，個人としてのアイデンティティや人間関係，文化・経済・政治活動での主体としてのあり方が形成される過程にどれだけ科学技術が関わっているだろうか。地球というものを心に描く時，他者とコミュニケートする時，仕事をする時，娯楽を楽しむ時，また社会問題を認識する時，それはみな科学知やテクノロジーによって媒介され，可能にされており，それは分析に値するのである。STSには科学技術がどう社会を根本から変えてきたか，そして作ってきたか，という研究が多くあり，科学技術の行方は人類・社会がどういう方向に行くのか，という問題から切り離す事のできない重要な構成要素であることを示唆する。

2　科学技術と民主主義——市民参加の根拠，実践，可能性

　そしてこうした科学技術のあり方に関する二つの知見，つまり普遍・客観で
も唯一の真実でもなく，社会的価値観や権力に左右されてきた政治的・社会
的なものであり，また同時にどれだけ社会や我々の日常生活の根本的な構成
要素であるか，という知見の延長として，科学技術と社会は相互構成的（mutu-
ally constitutive または co-constitutive）に展開してきたとする理論的立場があ
る。これは「科学技術の社会的構築」という一方向的な因果関係を超えて co-
production などとも呼ばれるが（Jasanoff 2004），こうした考え方を踏まえる
と科学技術の問題が「社会としてどのような未来を作っていくか」ということで
あり，**科学技術に関する決定は誰によって，どうなされるべきか**，という民主
主義の問題が明確に浮かび上がる。原子力をはじめとするエネルギーのあり方
から，食糧生産や医療，また交通手段，情報メディアなど，科学技術は私た
ちの日常生活のみならず，自然との関わり方や根源的な人間観・社会観の将来
を大きく左右するものでありながら，様々な重要決定がエリート官僚，産業界
のリーダー，一部の専門家など，限られたグループによってなされてきた。こう
したガバナンスのあり方には本質主義的な科学技術観と，それに基づく欠如モ
デル的な一般大衆観が無批判に信奉されていたり，無自覚に内包されている。

　STS は理論・実証研究をもってこうした不透明で非民主主義的なあり方の
限界を明らかにし，またオルターナティブを提示してきた。特に，ローカル知
や一般人の知など多様な知の健全さ，合理性と有用性を実証的に提示してき
たことは大きい。その古典的代表例としてよく知られるのがブライアン・ウィン
のイギリス，カンブリア地方の牧羊農民のケース（1992，1996）や，スティーブ
ン・エプスタインのアメリカの AIDS 研究におけるアクティビスト達の貢献
（1995）などがある。前者は放射線汚染に関するもので，特に科学技術と民主
主義の議論に頻繁に引用されるので紹介しておきたい。

　ウィンはカンブリアにおけるチェルノブイリ原発事故からの放射性降下物に関
し，政府に提言していた権威ある科学者達が大幅に汚染の持続性やそれに対
する対応を見誤ったケースの検証を通じ，普遍的な科学観の限界と，専門家
や政府が軽視した牧羊農民達のローカル知の実用性を示した。当初イギリス
政府は放射性物質の影響を否定したが，汚染が判明すると半減期などセシウ

ムの特性に関する当時の一般的な科学的知見に基づいて，3週間という期限
で羊の移動制限と出荷の禁止を農家に課した。しかしその後も汚染は残存し
続け，行政措置は無期延期されることとなった。のちにこの誤算がカンブリア
に広がる酸性の泥炭土の性質を考慮せずアルカリ性の粘土質土壌を前提とし
た試算によるものであったこと，また公的な対応策が山岳部における羊の生態
を無視した非現実的なものであったことなどが明らかになった。そして地元の
地形・土壌や羊の生態など，農民達の持つ様々なローカル知が実は汚染の現
状を把握・対応するのに有効であったにも関わらず，当初科学者達は彼らが有
用な知を持つはずが無いという前提で耳を傾けなかった。結果として牧羊農家
の被害が長期化・深刻化したのである。

　ここでウィンは科学者達が政策の基盤とした科学的知見の本質的ローカルさ，
状況への依拠性を見逃した無自覚さを強調する。粘土質土壌の前提は中立で
も当たり前でもなく，実験室の制御された人工的な環境は普遍では無いので
ある。そしてそれにも関わらず科学者達は揺るぎない確信を持って上からの画
一的「科学的アプローチ」で地元の多様な環境に対処しようとし続け，農民達
の豊富なローカル知を無視して不適切な対応を続けていったことで，著しく信
頼を失った。ウィンはこの対立を予測とコントロールという科学者の間で自明化
された心構え（実験室などでの常識）と，全てをコントロールすることは無理で
あり様々な予測不能の状況に対抗していくのが当たり前とされる農業における
知恵のあり方との衝突と説明する。この二つの知の文化は人間の行為主体とし
てのあり方やコントロールの可能性の範囲などについて異なる前提によって成り
立っているわけだ。そして農民達は科学者達との数年のやり取りの中で科学的
知見が作られていく過程を目の当たりにし，例えば恣意的なサンプリングの仕
方や不確実性の多いデータなどが公式声明におけるきっちりとした科学的知見
に固定されていくのを見て，それを批判的に観察・理解したのみならず，自分
達の独自の知見やエビデンスを科学的討議に貢献したりするようにまでなった。

　ウィンの1990年代の研究の一つの大きな貢献は一般人のリフレキシヴィティ，
つまり自分をある特定の価値観や立ち位置を持った存在としてある程度の距離
をおいて見つめられる能力に光を当てたことだ。自分のコミットする知と認識の
基盤となる前提を見極め，批判的に分析し，その変容をも厭わない，というの

はそれまで科学の独壇場とされていたが，ウィンは科学者達が例えば科学知の限界・暫定性などへの自覚が薄いなど，実はリフレキシヴィティに欠く面もあること，同時に一般人が科学知に接して極めて理性的にリフレキシヴィティを持って対応をすることができることを示し，いわゆる欠如モデルを批判した。そして専門知と一般人の知が深く対峙し，交流することの社会的有益性を指摘したのである。特にイギリスでは1985年のロイヤル・ソサエティの「科学の公衆理解」(The Public Understanding of Science) という当時としてはかなり画期的な報告書を機会に，市民がよりよく科学を理解するためには科学教育を改善するだけでなく，専門家が一般人に向けてより進んで分かりやすいコミュニケーションを心がけるべきだ，という考えがすでに浸透し，対策がなされ始めていた。ウィンはそうした動向にまでも潜む本質主義的で権威主義的な科学技術観と欠如モデルを鋭く批判したのだ。

　そしてこうした知見を基に，ウィンを始めとするSTSの研究者達は科学技術に関わる政策・意思決定への市民参加の利点と可能性を更に探求し，1990年代のイギリス，およびヨーロッパにおける科学技術問題への市民参加の拡大，科学技術への公衆関与 (public engagement with science and technology) の運動とプラクティス，および政策にも貢献していったのである。当時イギリスではBSEの発生と人間への感染をめぐり政府や科学者への信頼が失墜し，また遺伝子組み換え作物に関する大論争が起きており，科学技術と社会の関係を見直す機運が更に高まる中，そこにウィンはキープレーヤーの一人として関わっていった。

　こうした市民参加の流れを支える知的基盤は，どの知も同様の価値を持つというような相対主義ではなく，知や理性には多様なあり方があり，どれも皆限られたものであるという認識に基づいて，複数の知識体系を動員することが相互補完的で有益であることを示唆したものである。つまり科学技術問題への市民参加は，双方向の対話・熟議を通じて専門家や政治・行政への市民の信頼の回復に役立つだけでなく，実際に社会的により有効な判断・決定ができる，というものである。これは民主主義的意思決定の根拠として「プロセスとして公正であるから」という立場に対して「内容としてより賢明な判断・問題解決ができるから」とする最近出て来た民主論の立場にも通じる (Landemore and

Elster 2012)。こうした研究では認識のあり方の多様性や分散された認知 (Hutchins 1995) により集合知が問題解決に優れていることなど，伝統的な民主論に加えて認識科学をはじめとする様々な分野の知見で民主主義の可能性と妥当性が模索されている。

　ここで注目すべきなのは市民参加を促す STS の知見は，科学技術の問題を専門家以外の市民が自分達の社会の現在・未来の問題として，受け身ではなく主体として考えていく道をより開いていくことを意味することだ。つまり科学技術の行方は決定されているのではなく，民主主義社会では共同体の問題として広い参加を通じて自覚的に意思決定していくべきなのだ。そこでは市民は可視化されない権力関係や当たり前とされる価値観によって暗に様々な社会的影響を受けている科学技術を，普遍・客観・専門家の独占領域として外からただ見守るのではなく，どのような科学技術のあり方が望まれるかに関して，批判性を持った広い議論をしていくべきであり，また専門家は謙虚さを持って市民と対話・議論するべきなのである。

　ヨーロッパで盛り上がった市民参加の試みは，試行錯誤を続け数々の新しい形態・知見を生み出し，科学技術に関する過程に民主主義的な検証や議論をより意識的に取り込む，ということに関して意義深い成果をあげたと言える。例えばデンマークが起源の市民参加のテクノロジー・アセスメントの一つであるコンセンサス会議（一般市民のパネルが異なる立場の専門家と対話した後に討議して提言を含む最終報告をまとめる）が遺伝子組み換え作物に関して国の主導で行われたり，さらに市民の要望をもとに専門家が研究・開発を行うサイエンスショップ，専門家と市民が語り合うサイエンスカフェなどの試みがヨーロッパを超えて広がった。この流れは現在 EU における科学技術の研究開発の政策の枠組みで言われる「責任ある研究・イノベーション（responsible research and innovation, RRI）」のあり方にもつながっている。これは科学技術の研究開発において社会と環境への影響や倫理問題を考慮するために，専門家のみでなく多様なステークホルダーを早期からその過程に取り込んで協働するという概念で，EU の研究開発のプログラム，ホライズン 2020（2014-2020，約 800 億ユーロが投入される）ではその焦点とされ，大きな国際的注目を浴びてきた。

　こうした動きが皆 STS 的な考え方に基づいていた訳では無いが，STS の研

究者は理論・実証研究を通じてアクティブに関わって来た。例えばジャサノフ（2003）は政策関係者，科学技術の専門家，企業，一般大衆の間のより意義深い交流・協働を促進するためには，「謙虚さの技術 (technologies of humility)」をもちいて，科学技術において常識とされる予測とコントロールのアプローチを補っていくべきとした。この「技術」は科学技術の限界・不確実性や影に潜む規範性を明らかにしつつ，多様な観点と共同で学んでいくことの必要性をはっきりと認識した考え方・姿勢であり，STS の知見に基づいたものだ。また実際の政策や科学技術のあり方への影響や公衆の多様性への対応の限界など，こうした市民参加の試みの具体的な問題・課題も明らかになってきており，STS の研究者の間で活発な議論がなされてきている。例えばウィン (2006) は広がりつつあった双方向性の科学コミュニケーション（科学者と市民の対話）によって科学への信頼回復を図るプロジェクトの多くで，科学や政策の側が自らを省みる努力を怠りがちで，手放したはずの欠如モデルを形を変えては維持し続けていることを指摘した。また最近の研究では科学技術に向けた批判的な眼差しを固定観念で定義されがちな「参加」や「市民」にも向けることで市民参加を再生することを唱え，幅広い実証研究を通じた理論・実践の模索がされている (Chilvers and Kearnes 2016, 2019)。こうした研究では科学技術と社会が相互構成的であるとする co-production のアプローチを取っており，「参加」を固定観念で理想化せずにリフレキシヴィティを持って実験してみることや，前述の「責任ある研究・イノベーション」に繋がる「責任ある民主主義のイノベーション」でより広い市民の利益や公益を反映する科学技術のみでなく民主主義の実践のあり方自体をも探求することを提唱している。つまり科学技術にまつわる不確実性やそれに対する懸念を，民主主義を見直し，再形成する機会として捉えようとしているのである。

　日本でも1980年代末頃から次第に STS の研究の取り組みが広がり，2001年には科学技術社会論学会が発足するに至った。[3] 1990年代後半にはヨーロッパ同様遺伝子組み換え作物・食品の問題が浮上し，またいくつもの原子力関

---

(3)　科学技術社会論学会の説立の背景はそのウェブサイトを参照（http://jssts.jp/content/view/14/27/, 最終閲覧2020年3月20日）。

連の事故（高速増殖炉もんじゅでのナトリウム漏れや JCO 臨界事故など）が起きた。こうした中，日本の STS 研究者の間では科学技術への市民参加への関心が高まり，様々な研究や実践的試みが行われたという（小林 2007；平川 2010）。コンセンサス会議や，サイエンスショップ，サイエンスカフェなどで STS 研究者が大きな役割を務め，一方的な説明では無い双方向コミュニケーションへの実践に尽力した。しかし原子力を専門とする STS 研究者の寿楽（2020）によると，2000 年代原子力の分野では市民参加論は大きな脚光を浴びたにも関わらず，そのうちコミュニケーション論に焼き直され，専門知や政策を市民のインプットに開くという民主化の意図が失われ，コミュニケーションを改善することが問題解決への道だという欠如モデル的なものに変容させられてしまった面があるという。特に日本では重大事故などほとんどありえないという前提は揺るぎないまま，つまり原子力自体の本質的な議論の余地は無い状況で，市民参加は推進側の押す「リスク・コミュニケーションを通じた市民との関係改善」に取って代わられてしまった。そうした「リスコミ」の実践の研究には潤沢な資金が投入され，それなりに有意義な対話や新たな知見が得られたものの，原子力のあり方を公衆関与によって民主主義的に見直す機会にはならなかった。こうした背景の中でフクシマに至り，放射線被ばくが社会問題となった時に，STS は科学の不確実性についてなどは専門分野にもかかわらず，社会的議論に大きく貢献することが出来なかったという。また寿楽は3.11後，技術決定論が原子力をめぐる言説の中で再び支配的になっており，原子力の「あるべき姿」や規制機関の「独立性」「中立性」の回復のためにテクノクラシーの徹底が謳われていることを危惧する。そこでは「規制の虜」では無い，ガバナンスの独立した「あるべき姿」が，純粋な（つまり社会的関与に左右されない）科学技術を，妥協を許さない厳しさで適用する事で達成されるかのように理解されており，市民参加は独立性を脅かす利害関係による干渉なのである。こうした状況に対して寿楽は STS 研究者が科学技術や政策の現場や専門知と，科学技術の政治性や民主主義の問題という STS 的な批判性の両方に熟達して取り組むことを促している。

Ⅲ　低線量被ばくの問題をどう考えるか

　こうした STS の知見をもとに，フクシマにおいて現在も議論の争点のキーポイントの一つである，低線量被ばくが健康にもたらす影響の問題を考えてみたい。この分野の科学知はどのように形成されてきたのだろうか。そしてフクシマ核被災発生後の政府・専門家の対応，市民の反応はどう評価・分析できるだろうか。

1　トランス・サイエンスのアプローチの限界

　その前に日本で STS というとトランス・サイエンスの問題という理解が広くあるようなので，それについて筆者が関わる欧米の STS で主流とされる前述してきた立場から論じてみたいと思う。この概念は科学技術と社会の関係に関わるものであり，またその起源には低線量被ばくや原子炉の事故の問題が大きな役割を果たしていることもあり，3.11 以降の議論で目にすることが多い。トランス・サイエンスとは，マンハッタン計画にも関わったアメリカの核物理学者アルヴィン・ワインバーグが 1972 年にミネルヴァ（*Minerva: A Review of Science, Learning and Policy*）という STS の研究も多く発表される文系学術誌に発表した論文で提唱した概念で，科学技術と社会の境界に位置する，「科学に問うことは出来るが科学では答えられない問題」と定義された造語だ。[4] その一例としてワインバーグは低線量被ばくの遺伝的影響をあげ，これを動物実験で確認するにはあまりにたくさんのマウスが必要になり，非現実的である事を指摘した。遺伝への影響が被ばく量に正比例するという前提で高線量の実験の結果から計算すると，被ばく量 1.5 ミリシーベルトで突然変異率は 0.5 パーセント上昇することになる。これを統計的に信頼できるレベルで確認するには 80 億匹のマウスが必要だという。もう一つの例として，原子炉の重大事故や大地震など発生が極めて低頻度な現象の確率は，科学的妥当性を持った水

---

(4)　ワインバーグは数カ月後（1972）にトランス・サイエンスについて 1 ページの短い論評をサイエンス（*Science*，世界でも最も権威がある理系の学術誌の一つとされる）にも寄せており，科学者にもアウトリーチを試みていた。

準の推算は（例えば原子炉なら1,000の原子炉を作って1万年操業してその結果を分析でもしない限り）出来ないこともあげている。そしてこのような問題は理論的には科学的に答えられるはずではあるが，現実には不可能であり，科学を超える（transcend）ということでトランス・サイエンス的な問題と呼んだ。更にワインバーグはトランス・サイエンス的な問題は科学者だけでは解決できず，公衆を巻き込んで公共の利益が何かということも鑑みた討議になるのはやむを得ないとした。

　放射性廃棄物の貯蔵など公益に関わる問題には市民が討議に参加する権利があると，今から40年以上も前に第一線で活躍する科学者が専門知をめぐる意思決定に市民の参加を受け入れたのは，たいへん意義深いことであったと言えるだろう。ここでワインバーグは市民が口を出すようになることで科学技術の世界が危うくなるのでは，という懸念に対して，市民の科学技術へのサポートを失う方がより重大問題であると主張した。また科学には明白に科学者にしか扱えない領域があるが，トランス・サイエンスの領域においては市民の知恵も有効であり，特に専門家の間に意見の相違がある時は市民が早くから討議に参加せざるを得ないとした。

　確かにトランス・サイエンスの概念は市民参加に意義を見出すという点で筆者が上で述べたSTSの知見と重なる部分があり，しかも科学者からの発信ということでその先見性は特筆すべきである。しかしワインバーグにおいては純粋な科学，純粋な政治があり，そしてその二つの領域の境界面がトランス・サイエンスであり，そこにおいてのみ市民参加を有効としている点で，科学自体の政治性・社会性を強調してきた前述の欧米のSTSの見方とは大きく異なる。つまり科学の中には市民・社会のインプットからは隔離され，隔離され続けていくべき領域があるという，本質主義的な科学観がその根底にある。これは例えばフクシマ核被災発生後の科学と社会の関係の改善を模索した日本学術会議の分科会による2014年の提言が冒頭でトランス・サイエンスについて論じた部分でも明らかである。

　　昨今では，「トランス・サイエンス」という用語が広く用いられており，
　　それは，科学によって提起されるが科学によっては答えることができない

領域を指す。このことからも分かるように，科学は「客観的真理」を提供し，社会の側がそれに基づいて何らかの政治的な対応，意思決定を行うという「科学」と「社会」の分業的な関係がつねに成り立つわけではなく，両者の間の線引きが困難な問題が増加していると考えられる。 従来，科学技術に関わる事柄の公共的合意形成や意思決定については，科学者による政府への「科学的助言」という枠組みで捉えられ，プロフェッショナルな科学者集団は内部で議論して精査した結果を，社会に対して統一見解として発信することが重要だという考え方が優勢だった。しかし，トランス・サイエンスの問題群に対しては，この考え方は必ずしも適合しない。科学的不確実性が高く，トランス・サイエンス的状況にある主題に対しては，専門的な研究者集団がその領域で閉じた議論で統一見解を出すだけでは，不適切な事態になりうることに留意すべきである。では，こうした問題領域において，科学者集団と社会はどのような関わりを目指すべきだろうか。科学者集団があらためて自覚を高めるべきこと，日本学術会議が取り組むべきこと，そして科学技術について政府や社会が取り組むべきことについて以下の提言を行う。[5]（太字は筆者による）

　この提言は科学者側の課題としてコミュニケーションのあり方，利害関係への自覚，市民や別の分野からの批判へのオープンさなどを挙げ，また多様な立場の専門家と市民が開かれた討議をできる場を持てるよう学術会議と政府は尽力すべきとしているなど，有望で示唆に富み，そして前述のSTSの知見と整合性のある面も多い。更に「文系と理系の分断を超えた科学技術についての『新たな社会的リテラシー』」を「科学技術の社会における役割，科学技術の専門家の社会的責任，倫理的課題，科学技術と政治・経済とのかかわり等についての，人文・社会科学的な視点からのアプローチを含む教育」と定義し，その必要性を唱えているが，それは正にSTSがずっと試みてきた事だ。

---

(5)　日本学術会議の「福島原発災害後の科学と社会のあり方を問う分科会」が審議結果をまとめたレポート，「提言　科学と社会のよりよい関係に向けて──福島原発災害後の信頼喪失を踏まえて」。2014年の9月に公表（http://www.scj.go.jp/ja/info/kohyo/pdf/kohyo-22-t195-6.pdf，最終閲覧2020年3月20日）。

しかし科学の政治性・文化性を一部の問題群に限るものとし，トランス・サイエンスというカテゴリーが本質として存在するとし，それ以外には社会的インプットや分析は必要ないとする事はSTS的な考えとは根本的に異なる枠組みだ。

実際に，その時々のSTSの知見をまとめて1977年から今まで4回出版されている英語のSTSハンドブックはこの分野の権威ある概観とされており，かなり包括的で分厚い（600から1,200ページ）ものだが，少なくとも第二版以降ではトランス・サイエンスやワインバーグへの言及はほとんど無いに等しい[6]。つまり近年の欧米のSTS研究の中ではトランス・サイエンスの概念はほとんど目にする事は無いのだ。もちろん欧米のSTSを基準とする必要は全く無く，異なる知のあり方の重要性は前述のようにまさにSTSのカギとなるスピリットである。しかしここで筆者が指摘したいのは，トランス・サイエンスの概念が欧米の主流のSTSの枠組みと根本的に異質なものであり，むしろSTSが批判してきた本質主義的なものであるということだ。その起源であるアメリカでも少なくともSTSの文脈では，例えば市民参加の議論においてさえも，ほとんど言及されることはない。しかし日本では筆者がSTSに言及すると「トランス・サイエンスですね」と言われることがあるほど，この概念は普及している。

一つの理由にこの概念を（70年代に入ってきていた後）再度紹介した2007年出版の小林傳司による「トランス・サイエンスの時代：科学技術と社会をつなぐ」という著作があると推測する。ここで小林はトランス・サイエンスの他に欠如モデルの概念や（ウィンも紹介されている）科学コミュニケーションの歴史，そして本人が深く関わったコンセンサス会議の分析を含む科学技術に関する政策への市民参加や双方向の科学コミュニケーションの議論など，豊富な国内外の例を挙げつつ，欧米のSTSでも主要なテーマをいくつも分かりやすく効果的に紹介している。近年の日本における科学技術と社会の問題への本書と小林の活動の貢献は大きいと言えるだろう。また本書では，日本の原子力の専門家の間でワインバーグはよく知られていて，彼の教科書で学んだという人々もいる

---

(6) 残念ながら1977年出版の初版は参照していない。第二版（1995年初版，2001年改訂版）と第三版（2008年）で1〜2回ずつトランス・サイエンスとワインバーグへの言及があったが，2016年出版の第四版にはワインバーグへの言及はあっても異なる論文が引用されており，トランス・サイエンスの概念は現れない。

という一節があるが，そういった背景からも彼のトランス・サイエンスの概念が理系と文系の距離を縮めて科学技術と社会の関係について討議する入り口として効果的であっただろうことも推測できる。少なくとも，理系の立場からは極端過ぎると思われがちなSTSの科学技術観よりもずっと受け入れ易かったであろう。全ての科学技術に政治性があるとすることで，公衆関与の範囲がかなり広く想定されうる筆者が前述したようなSTSの視点よりも，実際に社会問題となっている領域，科学と政治・社会が「交錯している」（＝トランス・サイエンスの）領域に市民参加を限るというのも一理あるかもしれない。それなら筆者は何を問題としているのか。

　一つには社会的に問題にならない，当たり前とされていることの政治性・文化的前提への依存性を解きほぐすのはSTSに限らず近年の社会学，人類学，歴史学などで主流とされる分析のアプローチであり，問題にならないことが「真実」「客観」では無いというのは重要な知見だからだ。科学の歴史が真実と信じられたことが覆され修正されていく歴史であることは周知であるし，更にSTSの研究では先に述べたように科学的データの解釈が複数の対立するものから一つの有力とされるものに落ち着いていく過程に社会的要因が働くことを明らかにした知見や，新しい科学技術に対して社会的な反対運動が起きないことが市民の信頼や受容を意味することでは無いという知見（例えばウィンもこの点を主張）など，自明とされていることに関してどうその自明性が構築され再生産・維持されているか自体を権力や世界観の絡んだメカニズムとして重要な研究対象としてきたのだ。つまり「トランス・サイエンスの問題群」が自明に存在するのではなく，そういう境界の認識・設定自体が社会的，政治的な現象・過程として分析されるべきなのである。その意味で最近「トランス・サイエンス的な問題が増加している」とし，それ以前は純粋な科学技術のみで解決のつく問題がほとんどだったとするのは，前述したSTSの立場とは全く相容れないものだ。また「科学技術の利用が社会に拡大し，それが人々の批判的関心を生み出し，トランス・サイエンスの領域も拡大した」とするのも，科学技術が人間の営みすべてに関わってきた社会の構成的要素であるとする知見に反するし，また植民地ほか立場の弱い人々の資源や身体を搾取しつつその抵抗や批判を抑圧してきたという科学技術の歴史の一面を軽視することになり，STSの

重要な功績が鑑みられているとは言えない立場だ。

そして例えば低線量放射線の被ばくの問題を考えるにあたって，ワインバーグが言うように統計的に信頼できるレベルでマウスへの遺伝への影響が確認できないことで科学者のみで解決できない不確実性が浮上したのではなく，それまでいつでも不確実性に満ちた被ばくの問題が専門家や政策決定者たちに「予測・コントロールできる」とされてきたことや，マウスの実験から得られた結果を，確実性を持って人間にも当てはめられる，とされてきたことをも分析の対象とするのが STS 的な考え方なのだ。そして専門知の根本的な政治性や限界を認識することは，一般市民の懸念や意見の欠如モデル的な排除を防ぎ，市民のインプットに専門家達がオープンで謙虚・真摯に対峙するには重要な理論的根拠であり，欠くことはできないと筆者は思うのだ。

2 低線量被ばくに関する知見の政治性

では改めて前述した STS の知見に基づいて低線量被ばくの問題を考察してみたい。まずその歴史に関する研究によって明らかなのが，この分野の知見が圧倒的で明確な政治性の中で進展したものであるということだ。全ての科学技術に政治性は内在するが，それを可能な限り認識するのは STS 的な分析の重要な第一歩であるので，歴史的に重要な幾つかのケースを例として以下に挙げる。

災害研究の古典とも言われる研究 (Perrow 1984) でスリーマイル島原発における過酷事故を分析した組織社会学者のペローは，フクシマに触発されて書いた論文の中で，歴史的に多くの国の政府や核・原子力業界が一貫して放射線の人体への悪影響を過小評価してきたと論じている (Perrow 2013)。被ばくの健康への影響について重要な貢献をしたのが広島・長崎における原爆被害を受けた人々の研究であるが，これはアメリカが戦後に両市に設置した ABCC (Atomic Bomb Casualty Commission 原爆障害調査委員会[7]) によってなされたものが最も大規模・長期的な調査としてたいへんな影響を持ってきた。この調

---

(7) 1975 年に ABCC は日米共同運営の RERF (Radiation Effects Research Foundation 放射線影響研究所) に受け継がれた。

査はアメリカ主導の軍事目的の研究から出発しており，アメリカの視点・利益を色濃く反映したものである。例えば被爆者からデータを収集するばかりで治療を行わなかった事はよく知られているが，それは想定される核戦争に備えることが主旨であったためであるだけでなく，リンディー（Lindee 1994）によると治療が原爆の使用に関しての償いや謝罪として受け取られる事を避けるという面もあったという。また高橋（2008，2009）はABCCの調査では初期放射線のみを対象としており，残留放射線や放射性降下物からの内部被ばくは考慮されず，原爆の被害は一瞬のものという当時のアメリカの論点を踏襲・強化するようなものとなっていたと指摘する。当時残留放射線の影響は入市被爆者達の例から把握されてはいたが，しかるべき調査は実現しなかった。つまりここでは実際に存在した低線量被ばくや内部被ばくの問題は研究の対象にならなかった。冷戦期のアメリカの核戦略として，核実験を続けていくためにも放射線被ばくの影響の過小評価は不可欠だったという（高橋 2008；中川 1999/2011）。その上こうした特徴を持つABCCの研究に日本政府や日本の研究者や医者の多くが来るべき核の時代への貢献という名の下に協力していたのである（笹本1995）。そしてABCC，後のRERFの知見では被ばくの影響は特定のガンの発生率や死亡率のある程度の上昇に限られており，例えば遺伝的影響などは確認されていないとされている。

　また，原爆開発の段階で実は原爆と放射線の非人道性がある程度理解されていたことも明らかになっている。マロイ（Malloy 2012）によると，マンハッタン計画の中で放射線の人体への影響の研究に関わっていた科学者たちは長期・短期の生物学的影響や残留放射線についても知見があり，原爆を禁止されていた毒ガスになぞらえ，その使用に懸念を表明していた。長期の健康影響の倫理問題について何度か計画内の委員会などで問題提起がされたが，徹底した秘密主義，部門間の分業と分離，爆発の破壊力が焦点であったこと，また莫大な投資に見合った兵器を完成させるプレッシャーなどで立ち消えになっていったという。こうした背景は原爆投下直後に放射線の長期の健康影響をきっぱりと否定したアメリカ政府の立場からは消去されていた。

　その後日本の漁船第五福竜丸がビキニ環礁でアメリカの核実験からの放射性降下物に曝された1954年の事件をきっかけに，アメリカでは国立科学アカ

デミーに原子放射線の生物学的影響に関する（BEAR, Biological Effects of Atomic Radiation）委員会が作られた。ハンブリン（Hamblin 2007）は当時より「独立した」研究結果として高い評価を得ていた同委員会の 1956 年の報告書の政治性を分析し，実はかなり原子力委員会の影響下の科学者が関わっており，自然放射線の影響との比較で被ばくの影響を過小評価する彼らと被ばくの悪影響は累積であり安全な被ばく量は無いとする遺伝学者たちの間で様々な攻防があった後に，前者の立場が強調される形になっていった経過を明らかにしている。その後原子力委員会やアイゼンハワー政権は何度もこの報告書に言及しつつ，核実験による放射性降下物の影響を自然放射線へのほんの僅かな付加であるとして過小評価する発言をしたという。この報告書の結論はその後の報告書でも概して踏襲され，アメリカの核実験から核廃棄物への対応，そして原子力発電の開発などに大きな影響を与えたのである。

　さらに現在のグローバルな核・原発・放射線のガバナンスの仕組みや基準の政治性も重要なポイントだ。国際的に放射線防護の歴史は医学分野での職業上の問題として始まったが，その後第五福竜丸事件などで核実験からの放射性降下物がグローバルなリスクとして台頭したため，ICRP（国際放射線防護委員会），IAEA（国際原子力機関），UNSCEAR（原子放射線の影響に関する国連委員会）など新旧の国際機関が 1950 年代から 60 年代にかけて管轄責任を争い調整しつつ徐々に形作られていったものが今の制度の基幹となっている。ブーディア（Boudia 2007）によると，この形成の過程では核先進国であった米英の影響が非常に大きくその政治的利権が色濃く反映されており，またこうして出来た国際制度が暗にリスクを過小評価しつつ管理することで「非理性的な」公衆の不安を鎮め，各国の核・原発プログラムの土台を固めるのに貢献したという。また中川（1999/2011）は ICRP の歴史におけるアメリカの防護基準とアプローチの影響の大きさを指摘し，その勧告の中で被ばくによる障害が次第に経済的・社会的な利益と同じ尺度で比較し天秤に掛けることができるものに変容していった過程を検証した。被ばく許容値を設定しつつも同時に LNT（直線・閾値無し）モデルの立場を取り，被ばくを可能な最低レベルまで低減すべきとした初期の勧告から，リスク・ベネフィット分析，そしてコスト・ベネフィット分析などが導入され，経済的・社会的「ベネフィット」と引き換えにある程度

被ばく線量が増えることを容認する立場へ変わっていった。中川はこれを放射線防護の基準がアメリカをはじめとする各国の政府や原子力業界，つまり核技術を推進する側の立場から作られてきた面が大きいとしている。

　さらにアメリカの利益を色濃く反映した ABCC/RERF の研究は，国際的な，また多くの国の放射線防護の基準に大きな影響力を持ってきた。そして大規模かつ縦断的データによるものであることから，長きに渡ってゴールド・スタンダードとしてオルターナティブな知見を排除するベースになってきた。例えば，医師で疫学者のアリス・スチュワートは 1956 年の段階ですでに妊婦の X 線検査で小児癌などが増加することを示し，その後も低線量被ばくの危険性に警鐘を鳴らし続けたが，ABCC のデータに反するため信憑性に欠けるとされた (Greene 2012)。また ABCC/RERF の研究では基本的に遺伝的影響は否定されているが，チェルノブイリ後の研究で出てきたそれを反駁する知見は，ソビエト科学の伝統は「政治的」であるとして無視され，見下されてきた (Goldstein and Stawkowski 2015)。しかし先に述べた内部被ばくが考慮されないということ以外にも，スチュワートなどによって ABCC/RERF の研究の問題点も数々指摘されている。例えば対照群も広島・長崎の居住者であり被ばくの可能性があるのにその差が被ばくの影響とされていること，データが原爆後生存者，つまり生き残ったより強く健康な人々のものであること，被ばく線量の推定体系の限界，高線量の影響から低線量の影響を推定することの限界，などは重要なポイントだ[8]。

　こうした複雑な歴史にも関わらず，3.11 以降の放射線被ばくに関する議論では，既存の知見や現在の国際防護基準を客観的・絶対的・確定的なものとした，専門家による強い欠如モデル的言説がはびこった。実情として過小評価がされていると思われる国際基準さえ守られていない状況だ。低線量被ばくを恐れる人々を「放射脳」とよんで馬鹿にしたり，「安全なのに安心できないのは科学的論理性を欠いている」としたり，「専門家に任せておけ」「科学を理解してから発言しろ」などというのは欠如モデルの典型である。さらに「不安のス

---

(8)　スチュワートのものをはじめとする重要な批判が欧州放射線リスク委員会 2010 年勧告にまとめられている (http://euradcom.eu/wp-content/uploads/2016/04/ecrr2010.pdf, 最終閲覧 2020 年 3 月 20 日)。

トレスの方が放射線より健康被害に大きな影響」などという議論で（多くの場合科学的根拠すら提示せず，しかし科学の権威の立場から）不安を抱える一般市民の意思表示を封じ込めるのは，フクシマ発生以降顕著になった専門家や政府への不信感をさらに高める上，また双方向対話を拒絶する反民主主義的な面がある。市民が何故不安を感じるのか，というのに専門家や政策関係者が真摯に耳を傾け理解しようとするのが双方向対話なのだ。同様に，被ばくは無ければ無い方がよく，全く無害な閾値は無い，という見方が科学者の間の広いコンセンサスにも拘らず，実害の可能性を否定し，不安の表明を「風評被害」や「福島の復興を妨げる」と批判するのも民主的議論の圧迫・抑圧である。復興の名の下にネガティブな要素を否定・排除するのは戦後の日本が被爆者の人々を社会の周辺に押しやってきたことに通じるものがある。その上，放射線「教育」の名の下に，様々な形で放射線被ばく問題が矮小化され，「放射線安全神話」と呼べるようなものが一部横行しつつある。

　この状況の背景として島薗（2013）はフクシマ以前の日本においていかに放射線防護の政策が UNSCEAR や ICRP と連携して作られてきたか，そして原発推進派が低線量放射線安全論を広げてきたかを分析した。放射線の健康影響には多様な知見があり，まだまだ不確実性が高いにも拘らず，原発推進に都合の良い，安全に偏った楽観論の専門家が異論を「非科学的」として排除し，政策や公共の言説を独占してきたという。彼らは科学的に正しい，国際的に正しい知見は自分達にあるとして，それを市民に伝え安心させるのがリスク・コミュニケーションだとする欠如モデル的な立場をとってきた（上記の寿楽2020 も参照）。また政府や電力会社などが，低線量被ばくの影響を少ないか，むしろいい影響もある（ホルミシス）とする研究に多大な資金を注入する中，放射線の影響そのものよりも放射線への不安こそが被害を招くとする言説が広められていった。島薗によると「LNT が不安を煽って良くない」「ICRP の基準は厳しすぎる」という楽観論の専門家もいたという。フクシマ以降，こうしたアプローチの延長で，市民の不安を防ぐための情報隠蔽や双方向でないリスコミの繰り返しがされ，専門家への不信がますます広まったのである。

3　さらに STS 的に考えると

　上記では低線量被ばくをめぐる歴史の一面を，そこに潜在する政治性に注意を払って見てきたが，STS の知見に基づいて考えるということは，もう少し踏み込んだらどういうことだろうか。もちろん，こうして現存の知見の政治性を明らかにし，そこでの前提・目的やその限界などを理解することは，国際基準などにただ依拠する考え方を超え，今までの一貫した放射線の人体への影響の過小評価の歴史を批判的に分析し，オルターナティブな知を模索・提示していくための重要な一歩である。上記の歴史分析では例えばアメリカに代表される核・原発推進の勢力の利権・ビジョンなどがいかに影響力を持ったもので，その権益が現在の被ばくに関する知見自体に埋め込まれていること，そしてそれが政策における被ばくの影響の過小評価に繋がっていることが示唆された。これは不可欠な認識であるが，前述のように STS 的な考えではそうした権益を取り除けばそこに純粋で普遍・本質的な科学があるとする訳ではない。何らかの利権やビジョンはどんな科学技術にも埋め込まれるものだからだ。そうした特定のアクターの意図以外にどんな要因が被ばくをめぐる科学知を形作り，そしてそれが社会的に意味を持ってきたか。例えば被ばくの影響の研究に使われてきた疫学の枠組みを考えてみる。ABCC/RERF などでは多くの対象者の健康や寿命についてのデータを長期に集め，それを線量の推定と統計学を使って分析し，被ばくの影響を見極めてきた。統計的に被ばくの影響を推定することは当然合理的で妥当であろうが，たとえもし上述の ABCC の研究に対して挙げられたような様々な批判が全て対処されたとしても，それでも限界もあるのである。一つにはこの方法では集団のデータから例えばある線量を被ばくした場合にそのせいで（つまり自然発生率以上に）固形癌が発生する確率を割り出す訳だが，それはあくまで確率であり，特定の個人に関して因果関係を確定できる訳ではない。被ばくの身体への影響やその修復能力には個人差があり，同じ線量でも癌になる人もいればならない人もいるのである。それでも被爆者データの疫学分析からの確率的知見で，個人が被爆者として認定されなかったり，原爆症の認定を却下されたりするという現実がある。これを一人一人の因果関係をはっきりすることが不可能である以上「やむを得ない」という立場は，自明のようで自明ではない。これは集団の合理性のために個別事例を切り捨てる

のをやむなしとする価値の現れでもあるのだ。

　STS の知見はこうした歴史・現状の批判的検証の枠組みやツールを提供し，専門家として，市民として，何をすべきかを考える糧となってくれる。その過程では一般市民の理性，ローカル知の有用性などは重要な資源である。例えば世界各地における被ばく集団の健康調査はバラバラに存在しており，方法などが多様であるため単純な比較ができないとされているが，そこに何か知見はないだろうか。また各地の専門家や被ばくの影響を受けた人々（グローバルヒバクシャ）が対話・協力することで生まれる知恵はないか。そして特に重要なのが，私達はこれからの社会の行方に役割を担っているという主体としての自覚だ。私達はどのような社会を望むのか？　自由な言論の価値は？　弱者が不安を口にできない社会でいいのだろうか？　国益や社益，または古くからの固い科学観で絡め取られたエリート（昔の原子力ムラはその最たるもの）に全てを任せられるだろうか？　国益のために地方が犠牲になるあり方はどうすべきだろうか？　こうした大きな問題を様々な場で，熟議・塾考していかなくてはならない。フクシマ核被災で多くの人がたくさんのものを失い，今も苦しい日々を送っている。私達はこの大災害を機会として，科学技術のあり方を含む社会の行方，民主主義のあり方を再考し，より積極的に関わっていくべきではないだろうか。最後に 3.11 以降のそうした試みのいくつかを論じて本章を閉じたい。

Ⅳ　フクシマから生まれた市民活動

　本書の他の章からもわかるように，フクシマ発生以降，様々な市民による政治・社会活動が福島県内外で盛り上がった。その中でも二つのタイプの活動，市民による放射線の測定と地域エネルギーの動きを検証したい。

1　放射線の自主測定活動

　放射線の測定は核災発生後十分な情報が得られない中，そして政府や東電，原子力関係の専門家への不信が高まる中，福島をはじめとする全国の住民が放射能汚染の実態を知り自分達の健康を守るために広がった，まさに市民科学といえるものだが，そのあり方は多様である。

車に自作のガイガーカウンターをつけて空間線量を測りオンラインでシェアするところから始まった「**セーフキャスト**」は，その後福島を含む全国にガイガーカウンターのネットワークを築き，その測定データを誰もが自由に使えるようにしている。GPS 機能をもつ放射線測定キットを開発し，ユーザーが線量測定を自分で行い提供できる参加型の市民科学として，大量のデータを集め，公開してきた。もともと福島ではなく，東京やアメリカの各地をベースとする日本人を含む国際的で IT に詳しいボランティアのメンバーで設立され，誰でも参加できるオープンで透明性の高いプロセスで，原子力に反対でも賛成でもない「データ主義」の立場から「中立な」データを提供しているという。そして同じデータの解釈には個人差があるとして，安全に関する判断はユーザーに任せるとしている。信頼性の高いデータを強調しており，IAEA の専門家会議に参加したり，主要メンバーが放射線防護の学術誌に論文を発表したりしている。

　セーフキャストの当初から国際的な活動に対し，より直接的に国内の生産者と消費者のニーズから作られていったのが食品や土壌の市民測定室だ。汚染状況を知りたい市民達が資金を集めて高価な測定機器を購入し，安価で測定依頼に答えるために作られた測定室は，全国に広がりネットワークを築き，全国の測定データを検索できるようにしたデータベース「**みんなのデータサイト**」が作られた。そして 2018 年にはそれまでの測定結果を地図にして解説を加えた本を出版し（これは 2019 年日本ジャーナリスト会議の JCJ 賞受賞），後にその英語版ダイジェストも発行した。立ち上がりの時期には高木仁三郎市民科学基金[9]の助成を受けたこのネットワークは，今では全国 30 を超える測定所を結んでおり，分かりやすい情報を提供し，市民が余計な被ばくを防ぐのを助けるとともに，そのデータはフクシマを忘れずに未来に伝える貴重な記録であるという意識で運営されている。

---

(9)　高木仁三郎（2000 年没）は直接 STS と関わっていた訳ではないが，核物理学者でありながら専門分野を超えた広い社会的視野に立って，早くから市民の立場に立った市民科学を説き，また市民科学者と市民の双方向的な対話を目指した点で STS 的な洞察力に満ちた思想家だったといえるだろう。脱原発の運動で知られ，その言葉には本質主義的な科学観も見られたが，同時に科学技術の客観性の名の下に潜む政治性などにも鋭く気づいていた。また市民科学の課題として「未来への希望に基づいて科学を方向づけていくこと」（高木 1999）としたのも STS の関心と重なる面がある。

　より対象を地域に絞った「いわき放射能市民測定室たらちね」は，子どもと住民の健康と暮らしを守るという目的で市民によって設立され，食品と土壌の他にも海水や人体の放射線測定を安価で提供し，結果を可能な範囲で公開している。2017年には内科と小児科のあるクリニックも開設し，甲状腺スクリーニングや尿中のセシウムの測定なども実施している。ここでは様々な被ばくに関する情報を可視化することで「避難する・しない」の二択ではなく，「測りながら気をつけながら住む」，という選択肢を提供することを目指す。どこでどう生きるのかという人生の大問題を，市民が市民によるデータと情報をもとに主体的に選択することを助け，また放射線の健康被害に関しては予防原則により不安を感じる人に寄り添って，子供たちの未来を守っていきたいという。スタッフのほとんどが女性で，母親も多い。

　このように測定活動も多様な形をとっているが，共通しているのが，それまで必ずしも政治に関わらなかった市民が多く携わっていることと，それまで無縁に近かった高度に専門的な放射線の問題を勉強し，未来を作る主体として行動していることだ。そして彼らの多くが科学技術のリテラシーが高まっただけでなく，グローバルなり地域なりのネットワーク・連帯とアイデンティティを深め，社会的意識をより高めたのである。さらに実質的に政府や専門家が生み出すことのできない大量のデータやローカル知を作り出し，既存の知見を補って市民をエンパワーしたのである。しかし，それぞれの活動がクラウドファンディングなどの寄付に大きく依存しており，その持続性は不確定であるなどの課題もある。また，元々は原子力村や政府に対する抵抗として出てきたこうした市民科学である測定活動が，国際基準など既存の専門知のあり方に依拠する中で体制側の新自由主義的な枠組みにはめ込まれてきた面も指摘されている（Polleri 2018）。そしてSTSで議論される科学技術のあり方の民主化を図るような「市民参加」であるか，という点ではこれらの活動は一様ではない。「セーフキャスト」の活動はその中立性や非政治性の主張でもわかる通り，現存の科学技術の問題意識や枠組みをそのまま受け継いで，市民が同質のデータを提供するもので，科学技術のあり方自体を市民の立場に引き寄せるものではない。しかし安価で使いやすいガイガーカウンターを開発し，モニタリングの新しいあり方を提供したのは重要な貢献だ。一方，「みんなのデータサイト」は同じ

ようにデータを提供しているが，食という生活に根付いた誰も欠くことの出来ない視点からシステマティックに地域間をつないだ，という意味で既存の知見を市民の立場からチャレンジし，そして補完している。そして「たらちね」は，被ばくに関わる問題を画一的な専門知（放射性物質の量とその安全性など）に集約するのではなく，人の生き方の問題として生活者の視点とモニタリングと医療を統合的に見るアプローチで，専門知のあり方に一石を投じていると言えるだろう。科学技術がより意識的に民主社会の求める方向に進んでいくには，専門家や政策関係者がこうした試みから学ぶオープンさと謙虚さを持つことが必要といえる。

2　地域エネルギーの広がり

　フクシマの衝撃は当然のごとく私たちにエネルギー問題の大きな見直しを迫り，全国各地で新たなエネルギーのあり方が模索された。原発が大きなリスクを持ち，さらに地方と都市の不平等な依存関係を反映することも明らかになったこともあり，再生可能で持続可能な自然エネルギーというだけでなく，コミュニティに根付いて地域の自立に貢献する「ご当地電力」「コミュニティ電力」「市民電力」が全国に広がっていった。この動きを先導する福島県の中でも先駆者的存在が 2013 年設立の「会津電力」で，ソーラー，バイオマス，小水力発電などでエネルギーの自立を通じて地域再生を目指し，また全国ご当地エネルギー協会の中心的存在としてこの運動を促進してきた。県内では全村避難が続いていた飯舘村の「飯舘電力」や，客足が遠のいた土湯温泉の「元気アップつちゆ」など，フクシマ核被災で打撃を受けた地域が自然エネルギーでまちづくりを図るケースもあり，福島県が次のエネルギー革命の拠点になっていくという気概をもつ人々も多い。2016 年に福島市で開かれた「第一回世界ご当地エネルギー会議」では，ご当地電力の取り組みを先進国のみでなくグローバルに広げていくことが合意され，2018 年の第 2 回会議はマリ共和国で開かれた。

　こうした試みはフクシマで可視化されたエネルギーのインフラの政治性に意識的に向かい合い，取り組んでいるといえる。その政治性とは地方と都市の関係の他にも，九電力会社による独占，発電所への地域の依存，環境や健康へのリスクの軽視，下請け・孫請け労働の搾取など，日本社会のビジョン，そし

て戦後の歩みの負の面を如実に表している。大手企業によるメガソーラーでは
こうした様々な問題点の表面的な修正にしかならない。ご当地電力の動きは，
エネルギー問題は社会の根幹の問題，社会のあり方の問題であるという STS
的な洞察を体現しているといえるだろう。つまり再生可能で持続可能なエネル
ギーを目指すのには，科学技術の専門知だけでなく，どのような社会にしてい
くかという市民のビジョンも必要なのである。これは科学技術と社会の co-
production を認識した視点であり，そこでは民主主義，地域の自立と持続可
能性が共に想定されている。地域住民の主体性を強化し，ローカル知を作り出
し，SDGs に多面的に貢献する可能性も高い，有望な市民の科学技術の領域
への参加のあり方として，注目していきたい。

V おわりに

　私たちは今「人新世」の時代，つまり人類の存在が地球の生態系や地質に
明白で元には戻れない足跡をつけたとされる時代に生きている。気候変動や
マイクロプラスチックの問題とともに，放射性物質はこの新しい時代の代表的
マーカーである。無自覚で無謀な資源の使い方や科学技術への姿勢で私たち
はここまで来てしまったのである。フクシマの衝撃をきっかけに科学技術と社
会のあり方を再考することが，より民主的な社会の実現や，人類が将来直面す
ると言われる生存をかけた試練やカタストロフィーに備えていく糧になることを
願う。

[謝辞] 本稿の執筆にあたり，東京電機大学の寿楽浩太教授，雑誌『婦人之友』の羽仁曜子
　　編集長，高エネルギー加速器研究機構の平田光司教授に建設的なご意見をいただいた。
　　この場を借りてお礼を申し上げたい。最終稿における問題点は全て筆者の責任である。

【参考文献】
小林傳司 (2007)『トランス・サイエンスの時代——科学技術と社会をつなぐ』NTT 出版ラ
　　イブラリーレゾナント。
笹本征男 (1995)『米軍占領下の原爆調査——原爆加害国になった日本』新幹社。
佐藤恭子 (2015)「STS と民主主義社会の未来：福島原発事故を契機として」『科学技術社
　　会論研究』第 12 号。
島薗進 (2013)『つくられた放射線「安全」論　科学が道を踏みはずすとき』河出書房新社

140

寿楽浩太（2020 刊行予定）「原子力と社会「政策の構造的無知」にどう切り込むか」，藤垣裕子・小林傳司・塚原修一・平田光司・中島秀人（編）『叢書：科学技術社会論の挑戦 第 2 巻：科学技術と社会――具体的課題群』第 8 章，東京大学出版会。

高木仁三郎（1999）『市民科学者として生きる』岩波書店。

高橋博子（2008/2012）『〈新訂増補版〉封印されたヒロシマ・ナガサキ』凱風社。

中川保雄（1999/2011）『増補 放射線被曝の歴史――アメリカ原爆開発から福島原発事故まで』明石書店。

平川秀幸（2010）『科学は誰のものか――社会の側から問い直す』NHK 出版。

Benedict Anderson (1983) *Imagined Communities*. New York: Verso (『定本 想像の共同体：ナショナリズムの起源と流行』白石隆・白石さや訳，書籍工房早山，2007 年).

Soraya Boudia (2007) "Global Regulation: Controlling and Accepting Radioactivity Risks." *History and Technology* 23 (4) : 389–406.

Jason Chilvers and Matthew Kearnes (2016) *Remaking Participation: Science, Environment and Emergent Publics*. Abingdon, UK: Routledge.

Jason Chilvers and Matthew Kearnes (2019) "Remaking Participation in Science and Democracy." *Science, Technology, & Human Values* (First published online: June 3, 2019).

Lorraine Daston and Peter Galison (2007) *Objectivity*. Cambridge, MA: MIT Press.

Steven Epstein (1995) "The Construction of Lay Expertise: AIDS Activism and the Forging of Credibility in the Reform of Clinical Trials." *Science, Technology, & Human Values* 20 (4) : 408–37.

Ulrike Felt, Rayvon Fouché, Clark A. Miller, and Laurel Smith-Doerr, eds. (2017) *The Handbook of Science and Technology Studies. 4th ed.* Cambridge, MA: MIT Press.

Donna Goldstein and Magdalena Stawkowski (2015) "James V. Neel and Yuri E. Dubrova: Cold War Debates and the Genetic Effects of Low-Dose Radiation." *Journal of the History of Biology* 48 (1) : 67–98.

Gayle Greene (2012) "Science with a Skew: The Nuclear Power Industry After Chernobyl and Fukushima." *The Asia-Pacific Journal* 10 (3) , https://apjjf.org/2012/10/1/Gayle-Greene/3672/article.html.

Edward J. Hackett, Olga Amsterdamska, Michael Lynch, and Judy Wajcman, eds. (2008) *The Handbook of Science and Technology Studies. 3rd ed.* Cambridge, MA: MIT Press.

Jacob Hamblin (2007) " 'A Dispassionate and Objective Effort:' Negotiating the First Study. on the Biological Effects of Atomic Radiation." *Journal of the History of Biology* 40:147–177.

Donna Haraway (1991) *Simians, Cyborgs, and Women: The Reinvention of Nature*. London: Free Association Books (『猿と女とサイボーグ――自然の再発明 新装版』高橋さきの訳，青土社，2017 年).

Edwin Hutchins (1995) *Cognition in the Wild*. Cambridge, MA: MIT Press.

Sheila Jasanoff, Gerald E. Markle, James C. Petersen, and Trevor J. Pinch, eds.

(1995) *The Handbook of Science and Technology Studies. 2nd ed.* Thousand Oaks, CA: Sage.

Sheila Jasanoff (2003)"Technologies of Humility: Citizen Participation in Governing Science." *Minerva* 41 (3) : 223-44.

Sheila Jasanoff, eds. (2004) *States of Knowledge: The Co-production of Science and Social Order.* London: Routledge.

Hélène Landemore, and Jon Elster (2012) *Collective Wisdom: Principles and Mechanisms.* Cambridge, UK: Cambridge University Press.

Bruno Latour (1987) *Science in Action: How to Follow Scientists and Engineers through Society.* Milton Keynes, UK: Open University Press (『科学が作られているとき——人類学的考察』川崎勝・高田紀代志訳, 産業図書, 1999 年).

Susan Lindee (1994) *Suffering Made Real: American Science and the Survivors at Hiroshima.* Chicago: University of Chicago Press.

Sean Malloy (2012)"'A Very Pleasant Way to Die': Radiation Effects and the Decision to Use the Atomic Bomb against Japan" *Diplomatic History* 36 (3).

Charles Perrow (1984) *Normal Accidents: Living with High Risk Systems.* Princeton, NJ: Princeton University Press.

Charles Perrow (2013)"Nuclear Denial: From Hiroshima to Fukushima." *Bulletin of the Atomic Scientists* 69 (5) 56-67.

Trevor J. Pinch and Wiebe E. Bijker (1987)"The Social Construction of Facts and Artifacts." In *The Social Construction of Technological Systems,* edited by Wiebe E. Bijker, Thomas Hughes, and Trevor J. Pinch. Cambridge, MA: MIT Press.

Maxime Polleri (2019)"Conflictual Collaboration: Citizen Science and the Governance of Radioactive Contamination after the Fukushima Nuclear Disaster." *American Ethnologist,* 46 (2) : 214-226.

Steven Shapin (2010) *Never Pure: Historical Studies of Science as if It Was Produced by People with Bodies, Situated in Time, Space, Culture and Society, and Struggling for Credibility and Authority.* Baltimore, MD: Johns Hopkins University Press.

Alice Stewart (1982)"Delayed Effects of A-Bomb Radiation: A Review of Recent Mortality Rates and Risk Estimates for Five-Year Survivors." *Journal of Epidemiology and Community Health* 26 (2) : 80-6.

Hiroko Takahashi (2009)"One Minute after the Detonation of the Atomic Bomb: The Erased Effect of Residual Radiation." *Historia Scientiarum* 19 (2) .

Alvin Weinberg (1972)"Science and Trans-Science." *Minerva* 10 (2) : 209-222.

Alvin Weinberg (1972)"Science and Trans-Science." *Science* 177 (4045) : 211.

Brian Wynne (1992)"Misunderstood Misunderstanding: Social Identities and the Public Uptake of Science." *Public Understanding of Science* 1 (3) : 281-304.

Brian Wynne (1996)"May the Sheep Safely Graze? A Reflexive View of the Expert-Lay Knowledge Divide." In *Risk, Environment, and Modernity: Towards a New Ecology,* edited by Scott Lash, Bronislaw Szerszynski, and Brian Wynne.

142

London: Sage Publications.

Brian Wynne (2006) "Public Engagement as a Means of Restoring Public Trust in Science—Hitting the Notes, but Missing the Music?" *Public Health Genomics* 9 (3) : 211-20.

第4章

フクシマ発で核を考える
── 国境を越えて連帯する「反核世界社会フォーラム」──

小川　晃弘

I　はじめに ──「反核世界社会フォーラム」の立ち上がり

　フクシマの経験を契機に立ち上がった社会運動の一つに,「反核世界社会フ
ォーラム」がある。同フォーラムは,「世界社会フォーラム」のテーマ別フォー
ラムとして, 新しく設定されたもので, これまで福島および東京 (2016 年) で,
その後は, モントリオール (2016 年), パリ (2018 年), マドリード (2019 年) と続
いている。
　「世界社会フォーラム」は 2001 年 5 月, ブラジルのポルト・アレグレにて発
足した。その背景となったのは, 1999 年の米国シアトルでの WTO 閣僚会議
をめぐり, 約 10 万人の市民が結集した抗議デモ・暴動にあった。同閣僚会議
は貿易の自由化を進めたウルグアイ・ラウンドに変わる新しいラウンドの立ち上
げを目指したが, 失敗。その大きな要因となったのが, NGO や労働組合など
が展開した反グローバリゼーション, 反多国籍企業のキャンペーンだった。そ
れらを受けて, 予定されていた閣僚宣言のとりまとめなどもなされず, また次回
の閣僚会議の時期, 開催国についても決定されなかった。[1]
　「世界社会フォーラム」は, 1971 年からスイスのダボスで開かれている「世
界経済フォーラム」の対抗軸として位置付けることができる。「もう一つの世界
は可能だ」(Another world is possible) をスローガンに掲げ, これまでブラジル,
インド, パキスタン, ベネズエラ, マリ, ケニア, セネガル, チュニジアと, 南

─────────
(1)　経済産業省通商政策局国際経済課 (2003) 参照。

半球の各国で開催されてきた。毎回数万人が集う世界最大の社会運動である。新自由主義とは異なる，政治，経済，社会における人権や民主主義，平和，社会的公正に根ざしたグローバルゼーションを提唱してきた。反核は，人権，環境，難民などのテーマと並んで，最重要課題の一つとなってきている。

　フクシマ後に最初に開かれた「世界社会フォーラム」は 2013 年 3 月，チュニジアのチュニスであった。2010 年 12 月に同国で始まった「ジャスミン革命」は北アフリカ・中東各国へと波及した。チュニジアのベンアリ政権，エジプトのムバラク政権，リビアのカダフィ政権などの長期独裁政権を崩壊へと導き，権威主義体制への不満から民主化を求める民衆の動きは，1968 年春にチェコスロバキアで起きた民主化の動き「プラハの春」になぞらえ，「アラブの春」と呼ばれた。その後，チュニジアでは，「ジャスミン革命」後，政治，宗教抗争における対話を仲介し，平和的な政権移行に貢献したとして，四つの市民団体が「国民対話カルテット」として，ノーベル平和賞（2015 年）を受賞する。

　2013 年，「ジャスミン革命」の余韻がまだ残るチュニス。日本からチュニスでの「世界社会フォーラム」に参加者した小倉利丸は，「フクシマの後，核の問題を取り扱わないといけないという問題意識はあった。しかし，『アラブの春』の高揚感とは裏腹に，2013 年のフォーラムでは，膨大なパネルの中でそうした問題意識は埋れてしまった」と，当時を振り返る。「世界社会フォーラム」では，核兵器は話題になるが，原子力は話題にならなかった。開発途上国からの参加者が多くを占めるなか，原子力の扱いには差があるのだという。環境問題といえば，気候変動や熱帯雨林の話題が中心となってきた。

　2015 年 3 月，「世界社会フォーラム」は再び，チュニスで開かれるが，それに先立ち，2014 年 10 月，世界社会フォーラムの創設に関わった一人で，社会運動家のシコ・ウィタケーが来日する。1992 年に開催された「地球サミット」を契機に，翌 93 年に設立された国際環境保護団体であるグリーンクロスインターナショナル（Green Cross International，元ソ連大統領のミハエル・ゴルバチョフが創設会長，本部はスイスのジュネーブ）が，福島で開催した原発問題の国際セミナーに参加するためだった。その機会を利用して，東京のピープルズ・プラン研究所において，日本で原発問題などに取り組む人びとと「シコ氏を囲む会」が持たれた。

ウィタケーはブラジルで，「原発のないブラジル連合」を結成，憲法で原子力発電を禁止することを求めて活動を展開してきた。もう一つのノーベル賞と呼ばれるライト・ライブリフッド（正しい暮らし）賞を2006年に受賞している。同賞は人権や環境保護などの分野で，地球規模の問題の根本的な原因に対して，先見性のある模範的な解決策を提供する勇気ある人々や組織に与えられるという。この「囲む会」の後，参加者に宛ててウィタケーからある提案書が届いたという。以下，その提案書（原文は英語，日本語への翻訳は筆者による）を，本人の了解を得て，引用する。

提案：核エネルギーに関するテーマ別世界社会フォーラムの実現に向けて

　2014年10月の福島へのスタディーツアーで，ブラジルと日本の反核運動家は，国際的な連帯行動を深めかつ拡大するために，国境を超えて，反核運動がつながることの必要性を議論しました。この議論を進めるなかで，世界社会フォーラムの枠組みの中で，日本において，原子力エネルギーに関するグローバルな会議を組織できないかという考えが生まれました。日本は現在，原子力事故に直面し，そして過去には，原子爆弾の最初の犠牲となった国です。多くの国において，地球規模の放射能汚染や核による大惨事を避けるために，原子力発電所を段階的に廃止し，そして核兵器を廃絶しようとする社会運動が展開されています。核エネルギーに関するテーマ別世界社会フォーラムは，世界社会フォーラムの方法論と原則に従い，つまり参加者が自由に議論したいことを提案するやり方で，彼らの闘いに力を与え，新しい世界的な運動とイニシアティブをデザインすることを可能にすると思うのです。

　このグローバルな会議は，2016年3月の震災5周年で実現することが可能なのではないでしょうか。今後，具体的に，いつ，どのように，どこで会議を開催するのかを議論する機会が2回あります。一つは2015年3月のチュニスでの世界社会フォーラムであり，もう一つは原爆投下から70年にあたる2015年8月，広島で行われる様々な活動においてです。

この提案に署名したブラジルと日本の二つの組織は、関心のある組織にチュニスでの会合を呼びかけ（2015年3月24日から28日）、核エネルギーに関するテーマ別世界社会フォーラムの準備委員会を設立し、会議のガイドラインなどを作ることを呼びかけたいと思います。

チュニスの会議には参加できないが、このプロジェクトに参加したい人は、ぜひ手紙をください。

2014年10月
　原発のないブラジル連合

「核エネルギーに関するテーマ別世界社会フォーラム」、この原稿では短くして「反核世界社会フォーラム」とするが、ウィタケーからの「東京でやれないか」の提案に、「特に断る理由がなかった」と、当時、日本での開催を準備した関係者は語る。

2015年3月のチュニスでの「世界社会フォーラム」では、同月26日、ウィタケーがワークショップのオーガナイザーとなり、2016年に核エネルギー問題をテーマとしたフォーラムを日本で開催できないかと呼びかけた。地元チュニジアほか、日本、フランス、ブラジルなどから、約20名が参加した。このワークショップに、前回2013年のフォーラムと続けて参加した小倉への直接取材および同氏のブログ記事「＃世界社会フォーラムブログ」[2]によると、ウィタケーは、自身の原発への関心はごく最近のもので、彼自身、この分野での活動についての長い闘いの経験も知識も持っていないと述べた上で、自分の母国ブラジルにおいては、反原発運動はきわめて脆弱で小規模なものでしかないと指摘、フクシマの経験を受けとめて反原発運動を力のあるものにしたいと強調したという。同時にウィタケーは、広島・長崎の被ばくの経験から反核運動の長い歴史があるものの、日本においては、反核と反原発運動が必ずしも十分な結びつきを持って来なかったことも踏まえ、今、原子力発電と核兵器の双方を視野に入れた運動が必要であり、日本にはこのような運動を構築しうる可能

(2)　http://blog.socialforum.jp/ から許可を得て引用（最終閲覧2020年1月14日）。

性があるのではないか。核をなくすという問題をエネルギーと兵器の両面から，国境を越えた運動をつくる上で開催地としては，日本が最ものぞましい。是非，日本で「反核世界社会フォーラム」開催を主体的に担う動きを作ってほしいと語ったという。

　続いて 28 日は，「福島の状況」を共有するワークショップが開催された。60 人ほどが参加，チュニス大学の会場は満席で，地元チュニジアからの参加者が半分ぐらいだった。福島から大熊町町議の木幡ますみが登壇し，30 分ほどスピーチを行い，その際，フランス語訳が配布されたという。木幡のスピーチ及び同フォーラムの様子も，先述の「# 世界社会フォーラムブログ」に記録されているが，ここでは，本人の許可を得て，そのスピーチの最後の部分を引用しておく。

　　　「震災によって原発が壊れ，放射能汚染が広がり，いまだに問題が山積，原発も 1 号基から 3 号基まで高濃度の放射線で，人は誰も入れない状態です。原発は人間が作った科学の象徴ですが，これは人類を死へと導いて行く殺人マシンでも有ります。人々は自分達で作ったマシンで病気になり，苦しみ死んで行く事になります。もう原発は止めましょう。健康な体や命と引き換えの原発はいりません。」

　また，震災から 1 週間後の 2011 年 3 月 18 日に，東電本社前で抗議活動を始めた園良太も登壇。[3]フクシマの経験を世界と共有できるような闘いが必要であることなどのアピールがあり，被害の現状だけでなく，政府や東京電力の対応の問題，日本の反原発運動や今後の闘いについても幅広く発言があったという。

II　「反核世界社会フォーラム」，福島・東京で開催

　2016 年 3 月 23 日から 28 日まで，「反核世界社会フォーラム」の初回，「核のないもう一つの世界へ（Toward another world without nukes）」が，福島お

---

(3)　同氏の抗議活動については，園（2011）を参照。

148

よび東京で開催された（チラシ添付）。15 カ国から数百人が集った。同フォーラムの呼びかけ文には，こうある。

　私たちは，核（核兵器と原子力発電）の軍事利用，商業利用に反対する市民です。2014 年 10 月に日本で行なわれた議論から出発し，2015 年 3 月，チュニスでの「世界社会フォーラム（WSF）」で継続された話し合いを通じて，私たちは，2016 年に日本で，核に関するテーマ別世界社会フォーラムの開催を決定しました。

　このフォーラムは，これまでの世界社会フォーラムの活動をふまえて，国境を超えた原発や核兵器だけでなく，ウラン採掘から住民や労働者の被ばく，廃棄物問題，そして経済から安全保障に至る多様な核問題に取り組むグローバルな運動を目指す第一歩として，これらの課題に取り組む皆さんの参加を期待して企画されました。

　本フォーラムは，世界社会フォーラムのこれまでの経験を背景に実施されます。世界社会フォーラムは，2001 年以来，新自由主義グローバリゼーションや対テロ戦争への反対運動などを通じて貧困や戦争のない「もう一つの世界」を模索するグローバルな運動として重要な役割を担ってきました。本フォーラムは，この世界社会フォーラムのこれまでの運動の蓄積と経験を核廃棄の運動へと繋ぐことを意図しています。

　この呼びかけ文には，19 の市民グループと 34 人の個人が賛同者として名を連ねた。

　3 月 24 日から 25 日にかけて，福島での現地調査として，当時の帰宅困難地域や「いわき放射能市民測定室たらちね」を訪問。続いて，26 日，27 日には，東京・神田の韓国 YMCA を会場に，7 つの分科会が用意された。このなかで特に注目したいのは，26 日午前の分科会 3「原発を輸出しないで！〜アジアの人びとの叫び」で，ノーニュークス・アジア・フォーラム（No Nukes Asia Forum）が主催している。同フォーラムは，1992 年に横浜で開かれたプレ地球サミットを受けて発足。それ以降，「核も原発もないアジア」を目指し，日本国内

では「アジアの国々に原発を輸出させない」という目標を掲げるのと同時に，各国の運動家やNGOなどによる緩やかなネットワークを構築し，毎年，アジア各地（日本，韓国，台湾，インドネシア，フィリピン，タイなど）で，現地視察を交えたシンポジウムを開いてきた。また現地の反原発運動参加者と交流，意見を交換しながら，問題点を掘り起こし，共有，連帯を築くなど，その運動には四半世紀を越える歴史がある。

ノーニュークス・アジア・フォーラムは，「核と被ばくをなくす世界社会フォーラム」開催に先立ち，3月22日から24日にかけて，いわき市で，「ノーニュークス・アジア・フォーラ

「核のないもう一つの世界へ」チラシ
© 核と被ばくをなくす世界社会フォーラム
2016 実行委員会

ム2016　福島原発事故は続いている～人々の声を聞き，原発事故が社会に与える広範な影響の諸相を知る～」を終えて，この「反核世界社会フォーラム」に合流した。

同分科会の案内には，「欧米諸国で行き詰った原子力産業は，生き残りをかけてアジア各国でその動きを強めている。日本では国内での原発新増設の問題に加えて，原発輸出の問題も深刻さを増している。……三菱とアレバが4基輸出予定のトルコ・シノップ，米仏の原子力企業と結んで日立，東芝，三菱が大規模な原発輸出をねらうインドなど，輸出される側の声に耳を傾ける。そして，輸出する側の国に住む者がどうすべきかを明確にし，原発輸出を「挟み撃ち」にして食い止めるための議論のきっかけとしたい」とある。トルコからメチン・グルブズ（シノップ反原発プラットフォーム），プナール・デミルジャン（脱原発プロジェクトnukleersiz），インドから，ラリター・ラームダース（核廃絶と平和のための連合），アミルタラージ・スティフェン（反核運動全国連合），韓国からイ・ホン

ソク（エネルギー正義行動），フィリピンから，コラソン・ファブロス（フィリピン，非核フィリピン連合）が登壇し，各国の反原発運動の経験を共有した。

　ノーニュークス・アジア・フォーラムの事務局を務める佐藤大介は，「フクシマ以降，反原発運動自体は認識されるようにはなった。倫理的に許されないと。そして，反原発の運動自体も，再稼働反対，エネルギーシフト，健康被害などを訴えるなど多角化した。アジアのどこにでも原子力村はあるが，フクシマ後は（原発）推進側の動きが弱くなったという点もある」と，筆者の取材に話した。

　確かにそうした推進側の変化は見て取れる。2018年12月4日の「日本経済新聞」は，日本政府や三菱重工業などの官民連合がトルコの原子力発電所の建設計画を断念する方向で最終調整に入ったと伝えた。建設費が当初想定の2倍近くに膨らみ，トルコ側と条件面で折り合えなかったとしている。また2019年1月11日の「日本経済新聞」は，日立製作所は英国で計画する原子力発電所の建設事業を中断する方針を固めたと報道。またベトナムへの原発輸出については，2016年11月22日，日本が同国南部に建設することになっていた原子力発電所の計画を中止すると，ベトナム政府は既に決めている。

　もう一つ，私が注目したのは，同日午後の分科会4「福島での犯罪と命の救済」。主催は「脱被ばく実現ネット」で，福島疎開裁判を支える市民のグループだ。フォーラム案内の分科会説明には「原発事故後の日本政府の政策の根本原理は『事故を小さく見せること』，その結果，最大の犠牲者は子どもたちだった。5年間の巨大権力犯罪の核心を紹介し，子どもと被災者の命を守るための新たな行動を提起する」。また同分科会の別刷りチラシにはこうある。

世界の物差しで，福島原発事故を再定義する

　日本の歴史上最悪で，今なお進行中の人災＝福島原発事故で，この5年間，数百万人の被害者が放射能により命と健康が脅かされる前例のない甚大な被害を受けているのに対し，事故発生の加害者であり，本来，国民を救済する責任を負う日本政府がやったことは「事故を小さく見せる」こと。被害者は苦しみ続け，加害者は救済を放棄したまま誰一人責任を負わない事態が続いてきました。これがいかに異常なことかを明らかにするのが，世界から集まった市民と共に世界の物差しで福島原発事故を見つめ直す世界

社会フォーラム「福島での犯罪と命の救済」です。同時に本来の救済とは何か，本来の責任追求とは何かについて，世界の物差しで見つめ直します。

　同分科会に宛て，ノーム・チョムスキーもビデオメッセージ（以下，抜粋。原文は英語，日本語への翻訳は同分科会配布資料中にあるものに筆者が加筆）を寄せている。

　「5年前の福島の惨事，当局の不誠実な態度，犠牲者の悲惨な運命と相次ぐ苦難，これらすべてが，我々は現在，とてつもない脅威に立ち向かわなくてはならないという状態にいることを示しています。その脅威は，1945年8月のあの過酷な日々について，我々が学んだ人類の存在に対するそれと同様のものです。

　本日，お集まりの皆さん，核戦争の脅威は明らかに拡大しています。その脅威は原子力発電やエネルギーの問題と密接に関連しており，……我々皆がこれらの問題に対して深い懸念を持って熟慮すべきです。

　福島の子供を救うという緊急の課題に対処するだけでなく，持続可能で安全なエネルギー生産に向けて社会を動かすためのガイドラインを……この会議がもたらすことを希望し信じます。……」

　さらに，郡山市から避難した松本徳子さんが話す。

　「……私は，2011年7月に自分で自宅の線量を測定するまで，郡山の空間線量のデータを聞いたことがなかった。メディアも伝えないし，行政も教えてくれなかった。今では，郡山でも3月15日から高い線量を記録していたことがわかっている。私は，行政から正しい情報と知識が与えられていれば，もっと早く適切な行動をとることができたし，せっかく一旦避難した次女を郡山に戻すこともなかったと思う。残念でならない。……

　私は，日本政府と福島県は，事故直後に，せめて子どもだけは避難させるべきだったと思う。事故直後，フランス，ドイツ等海外の政府は日本に

いる自国民に被災地や首都圏から離れる様に勧告した。3月16日には米
国は福島第一原発から50マイル（80キロ）圏内の米国民に対し避難を勧告
した。しかし，日本政府は『ただちに影響は無い』として重要な事を何一
つ，私たちに知らせず，私達市民は被ばくしてしまったのです。……」

　この分科会4を主催したメンバーたちは，この年の8月にカナダのモントリ
オールで開かれる「世界社会フォーラム」の中で開かれる第2回「反核世界社
会フォーラム」にも参加する。そして，モントリオールでのフォーラム参加を通
じて，「チェルノブイリ法日本版」制定という運動の方向性を明確に打ち出して
行くことになる（詳細は後述）。この日本での集まりから，フクシマの経験をもと
に，「反核」をコアイシューにして，国境を超えた連帯が始まっていく。

Ⅲ　モントリオール，
そして「チェルノブイリ法日本版」実現に向けて

　2016年8月9日から14日，カナダのモントリオールで開催された「世界社
会フォーラム」は，北半球で初めての開催となった。このフォーラムに参加した
後藤康夫，後藤宣代によると，大きな注目を集めていたのは，「連帯経済」
（solidarity economy）だったという。モントリオールといえば，コンコルディア
大学にカール・ポランニー政治経済研究所（Karl Polanyi Institute of Political
Economy）がある。同研究所は，ポランニーの娘であり経済学者でもあるカ
リ・ポランニー＝レヴィットの尽力により，ポランニーが残した資料の保管と公
開のために，1988年に設立された。
　昨今，新自由主義経済が地球規模で展開されるなか，格差の拡大や貧困な
ど，市場経済の歪みが露呈している。資本主義経済の限界をどう理解し，変
革へのオルタナティブをどう見つけるか，今，ポランニーの議論が改めて脚光
を浴びている。そこで注目されているのが，市場経済への対抗運動の一つと
しての「連帯経済」である。協同組合や非営利団体など，市民社会の連帯を
基盤として実施される様々な経済活動は，世界規模で拡大しつつあり，新たな
社会発展の戦略となり得るのだろう。

さてモントリオールでの第2回「反核世界社会フォーラム」は，「民事と軍事，いずれにおいても核のない世界に向けた世界社会フォーラム（World Social Forum for a World Free of Civil and Military Nuclear Fission)」と題し，通常の「世界社会フォーラム」と並行開催された。モントリオール市庁舎，ケベック大学モントリオール校などが会場となった。フクシマ関連では，日本から，福島疎開裁判を支える市民のグループで「子ども脱被ばく裁判」弁護団の弁護士柳原敏夫，「脱被ばく実現ネット」の岡田俊子，東京電力福島第一原発事故の避難者を支援する「避難の協同センター」代表世話人で，母子自主避難中の松本徳子らが参加した。

モントリオールでのフォーラムへの参加を伝える2016年8月9日の「東京新聞」朝刊では，松本のコメントとして，娘さんが通う「中学校の運動場から高い数値の放射能が出ているのに，『心配だ』と言うと周囲から『異常者』扱いされた。……このままでは自主避難者は難民になるしかない。これは『人道に対する罪』に当たるのではないか。原発事故から子どもたちの命を守るよう世界中の人びとに訴えたい」。さらに柳原も「原発事故が地球規模の人災である以上，国境を超えて世界中の市民が協力するしかない」と訴えている。

フォーラム初日9日の午前，柳原はAnother relief is possible（もう一つの救済は可能だ）と題した英語のアピール文を読み上げる。具体的に四つのアクションを提案していて，(1) 人権法であるチェルノブイリ被害者保護法（通称チェルノブイリ法，原発事故における避難の権利法）の制定，(2) 人権条約であるチェルノブイリ法国際条約（原発事故における避難の権利条約）の成立――地雷禁止国際キャンペーンによる対人地雷禁止条約の成立がモデルになりうる，(3) 刑事責任の追及――世界各国で，日本の責任者を「人道上の罪」で刑事告発する（スペインやアルゼンチンに前例あり），(4) 貧困に苦しむ避難者の生活再建として，市民の創造的相互扶助の自立組織である協同組合やワーカーズコレクティブなどを創設する。

モントリオールでのフォーラム参加について，その時の感想を求めた私の取材に対し，柳原は「自分たちが立ち上がらないといけないと思った。（会場の参加者から）私たちも連帯するからと言われて」と話した。世界を見て，国内の運動，足元の日本での運動を強くする，それがないと運動の発信力が弱いこと

を痛感したという。そして帰国後，柳原らの運動は，「チェルノブイリ法日本版」を市民の手で制定することに絞り込むことになる。

　チェルノブイリ法は，チェルノブイリ原発事故から5年後の1991年に旧ソ連で制定。ソ連崩壊後は，ロシア，ウクライナ，ベラルーシに引き継がれた。同法は，原発事故の責任主体が国家であることを明記，予防原則に則り，生存権を保証した放射能災害に関する世界で最初の人権法である。生涯続く健康診断や，追加被ばく線量が年1ミリシーベルトを基準に，移住，避難，保養，医療などが保障された。例えば，年間5ミリシーベルト以上は「強制移住区域」，1〜5ミリシーベルトの地域は「移住の権利」が与えられ，移住先での雇用と住居を提供，移住しない選択をした場合は，非汚染食料の配給，無料検診，非汚染地への継続的保養を提供するなど，広い範囲で国の長期的な補償責任を定めた。また原発事故が健康被害の原因の可能性があればすべて補償し，かつ国が世代を超えて補償を続けるとした[4]。

　柳原らの試みは，「チェルノブイリ法日本版」の条例制定を進めるというもので，そのお手本は1999年に制定された情報公開法だという。日本各地の自治体で地元市民と議員と首長が協力して情報公開の条例を制定し，その条例制定の積み重ねの中から同法は出来上がった。その活動は，「市民が育てる『チェルノブイリ法』日本版の会」のブログサイト[5]で逐次アップデートされている。柳原らが共同代表となって，「原発事故から命・健康を守る最低限のセイフティネットの条例制定を，私たちと一緒に取り組みませんか」と呼びかけ，全国各地で講演活動を繰り広げ，賛同者を増やしてきた。

　その第一歩として，2017年，三重県伊勢市において，市民の手で「チェルノブイリ法日本版」条例制定を求める運動がスタート。同市で福島からの保養を受け入れる「ふくしまいせしまの会」を主宰する上野正美が中心となっている。放射能の汚染地区から「移住する権利」を認める全国初の条例を目指している。2019年6月には，直接請求に向けて，具体的なアクションとして請求代表者証明書交付の申請を行い，この申請に対し同年7月30日，市長から決済がお

---

(4)　詳しくは尾松（2016）を参照。
(5)　http://chernobyl-law-injapan.blogspot.com/（最終閲覧 2020年1月14日）。

りた。これを受けて，同年8月，上野らは，伊勢市の人口50分の1にあたる2,151筆の署名を，同市に住民票のある18歳以上有権者から一カ月以内に集める活動を開始したが，結果は残念ながら，1,377筆と目標には届かなかった。準備不足などの反省点を踏まえ，2020年3月に再挑戦するという。

　確かに「避難の権利」の話を突き詰めていくと，「チェルノブイリ法」に行き着く。チェルノブイリ法日本版の特徴として，「市民が育てる『チェルノブイリ法』日本版の会」によると，(1) 抽象的な理念法ではなく，具体法であり，現実の救済が直ちに受けられる具体的救済を定めるもの，(2) 人権侵害に対して，これを守ることを定める，としている。今後，この条例制定が日本各地で進むことが期待される。

Ⅳ　パリ，マドリードへ

　福島および東京，モントリオールに続き，2017年11月2日から4日にかけて，フランスのパリにて，第3回「反核世界社会フォーラム」が開かれた。「民生利用も軍事利用もない，核のない世界に向けて」(Towards a nuclear-free world, neither civil nor military) をテーマに掲げ，共和国広場近くの3カ所の労働会館が会場となった。全体会と30強の分科会，映画上映が行なわれ，日本からもフランス在住者を含め，20人ほどの参加があったという。パリでの開催で中心的な役割を果たしたのが，コリン・コバヤシだ。在仏が50年近くに及ぶ著述家・ジャーナリストで，前述したウィタケーとも近い関係で，「反核世界社会フォーラム」のについては，パリのカフェでウィタケーと議論をかわす中で一緒に発案したのだと，筆者とのメール交換で教えてくれた。

　フランスといえば，原発大国。国の電力需要の7割以上を原子力発電に依存，原子力技術の海外輸出にも積極的である。現マクロン政権下で原子力比率の低減が進められてはいるものの，原発の新規建設の動きは継続されている。パリでのフォーラムの呼びかけ文[6]によると，フランスにおいては，近年，原子

(6)　「ちきゅう座」http://chikyuza.net/archives/69933 を参照，コバヤシによる投稿を許可を得て引用（最終閲覧2020年1月14日）。

力産業で失策が続き，反響を呼び起こしているという。フランスの原子炉メーカーのアレヴァ（Areva）社は，国が介入しなければ倒産するところで，原子炉の炉の製造において，また発電所の蒸発装置の欠陥偽装が発覚し，安全維持のため，多くの原発が停止を余儀なくされたという。フランス電力 EDF の欧州新型炉の建設における新事業は，健全な財政状態を危機に晒した。また世界中で，原子力は管理しきれない問題を引き起こしていると指摘，核のゴミは，数千年にわたって存在し，今では，それらの管理は未来世代に押し付けられている。しかし，まずは，核のゴミを生産しないようにすることではないか。第三世界の国々におけるウランの採掘は，汚染の最大の源となっており，この分野の産業で働く労働者がまずその汚染被害を受けている。そして，原発保全の労働者は，自らの健康にリスクを負う被曝を強いられている。こうしたすべての課題を討議するため，私たちは，国際的な出会いの場にみなさんをお誘いしたい，としている。

　フランス在住の飛幡祐規の報告（飛幡 2017）によると，パリでの第 3 回「反核世界社会フォーラム」が興味深かったのは，「これまで一緒に行動することがほとんどなかった軍事核への反対運動と，原子力の民生利用に対するさまざまな反対運動の世界各地の市民たちを，同じ場所に集めたことだ」という。確かに，フォーラムの二日目には，核被害・被ばくについての「証言集会」が開かれている。その証言者も多彩で，インド，トルコ，アメリカ，ニジェール，フランス，日本，ウクライナからそれぞれ報告があった。さらに，ウラン採掘や軍事核反対のテーマなど，複数の国の市民団体がいっしょに分科会を行い，国境を越えた市民のつながりができたという。確かに，被ばくは，核の軍事・民生利用双方で生み出されるものであり，問題意識は容易に共有できるのだろうと理解できる。飛幡はさらに「世界各地で行なわれた核実験，原発労働，……いずれも，環境破壊と同時に『被ばく』という健康被害と苦悩を生む人権侵害である。さらに，核の軍事・民生利用は同様に双方とも，後の世代に延々と被害と危険を残す核廃棄物を生産する。」と指摘する。さらにパリでの「反核世界社会フォーラム」のセンチメントは，同時期 11 月 6 日から 17 日，ドイツのボンで開かれていた COP23（国連気候変動枠組条約第 23 回締約国会議）対抗アクションへと受け継がれていく。フクシマを経験した人類にとり，気候

変動の解決策として，化石燃料からの二酸化炭素排出を制限するために原子力発電が有効だとする議論はすでに破綻している。

　パリに続いて，2019年5月31日から6月2日にかけて，スペインのマドリードで，第4回「反核世界社会フォーラム」が開催された。スペインとポルトガルの反核市民団体で作るイベリア反核運動（Iberian Antinuclear Movement, MIA）が主催したもので，計15のラウンドテーブルと分科会が持たれた。初日のラウンドテーブルのテーマは，「民生・軍事の核エネルギーをグローバルな視点から考える」（Global perspectives on civil and military nuclear energy）。パネリストとして参加したプナール・デミルジャンは，フリージャーナリストで，トルコの反核団体「脱原発プロジェクトNukleersiz」のメンバーでもある。彼女曰く，「反核をテーマに，連帯をさらに拡大していく必要性を感じた」という。

　デミルジャンは，マドリードも含め，過去4回のすべての「反核世界社会フォーラム」に参加する運動家である。日本語を流暢に話す彼女は，フクシマ後，日本での反原発・脱原発運動での発言の機会も多く，特に前述した日本のトルコへの原発輸出の反対運動においては，トルコ国内の事情を日本の市民に知らせ，また日本の市民グループの現地視察をアレンジするなど，トルコと日本の「架け橋」としての役割を担った。トルコで日系企業に勤めていたが，フクシマを契機に原子力の危険さに気づいた。退職して，自分の時間をあえて作り，反核運動の先頭に立つようになる。彼女のような存在が，まさに次のセクションで議論する「国境を超えて連帯する変革主体」と言えるのだろう。

Ｖ　おわりに——新たな政治へ：国境を越えて連帯し，変革を求める主体

　八木紀一郎は，「国境を越える市民社会　地域に根ざす市民社会」（八木2017）において，「世界社会フォーラム」について言及している。多国籍企業やグローバリゼーションを促進する国際機関などの「帝国」あるいは「世界市場」の対抗軸となる「世界社会フォーラム」は，資本によるグローバリゼーションに対抗する運動の結集体であり，それぞれの社会運動の多様性を有したまま，

「討議と協働の空間」を提供していると論じている[7]。

　「世界社会フォーラム」において，人権，環境，難民などとならんで，フクシマの経験を機に，新たなテーマとして，「反核」が多くの人の関心をとらえることになった。「反核世界社会フォーラム」は，新たな「討議と協働の空間」を作り出し，フクシマの経験から学ぼうとする人たちが国境を超えて集うことになった。「反核」という地球規模の問題に対して「反核世界社会フォーラム」を通して，情報を発信していく。福島・東京から始まり，モントリオール，パリ，マドリードへと続いたフォーラムは，フクシマ発の新しいトランスナショナルな（国境を越えた）社会運動と位置付けることができるだろう。この新しい社会運動は，運動の参加者一人ひとりが，原発事故という過酷な経験をした福島の現場を忘れることなく，何度も振り返り省みるなかで，これまでとは異なる国家や社会のあり方を問いかけ，変革を求める主体として機能している。「反核世界社会フォーラム」は，国境を超えて，反核をテーマに，危機意識を共有する人たちがつながる場を提供した。

　こうして集う人たちに向けて，世界社会フォーラム創始者の1人であるウィタケーは，第1回目，福島および東京で開催された「反核世界社会フォーラム」におけるいわき市での集会で，運動の「つながり」，つまり「連帯」を意識していくことが必要であると訴えている。

　　「世界社会フォーラムで提唱する反核，核廃絶といった運動を世界規模で続けていくには，単にネットワークを作るだけでなく，そこに運動を結びつけて『つながり』を持つことが必要です。そうした『つながり』を築くことによって，世界規模での原発阻止や反核の流れを作り出すとともに，原発を推進する政治に『NO』の声を上げていきましょう」[8]

　脱原発に向けて声を上げ，国境を超えて連帯し，変革を求めていく人たちの姿は，アメリカの政治学者ナンシー・フレイザー（1990）の「サバルタン・カ

（7）　八木2017，37-38ページを参照。
（8）　「日刊ベリタ」2016年5月1日より引用。

ウンターパブリック」(subaltern counterpublics) の議論を思い起こさせる。ヘゲモニーを握る権力構造から政治的，社会的，地理的にも疎外された人々が，既存の体制に対して新たな対抗的公共圏を構築していく。それは，自分たちのアイデンティティを確立し，興味やニーズを顕在化し，社会的包摂や参加型平等などの理想も追求していく政治である。ここでの文脈だと，原子力エネルギーガバナンスが確立してきたルールや規範に対して，果敢に挑戦する人々の姿に呼応する。こうした新たな対抗的公共圏の構築に対して，ノーニュークス・アジア・フォーラムの事務局を務める佐藤大介は，草の根の人々，農民，漁師，工場労働者，高齢者，女性など，声なき人たちが連帯することの重要性を強調する。連帯は一つの価値，一つの資源として，共有され，強化され，顕在化されるなかで，新たな政治を作り出す原動力となる。

　フクシマを経験した私たちは，人類と核は共存できないことを，改めて知った。原発は技術的に大きな危険を抱えた発電システムで，再生可能エネルギーに切り替えていくことが必要であり，「反核世界社会フォーラム」においても，この点が今後の重要な運動になっていかざるを得ない。そして，この「反核世界社会フォーラム」の裾野を広げていく必要がある。一部の人たちだけに訴え，共感を得て，それで満足するだけでなく，新しい人たちを取り込むことが必要なのだろう。特に若い世代に語りかける必要がある。「原子力」という分析レンズからは，エネルギー問題や安全保障問題だけでなく，社会の様々な側面が見えてくる。「反核世界社会フォーラム」は，そうした現実を直視し，問題を掘り起こしていく，国境を越えた「討議と協働の空間」になっているのだろう。

[付記]
　本章執筆にあたり，忙しいなか，多くの方に取材に応じていただいたり，文献などの引用許可をいただいた。小倉利丸氏，印鑰智哉氏，シコ・ウィタケー氏，木幡ますみ氏，佐藤大介氏，柳原敏夫氏，岡田俊子氏，松本徳子氏，コリン・コバヤシ氏，プナール・デミルジャン氏，日刊ベリタ編集部。ここに記して，感謝したい。

【参考文献】
尾松亮 (2006)『3・11とチェルノブイリ法――再建への知恵を受け継ぐ』東洋書店新社。
経済産業省通商政策局国際経済課 WTO シアトル閣僚会議の結果概要，2003 年，http://warp.da.ndl.go.jp/info:ndljp/pid/285403/www.meti.go.jp/discussion/topic_2/kikou_01.htm。

園良太 (2011)『ボクが東電前に立ったわけ――3・11 原発事故に怒る若者たち』三一書房。

飛幡祐規 (2017)「核兵器と原発のない世界をつくろう〜パリの反核世界社会フォーラム」

「東京新聞」(2016)「福島の被災者救済 国境超えた協力を――支援団体代表ら 世界社会
フォーラムで訴え」8 月 9 日。

「日刊ベリタ」(2016) 核と原発のない世界を目指して〜核と被ばくをなくす世界社会フォーラ
ム 2016 in 福島県いわき市, 5 月 1 日, http://www.nikkanberita.com/read.cgi?id=
201605011342090。

「日本経済新聞」(2016)「ベトナム, 原発計画中止 日本のインフラ輸出に逆風」11 月 22 日,
https://www.nikkei.com/article/DGXLASGM22H7Z_S6A121C1000000/。

「日本経済新聞」(2018)「トルコ原発, 建設断念へ 三菱重工など官民連合」12 月 4 日,
https://www.nikkei.com/article/DGXMZO38499400T01C18A2MM8000/。

「日本経済新聞」(2019)「日立, 英原発事業を中断 2000 億円規模の損失計上へ来週にも
機関決定」1 月 11 日 https://www.nikkei.com/article/DGXMZO39897670R10C19
A1MM0000/。

カール・ポランニー (2009)『大転換――市場社会の形成と崩壊』野口建彦・栖原学訳, 東
洋経済新報社。

八木紀一郎 (2017)『国境を越える市民社会 地域に根ざす市民社会』桜井書店。

「レイバーネット」パリの窓から, 第 46 回, 2017 年 11 月 10 日, http://www.labornetjp.
org/news/2017/1110pari。

N. Fraser (1990) "Rethinking the Public Sphere: A Contribution to the Critique of
Actually Existing Democracy., *Social Text*, 25/26, pp.56−80.

※インターネットのサイトはいずれも 2020 年 1 月 14 日最終閲覧。

第Ⅱ部　日本のなかで考える

第5章

立ち上がった被災者のNPO
—— 土着型の「野馬土」と協働型の「市民放射能測定室たらちね」に聞く ——

中里　知永

Ⅰ　はじめに

その日は突然やって来た。2011年3月11日午後2時46分。

筆者は，福島市におり，会社の4階事務所で激しい揺れと書類の崩落の中でビルが倒壊するのでは，という身の危険を感じながらじっとして揺れが収まるのを待っていた。何度目かの余震の後にビルの被害状況を確認しようとしたら，2階の喫茶店から我先に逃げる客で階段が渋滞していた。同じ頃に，向かいのデパートから逃れた多くの人で駅前通りが溢れかえっていた。自社ビルの被害状況を確認し，安全を確保して帰宅しようとしたらバスが運行停止で，雪の降る中徒歩で40分かけて帰宅した。

家に帰っても停電のため暖房器具が使えず，倉庫から火鉢を取り出し以前バーベキューで使った炭火に火を付け暖を取る有様だった。水道も断水で飲料水確保のためにスーパーに並び，近所の集会場で水の配給に並び，トイレの水確保のために川に水を汲みに行ったりと，先ずは生活を守るためだけに行動をしていた。その間被災地の情況は一切入らず，福島第一原子力発電所の事故の詳細も，知らされていなかった。

3月15日，福島市の放射線量がピークだとも知らずに，近くにある屋外の三河台学習センターに100人ほどが並んで，給水車が来るのを待っていた。ちなみに，福島市は前日までは爆発の影響があまり及んでおらず，放射線量は毎時0.1（μSv）程度だったが，それが15日には毎時24.4（μSv）にまで上がった。当時官房長官だった枝野幸男氏が翌日の記者会見で話した，「専門家の分析に

よると，ただちに人体に影響を与えるような数字ではない」という言葉が，漠然とした不安を増長させるだけであった。携帯電話も繋がらず，パソコンも使えず，岩手県で一人暮らしの母の安否が心配だった。震災から8年が経過した今だからこそ言えるのだが，現代社会のインフラ環境の脆弱性を本当に感じさせる出来事だった。

　筆者はまだ福島市という内陸の中通り地区だから良いのだが，沿岸部の浜通りの人々，とりわけ原子力発電所の20キロ圏に住む人々の労苦は計り知れないものがあった。

　一般に，日本のコミュニテイは，地縁・血縁などで構成されている[1]。原発立地自治体ではないものの，第一原子力発電所が水素爆発を起こしたとき，不幸にも風向きの関係で地域が汚染された浪江町や葛尾村，飯舘村の場合は，避難に伴う自宅や農地の放棄。ペットや家畜，特に，飯舘村で長い年月をかけてブランド化を進めてきた肉牛や乳牛の遺棄など，悲惨な状況を経験してきた。

　レベッカ・ソルニットによれば，震災，ハリケーン，テロ攻撃といった大災害の直後には，「見ず知らずの隣人と家族のように支え合う利他主義的なコミュニティ」が立ちあがる[2]。また，そうやって立ちあがった共同体が柔軟かつ迅速に，人命を助け，必要なものを最も必要としている人間のもとへ調達する機能を果たす。「これこそ人類にとって理想の社会」と思えるような，高潔さと効率性をかねそなえたそのコミュニティは，しかし平時に社会を牛耳っている官僚的組織に時間とともにとってかわられるようになる。なぜ私たちは，この「理想の社会」を平時に築くことができないのであろうか。

　他方，一般市民がパニックに陥ってそれが二次災害を起こす……という不安は，権力層のごく一部が抱く一種の妄想であり，「エリート・パニック」と呼んでいる[3]。

　菅政権は原発が水素爆発を起こし，放射性物質を出し続けているにもかかわらず事態がコントロール下にあり，数日でおさまるかのような発表を繰り返し，周辺住民の避難が著しく遅れたが，まさしく絵に書いたような「エリート・パニ

---

(1)　大塚久雄 (1955)，75頁。
(2)　Rebecca Solnit (2009)，10頁 (p.2)。
(3)　同上，172頁 (p.127)。

ック」である。

　本章は，ソルニットが言う「利他主義的コミュニティ」の具体的存在形態として NPO を位置づけ，3・11 フクシマで NPO を立ち上げた人々を訪問して，その活動をじかに聞き持続可能な要素を探ってみたい。

Ⅱ　日本における NPO の現状と 3.11 フクシマでの飛躍

　最初に全国の動向をみておこう。1998 年の特定非営利活動促進法（以下はNPO 法）の施行以来，全国各地の NPO 法人は社会的責任のある法人として20 年間に亘り，様々な社会的問題解決に対応し活躍してきた。しかしながら法制定時から懸念されていた，運営資金を国や自治体からの業務委託，助成事業に頼るという資金調達の問題や，人材育成やマネジメントの強化といった課題も依然として存在している。

　まさにこの 20 年間は，日本にとって「失われた 20 年」といわれている。2001 年に小泉内閣の「聖域なき構造改革」は，都市銀行を 3 大メガバンクに統合し，不良債権の処理を加速させた。しかし依然としてデフレーションは克服できず，日本銀行はゼロ金利政策から量的金融緩和に踏み切ったが，ダラダラとした実感のない景気回復が，格差社会を生む元凶になっていった。2008 年のサブプライムローンの崩壊は，こうした不安要素を決定的なものにしたと言える。

　人々は保険・年金・社会保障・高齢社会・雇用に不安を覚え，若者はフリーターやニート[4]になり就職氷河期世代を生み出し，アウトソーシングや派遣労働者といった社会問題を引き起こしたのである。NPO 法人はそのつど社会問題に向き合ってきた。それぞれの専門性を有効に発揮し，子育て支援や労働者の派遣切りの問題や，障害者支援や女性の社会参加そして LGBT の問題など，政府や行政機関，企業の手の届かないきめ細かな活動を行ってきた。

　内閣府の調査によれば，2019 年 7 月 31 日現在，5 万 1,469 の NPO 法人が認証されている（次頁表 1 を参照）。ここ 5 年間は，5 万法人で推移しており

---

(4)　玄田有史・曲沼美恵（2004）。

表1　NPO 法人の認証・認定数

年度	認証法人数	増減	認定法人数	福島県法人数
1998	23	−	−	1
1999	1,724	1,701	−	14
2000	3,800	2,076	−	35
2001	6,596	2,796	3	59
2002	10,664	4,068	12	114
2003	16,160	5,496	22	188
2004	21,280	5,120	30	260
2005	26,394	5,114	40	322
2006	31,115	4,721	58	407
2007	34,369	3,254	80	447
2008	37,192	2,823	93	485
2009	39,732	2,540	127	524
2010	42,385	2,653	198	566
2011	45,138	2,753	244	630
2012	47,540	2,402	407	730
2013	48,980	1,440	630	785
2014	50,087	1,107	821	840
2015	50,866	779	955	874
2016	51,515	649	1,021	900
2017	51,868	353	1,066	922
2018	51,604	− 264	1,104	919
2019 年 7 月	51,469	− 135	1,107	918

設立数の減少と解散数の増加傾向で，落ち着いているものと思われる。内情を調査すると，法の制定時 60 歳代だった役員が，20 年経過し老齢化し引退しているのと，若者層の参加減少による休眠状態にある NPO が増加していることが主たる原因と考えられる。

　2012 年 4 月 1 日の NPO 法改正により，認定がさらに厳格になる一方，個人や法人からの寄付控除もできる認定 NPO 法人が急増し今後も着実な増加が期待されている。2019 年現在，認定 NPO 法人は 1,107 法人となっており，

つまりこれは量から質への転換期であり，本気で社会問題に取り組み社会変革の担い手として NPO 法人が求められているとも言えよう[5]。

　2010 年代に入る頃からソーシャルメディアの普及があり，クラウドファンディングや，ファンドレイジングが注目を集め，一気に NPO の世界が，社会の表舞台に登場することとなった。そして，直後の東日本大震災である。地震，津波によるライフラインの停止と物流の停止による，生活に必要な日用品の不足。水も電気もガスもない，原始時代のような生活。加えて福島では原子力発電所の水素爆発と原子炉格納容器のメルトダウンによる空気中の核物質による汚染と相俟って，住民は想像を絶する恐怖の中に叩き込まれることとなった。この極限状態の中で支援型の NPO 法人は力を発揮し，運動体としての NPO 法人はネットワークを活用して，この危機を克服して来たのである。

　災害時 16.4 万人とも言われた福島県の避難者は，県内・県外の各地へ避難し，食事や飲料水の確保，着の身着のままで避難した人々は衣服の確保，生活用品の確保など様々なニーズが発生した。このような人々を支援するために福島県ではたくさんの NPO 法人が設立された。

　表１でも解るように，震災前の 2010 年度，566 法人だった NPO 法人が，2017 年度には，1.6 倍の 922 法人に増加している。なかでも認定 NPO 法人は，震災前の 2010 年度，35 法人だったのが 2017 年度には 3.8 倍の 133 法人に増加している。

　NPO 法人の支援の内容も，当初は体育館や公共施設に緊急避難した被災者への衣料品や毛布や布団などの配分から，炊き出しやおにぎりなどの食事の安定的な確保や，トイレの確保などの衛生面の確保，子供や老人の健康状態のチェックなど医療面での安全の確保，通信回線の復旧工事や，地震・津波による瓦礫の撤去。暖房器具の燃料の確保，生理用品や歯ブラシなどの生活用品の確保，寝る場所や食事の配給，飲料水の提供。身内の安否が分らないなどの不安感やら，ストレスへの対応でごった返していた。

　仮設住宅や民間の借り上げ住宅などが急ピッチで建設されると，避難所での不便な生活から解放されプライベートが確保された。しかしながら金銭的に

---

(5)　http://www.npo-homepage.go.jp（2019 年 8 月 25 日最終閲覧）。

は保証されるものの住みなれた土地から一方的に排除され，「避難指示区域」「避難指示解除準備区域」「居住制限区域」「帰還困難区域」など，政府から一方的に線引きされた地域の住民の絶望感は，計り知れないものがあった。避難所生活では，生きていくための衣食住の確保で精いっぱいだったものが，仮設住宅に住むようになると逆に孤独を感じ，以前の住居に戻りたいとの郷愁の念が強くなったのだった。孤独死が社会問題化するのもちょうどこの頃である。

　NPO法人の役割も，仮設住宅での見守りや健康状態の確認から，コミュニティの形成へ，そして新しく事業展開するNPOへと，社会形成の主体へと変化してきている。ここで，そうした社会形成の主体となっている先進的なNPOのなかでも，典型的な二つのNPOを訪ねてみよう。一つは，力強く大地に生き，行政を草の根から動かし，農業を中心に活動する土着型の「NPO法人野馬土」。もう一つは，自立した市民と，専門家，そして全国のNPOとネットワークを形成する協働型の，「認定NPO法人いわき放射能市民測定室たらちね」。こうした対照的な領域で活動する，二つのNPOの取材を通して，被災地で立ち上がる，未来にむけて疾走する姿を見ていこう。

Ⅲ　大地土着型の「NPO法人野馬土（のまど）」
（代表理事：三浦広志，2019年6月11日取材）

1　農業での再起をめざし，フクシマにもどる

　もともと東京・目黒生まれの父が，福島県飯野と川俣間にある酒屋の実家に疎開をしていたが，終戦後家族が農業をやると決め，全員で南相馬小高地区に移住した。干拓地だったので，小作人も逃げ出す農地だったが，そこで農業をやりながら生活をするという，強い決意で臨んで来たことを，三浦自身小さいころから聞かされて育った。そのため「食」に対するこだわりが自然に育まれてきた。そこで，自分がこれから生きていく上でなにをやったら一番楽しく生きられるかと考え，たどり着いたのが「食」であった。美味しいものを食べる幸せの実現のために農業をやろうと決意し，岩手大学の農学部に進学した。

　卒業して相馬に帰り豚の飼育をしていたが，加工食品業にしっくりこないものを感じて，やはり「米作り」をちゃんとやろうと思い立った。農薬がダメな体

質なので無農薬の栽培をやり，消費者と繋がって徐々に規模を拡大していった。
「交流」をテーマとし，学生や消費者を迎え入れて，農業体験や収穫の体験な
どを実施していた。

　順調に進んでいたのだが，3.11フクシマの発生とその後の被ばくにより，こ
れらの事業や農業自体が全部ダメになってしまった。取引先が全部無くなって
しまったのだ。三浦が地道に「交流」してきた人々は，安全であることが第一
条件であり，その分で商品を高く買っていただき，無理に耕地面積を広げたり
しなくてもちゃんとした所得が得られるという事でやってきたのだ。取引先が
無くなり，事業は休止状態で農業は業務用米(6)と言われる米を作っているのだが，
残念ながら，よほどの規模拡大がないと生活が出来ないという状況である。
これが今でも続いていて，何かそれにプラスαできるものがないかという事で，
震災直後は小高にあった，農民連の事務所(7)を相馬に移して再起を図るべく活
動し始めたのだ。

　3.11フクシマの発時には，東京の小金井市に家族で避難した。原発の爆発
の状況を確認すると，当初心配した最悪の状態ではなく水素爆発で収まって
いるようだとの判断から，もう一度相馬を拠点に立て直そうとして，2011年4
月の上旬に相馬に仮事務所を立ち上げて，2012年から本格的に活動し始めた
のが「NPO法人野馬土」である。2011年の3月19日に東京に避難し，3月
21日に池袋にある農民連の本部に行くと家族の避難先のリストが作ってあって，
千葉県の多古町という所に家族を避難させたのだ。

　当時は，混乱の最中にあり，第一に家族を安全な場所に避難させ，第二に
は家族を迎えに行くためのガソリンの確保を考え，第三には国との交渉を要求
したのである。「農水省との交渉の場を設定してほしい」と農民連にお願いして，
3月24日に第一回の農水省との交渉が実現した。交渉し始めると，「私たち国

(6)　コンビニの弁当やおにぎり，外食で使うコメのことを，ふつう「業務用米」と呼ぶ。
(7)　農民運動全国連合会（のうみんうんどうぜんこくれんごうかい）とは，日本の農業組織，
　　農業者で構成される団体の中央組織の一つ。略称農民連。主として都道府県単位の農
　　民連（一部は農民組合）が加盟する。「農業と農家の経営を守る」目的で1989年1月
　　結成。「日本の農業を守る」立場から減反や価格の引き下げ，米（コメ）の輸入自由化に
　　反対し，WTO農業協定改定を要求する。食料自給率引き上げを求め，産地直送や直
　　売の拡大といった，商業者・流通業者を介さない販路の開拓も行っている。

家公務員は，福島のような危険な所へは行ってはいけない事になっているのです」とか，「私たちは行けないなのだが，福島県民は大丈夫です」，などと理屈にならないことを言ってくる。これはダメだと思い，原発もとりあえず水素爆発程度で終わっているので，まずは福島に通いながら何か政策を立てようという事になった。福島にいる時は，自治体とか農協を回ってどういう状況なのかを確認し，東京にいる時は農水省へ行ったり東京電力へ行ったりしながら，今はこういう状況だから政策を打つならこういうやり方に変えてくれ，などという交渉をやっていた。

2　フランス財団の支援

　その当時，公益法人日仏会館の館長夫人が日本人で，彼女がすごく日本を応援したいという事で，米屋さんの仲介で渋谷の喫茶店で会って話をした。「三浦さん，福島ではもう農業は出来ないでしょう。私が老後のためにフランスにぶどう園を準備してあるから，予算もフランス財団という政府系のNPOで取ったので，そこに家族で行って農業をやってはどうか」との提案をされたのだが，その時すでに4月だったが息子も多古町の農業法人に就職させてたし，自身も農事組合法人[8]，浜通り農産物供給センターの代表をやっており，多忙なため丁重にお断りをさせてもらった。

　次の年，仮事務所から現在の野馬土に移転する時に，フランスのレンヌ第2大学准教授であり，国立日本研究所所長の雨宮裕子氏より，「今までは予算内で避難者の応援をしていたのだが，これからは直接に福島そのものを応援したい。何かやらないのか」と問われた。そこで，事務所も移転し農産物の直売所も作って，雇用の確保や安全「食」の提供を目指した。当時は福島の農産物は食べたくないという人が多かったので，とにかく農民連のネットワークで安全な農産物を取り寄せて，提供しようと「NPO野馬土」で，直売所をスタートしたのである。

---

(8)　農事組合法人（のうじくみあいほうじん）は，農業協同組合法に基づいて設立される「組合員の農業生産についての協業を図ることによりその共同の利益を増進することを目的とする」日本の法人である。扱うことのできる事業は農業に関連するものに限られ，組合員は原則として農民に限られる。

当時は，雇用が大変だったので，ここでは雇うことも大切なテーマの一つかなと思いパートさんをいっぱい雇って販売を始めた。そこに，フランス財団からの資金を投入することになったのである。

3　お米の全袋検査の実施と復興組合の設立

最初の2年で，直売所の運営を「NPO野馬土」から元々の農事組合法人の運営に戻して，やはり「NPO野馬土」は，本来の農地の復旧や農業再生ということを活動の中心とし，何かやれないかと色々考えた。津波で8,600万円程のお米が流失してしまったので，それに代わる何かを捜し求めて，FIT[9]などの再生可能エネルギーの説明会に出たりした。また福島県のお米の全袋検査も絶対やらなければダメだと，県に実施させるべく何回も提言して，やっと次の年にやる事になった。そしたら，県から「とても実施しきれないので，言い出しっぺの三浦さんが，自治体とJA農協を説得して下さい」と言われて，ベルトコンベア式放射性セシウム濃度検査器を1台渡された。そこで南相馬市や農協などを回って，お米の全袋検査の実施の必要性を説得した。

また，震災当初に，水系ごとに「復興組合」（津波被害があった農家の雇用確保の為の政策）をつくるという，夢物語を農水省で言って来たのだ。相馬市や新地町，南相馬市などの自治体や，農協を回っても，「やれない」と言う回答ばかりで，農水省に「やれないと言ってるよ」と報告すると，担当の農水省課長がやってきて，「でも財務省がうるさいんですよ」と話して来る。そこで，「財務省は何と言って来ているのか」と聞くと，「共同で働くこと」と，「実際に働いた時にお金を払うこと」，この2点は絶対に譲れないと言っている。「だったら自分達の田んぼの場所が分っているのだから，そこの所を何人かでグループを作って，小さい単位でやればその部分からどんどん広がっていくはずだから，

---

(9)　固定価格買い取り制度（こていかかくかいとりせいど，FIT）とは，エネルギーの買い取り価格を法律で定める方式の助成制度である。地球温暖化への対策やエネルギー源の確保，環境汚染への対処などの一環として，主に再生可能エネルギー（もしくは，日本における新エネルギー）の普及拡大と価格低減の目的で用いられる。設備導入時に一定期間の助成水準が法的に保証されるほか，生産コストの変化や技術の発達段階に応じて助成水準を柔軟に調節できる制度である。

それでどうだ」と言う話をした。すると，「それは行けますね」ということになり，次の週に県から「2人以上でOKです」という電話がかかってきた。

　他の自治体が出来ない，農協が出来ないというので農民連だけでとりあえず，2011年の6月からスタートしたのである。そしたら市から，「勝手な事をするなと」言われたのだけど，県と霞が関に電話をして，「市が邪魔しているから何とかしろ」と言うと，次の日の朝9時に市から「やって下さい」との電話がかかってきた。

　このような事実を積み重ねながら津波後の復興事業をやってきたのである。そしたら，あれだけ出来ないと言ってきたのに，三浦氏達が6月からやり始めたら，新地町も相馬市も9月からそれぞれの集落に「復興組合」を作り始めた。新地町は，農民連以外を一つの「復興組合」にして農民連のやり方のマニュアルを作り，中心メンバーとして農民連の会員が入って指導してきた。このようにして3年で津波からの復興が出来たのである。

4　東京電力や政府各省庁との交渉

　2011年4月には，東京の農民連の人たちが，「福島の東京電力原子力発電所の前で座り込みをする」と言っていたのだが，地元フクシマの農民連の人たちは，「今必死になって，発電所の事故処理をしている人たちも，福島県の人が多数働いており，福島を分断するような行動は反対である」と主張していた。そこで，「やるなら福島の東京電力前ではなく，東京の東京電力本社前でやろう」ということになり，福島からバス5, 6台で乗り込み，「敵は東京にあり」で，牛も連れていき，抗議行動を4月26日に行った。この抗議行動はたくさんのメディアで取りあげられて，それまで，東京電力は賠償や抗議は一切受け付けないという姿勢だったのが，これ以降，東京電力の補償や賠償に対する姿勢がガラリと変わり，一度も断られたことは無い。やはり実力行使も必要なのだ。

　今でも，東京電力の担当役員や政府の省庁の役人との交渉を実施している。本当の現場の声や，賠償なり被災地の状況をどうやって回復するかを伝えるのが一番大事だとの考えから，毎月2回相馬市の総合福祉センター「はまなす館」で賠償の請求の話をしている。それでも埒の明かない問題については，東京の衆議員・参議院の会館の中で，東京電力の担当役員や政府の省庁の担

当者を前にして交渉している。政府の省庁を一堂に会する理由は，一つ一つの問題が起きた時，省庁に相談すると「それはうちの担当ではありません」とか，「それはそうはなっていません」などと，問題から逃げる傾向があるが，ずらっと並べて問題を突っ込んでいくと，逃げきれなくなるのだ。つまり彼らが「ここは賠償対象ですが，ここは賠償対象外です」というのを，全部覆していくという活動を今までやって来たのである。

　東京電力や政府の基本的なスタンスは「被害がある限り賠償する」ということで，それは崩れてはいない。農民連では農業部分の賠償スキームを作ってきたので，震災前の何が被害で，震災時の何が被害で，それが未来に対してどういう被害があるのか，というのをきちんと分けて請求対象としたのだ。しかしまとめて賠償金が支給されないと，費用が発生しないので課税されてくる。いわゆる農業雑収入になってしまうのだ。それで「非課税にしろ」という要求をずっとやってたら，財務省から「話をしたい」と提案があった。つまり，「1年ごとに払ってるから避難先で農業が出来ないのでしょう」「それでは，まとめて払うからそれで農業をやってくれ」と言うのだ。「そうすると農業機械を買ったり，施設を作ったり，ハウスを作ったりの費用が発生するので，3割も税金は払わなくて済みますね」と，それを「収入は6年間に分けて6分の1づつの収入で計上してもよい」との話になって，6年分まとめて賠償金が来るようになった。

　そのあと3年分の賠償金も来るようになって，20キロ圏内の人は9年間賠償対象になってすでにもらっているのである。だからそれに連動して，南相馬市の20キロ圏外であっても農業を継続している人達に対しては，少なくても9年間は賠償をすることになっている。これが本来の賠償のあり方である。三浦氏は9年が終わっても，原発の被害は続くのだからこの先も戦って行く覚悟である。9年が終わった後に，ちゃんと基準を作った請求書を作る交渉をしている。来年からはそういう明確な基準の入った請求書が出来るので，まだまだ続く。営農がきっちりと再開されるまで，価格が回復するまでちゃんと請求をするのだ。賠償ではお金をそこに投入する事で再生を図っていく。価格が下がった分については賠償で補填する。復興も「復興組合」を作ってやっていく。放射能で汚染されたお米は全袋検査をやり，野菜・果実については NaI シンチレ

ーション（γ線測定器）を使ってちゃんと測る。これが福島県の農業復活ための「野馬土」の活動である。

5　今後の活動，再生可能エネルギーと基盤整備事業

　今後の活動について言えば，お米が流出したとき，再生可能エネルギーをやり始めて，現在「野馬土」の建屋の屋根の上に太陽光発電が乗っている。最初は経産省のモデル事業で 500 キロワット。「これをやったら儲かるよ」ということで「野馬土」でも 350 キロワットやっている。1kw（キロワット）／h＝36 円で，そのお金をベースにして「野馬土」で働く人を雇用して，いろんな活動が出来るようにしている。再生可能エネルギーをやり始めたら，今のエネルギーの仕組みがよく分るようになってきた。また東北電力とも事業者として話すようになり，FIT の問題点が浮き彫りになってきている。問題点を整理して，現実に合った制度を作っているという段階なのだ。今，会員だけで 3 メガまで来ているが，その間に経産省の補助事業をもらって，小高区の金谷地区と井田川地区に二つの会社を作っている。そこで太陽光発電をやって農業の復活を目指しているのだ。今は金谷の 35 町歩の農地を，ほかの人は誰も戻ってこないので 1 人でやっている。3 年後には基盤整備が始まって，最終的には 65 ヘクタールの農業をやる事になっている[(10)]。

　現在はその段取りしている最中だ，ただ，あと 2 年で復興予算が打ち切られるので，そのために風力発電を始めて儲けようとしている。太陽光発電は他の沿岸部の所は市が買い上げて設置しているが，地元住民にはお金が入ってこない。市と県には，1 メガワット当たり 100 万円ずつのお金が入るのだ。つまり，相馬は 50 メガワットあるから毎年 5,000 万円入り，例えば 3 割が県に 7 割が市に入る訳なのだ。これだと地域復興になっていない。だから太陽光発電を 50 ヘクタールで 27 メガワットやって，残りの 115 ヘクタールを農地に戻して 1 億 3 千万の基盤整備をやる。2％事務経費がかかるので，それを太陽光発電から出してもらう。その他に 1 メガワット当たり 100 万円が復興のための資金として出る。それは，半分ぐらいが市と県に持っていかれるのだが，残りの半

---

(10)　16Ha ＝東京ドーム 13.9 個分の広さ。

分はそこの農業の再生のために使うとなっているので，1年間に1,350万円ぐらい，そこへ投入できるのだ。それを，2ヘクタールの田んぼとパイプラインでつないでポンプアップをやる，その分の経費を出してもらったり，小作料とかの土地の賃借料をそれで払うと，地権者にも迷惑をかけずにその分の経費が浮くので，将来は10ヘクタールや20ヘクタールでも，再生可能エネルギーをやりながら農業が成り立つようにしたいと思っている。あとは交流事業で観光もやっていくのだけれど，風力発電などのプロジェクトを絡めながら，いろいろ新しいことにチャレンジしていきたいと思っている。

　三浦の住んでいた井田川地区の集落と隣の集落は人口ゼロで集落解散になる。「もう一度そこに再生可能エネルギーを併設した農業集落を作ることで地域を活性化出来れば，今後の10年間は楽しいものになる」と夢を語った。

　三浦は，行政に復興支援を依頼するだけではなく，行政と東京電力を草の根の現場から突き動かし，その頑強な規制を突き崩して，誰が何と言おうと代々続くこの相馬の地で農業を継続させる揺るがない覚悟をもっている。不可能と言われた小高区での農業再開を夢みる三浦の笑顔は，フクシマの未来を切り拓く確たる主体となっていることを窺わせる。

Ⅳ　市民協働型の「認定NPO法人いわき放射能市民測定室たらちね」
（広報担当：飯田亜由美，2019年6月14日取材）

1　ガンマ（γ）線の放射能測定開始

　「昨日もデンマークのTVクルーが取材に来てたんですよ」と，広報担当の飯田は，明るい笑顔で応対した。「たらちね」は，2011年11月13日に開所した。始まりは，いわき市市議会議員の佐藤和良をはじめ，「たらちね」の事務局長となる鈴木薫や有志の人が何人か集まって，先ずは自分達が食べる物の汚染がどうなのか，身近に測れる場所が無いという問題を話し合っていた。とあるイベントで東京の団体から測定器を1台寄贈してくれるという話から，その測定器を寄贈してもらうことになり，本当に訳もわからないまま，「とりあえず自分達で測り始めよう」というのが最初のきっかけなのであった。

　その時に寄贈してくれたのが，ガンマ（γ）線の測定器と，ホールボディカウ

ンター（以下 WBC）であった。当時は，それこそ大混乱状態で電話はもう鳴りっぱなし。お米を測りに来る人，野菜を測りに来る人でいっぱい。飲み水を測りに来る人もいっぱい。WBC も受けたい人で朝から晩までずっとというのが何カ月間か続いていく。そのなかでスタッフは片手間でやっていた。きちんと腰を据えて有給という形でやって行かないと続けられないということになり，最初はパート 2 人をきちんと雇用するという形で，「雇って測る」というところから，広がりに広がって，今の形になっているのである。

それでも，2012 年頃までは本当に混乱状態であった。もちろん数値は高いものもあれば低いものもあったが，私達一般人からしたら，セシウムって何なのかとか，そもそも放射性物質ってどうなんだとか，どれだったら食べていいのかとか，全く分からなかったのだ。しかし，放射性物質とは測ることでしか知るすべがないのである。野菜や果実のように腐ったり，カビが生えたり，味がへんだとか，色が変わったりということが一個でもあればいいのだが，目で見たり味がへんだとか感じることが出来ないので，「とりあえず測る」ということが最初の始まりなのである。それが今は，いろいろな事業展開をするところまできているが，放射能の測定というのが今も変わらずコアな部分である。見えない物を数字という物で可視化した形で残すことによって，そこからどうしていけばいいのか，これはどうなんだと，いろいろな物を考えることが出来るので，測定というのが基本である重要な部分である。

2　甲状腺検診の開始

そんななか，甲状腺問題が，いろいろと明るみに出てきた。「福島県民健康管理調査」というのを県と福島県立医科大学によって始まった。その対象者は，震災の時におなかのなかにいた子供たちが線引きになっている。飯田の 2 番目の子供が震災の時おなかの中にいて，妊娠 5,6 カ月であり，2011 年 7 月生まれた。現在，小学校 2 年生の子までが県民健康管理調査の対象になっており，それ以降の子供は対象になっていない。県の検診というのは，飯田が息子を連れて行った時は，結婚式場の大広間が検診会場になっていて，一人一人パーテーションで区切られていた。そこに技師さんと書き取りする助手がいて，子供の首にエコーをあてて測っていたり写真を撮ったりしているが，その場で

結果は教えてくれないのである。そのやり方というのは，検診会場で技師や医師がエコーを当てて写真を撮り，それを見て福島県立医大の先生方が診断をする。技師はもちろんのこと，たとえ医師であってもその場で伝えてはいけないというのが決まりになっている。結果は後日郵送で届く。「A1でした」「A2でした」「BCでした」という表記のみであった。

　検診の結果の受け取り方というのも，ある日突然何だか分らない検診を受けて，その場で結果を教えてくれなくて，後日，紙っぺらが1枚だけが来る。しかも，「A1」「A2」「BC」って何なんだという不安な声が，すごく多かったのである。そういうことではダメだということで「たらちね」が，2013年3月から甲状腺検診を独自で始めたのだ。もちろんやりたいと思っても我々は素人ばかりなので，医師がいない。そこで，協力してくれる医師を，全国から集めるところから始めた。そのなかでお一人，「やってもいいよ」と言ってくれる医師がいて，あとはその医師の繋がりで，今は引退した島根の医師で甲状腺の専門医を紹介してもらった。その医師は個人的にいろいろな所で甲状腺検診をボランティアでしていた。その先生にも来てもらって，やって行こうということで始めたのである。始まったら始まったで人が溢れかえって，予約が殺到した。先生達も現役の医師の方もいたので，結局は先生の仕事が休みの時に来てもらうだけなので，「何月何日に検診やります」と告知すると，そこに予約が殺到する。

　そんな状態を続けていくと，「いわきに住んでいる人は来れるのだけど遠い人はどうする，遠い人も来たい，でも遠いから行けない，なかなか都合が合わない。じゃあどうする」ということで，出張で我々がそっちに行こうということになった。ジュラルミンケースに入った，持ち運びが出来るポータブル式のエコー機器を持って，「たらちね」のスタッフと協力してくれるボランティアの先生とで一緒に出掛けるのだ。最初は福島県内の会津や，中通りなど，まんべんなく地域を回れるように出張検診を1カ月に2〜3回ぐらいやり始めた。これは現在でもやっていて，今はエリアが拡大して，宮城県，茨城県，山形県にも行っている。福島県内はまだ県民健康管理調査というものがあるので，まだ検診を受ける機会はあるけれども，近隣の自治体は検査体制自体がなかったり，様々である。そのため県内よりも，近隣県の方の要望が多くて，例えば宮城県白石市でやると，予約が殺到してしまい，その日だけでは，さばききれない，また近日中に

予定を入れるなどの対応が必要となっている。やはり皆さん放射能への不安を持っている方が多いのだと感じている。いわき市は，他の地区と比べると割と線量が低いが，今でもホットスポット⁽¹¹⁾はたくさんあるし，何より山の除染が行われていないので，場所によっては高い線量の所もあるのが現実だ。

3　ベータ（β）線での放射能測定開始

こうして甲状腺検査をやり始めるのと同時に，原子力発電所の廃炉でも，汚染水でも，問題がいろいろと明るみに出てきた。「たらちね」で最初に測定していたのは，ガンマ（γ）線なので，セシウムやヨウ素などを測っていた。汚染水で一番問題となっているのは，ストロンチウムやトリチウムであり，ベータ（β）線でなければ測ることが出来ないのである。しかも，作業工程の違いを例えて言えば，お湯を注ぐだけのカップラーメンと，店でダシから取って作ったラーメンほどの違いがあり，ものすごくβ線の方が作業工程的には大変なのである。汚染水の流出は今も続いていて，どんどん海の方に流れている。さらに，汚染水保管用のタンクも2年後には発電所の敷地いっぱいになってしまう。どうするか，海に流して希釈しようという発表もあったりするなか，いわき市は太平洋に面しており，漁業も盛んだったり，海水浴場もいっぱいある。サーフィンの大会などもあり，やはり海の汚染というのを今後も継続的に見ていかなければならない。ところがβ線を測る機器はない。じゃあどうするということで，β線のラボ⁽¹²⁾を作るための資金集めを，2013～14年にかけて準備を始め，2015年4月からβ線の測定の受付を開始した。

　β線測定器だけでも高額だが，測定する物を化学的に前処理しなければならない，そのためのドラフトチャンバー⁽¹³⁾という機械や通気口の工事なども含め

---

(11)　汚染物質が大気や海洋などに流出したときに，気象や海流の状態によって生じる，とりわけ汚染物質の残留が多くなる地帯のこと。汚染物質の種類や流出理由は問わない。

(12)　ラボラトリー（laboratory）の略。日本語の研究所・研究機関・実験室にあたるもの。

(13)　化学実験などで有害な気体が発生するときや，揮発性の有害物質を取り扱うとき，もしくは有害微生物を扱うときに安全のために用いる局所排気装置の一種。一般的には単にドラフトもしくはドラフト装置，俗に排チャン，ドラチャンと呼ばれる。水道，ガスなどの配管を持つ大型の箱状のものが多く，前面が上下にスライドするガラス窓となっており，少し開けて，下から手を入れて実験操作を行うことが可能である。

て数千万円かかったのである。これらは，他団体からの助成金や一般個人からの寄付でなんとかまかなうことが出来た。しかし市民測定所のレベルで，β線を測定している所はあまり無いのである。なぜかといえば作業工程が難しいのと，資金的なものもあるのだ。ただ，公的な機関である大学や専門機関では，β線を測っている。では私たちが例えば，「お米に，ストロンチウムが入っているかな，気になるな，お願いしようかな」と思うとだいたい，15万円とか，20万円とか，30万円とかそのぐらいが相場なのだ。でも測り方が難しいから測らなくていいのかというと，そうではないのである。やはり，そこはきちんと見ていく必要があるので，「たらちね」では測定料金を決めるにあたり，いろいろ考えた。コスト的な事を考えると，数万円とか頂かないと到底やっていけないのだが，「誰のための，何のための測定なのか」というものを考えた時に，やはりそこは安価でなければ意味が無いという事で，「たらちね」では，1,000円と，3,000円でやっているのである。これなら，ちょっと自分の財布から出して測ってみようかなという，ギリギリぐらいのラインかなという価格設定にしたのである。したがって，「たらちね」の事業収益は全体の1割にも満たなくて，9割は一般個人からの寄付であったり，大きい団体からの助成金で充当されている。ちなみに，行政からの助成金は無いというのが現状である。

　今年からは測定料金は寄付によりまかなわれており，個人（NPO／NGO非営利の任意団体含む）の測定の申し込みの場合は，料金の自己負担はなくなっている（https://tarachineiwaki.org/radiation/foods-earth-flow，2020年1月31日最終閲覧）。

　また海洋調査もやっていて，福島原子力発電所の沖1.5kmまで定期的に船を出してもらいそこで魚を釣って，β線の測定器で測っている。

4　沖縄での短期間保養の開始

　これと同時進行で，「認定NPO法人沖縄・球美の里」（本部は東京）との共同事業で福島県の子供たちを，沖縄の久米島に短期間保養に連れて行って，外遊びが十分に出来ない子や，子供たちの内部被ばくを軽減するという目的で毎月やっている。小中学生は，夏休み・冬休みには子供たちだけで50人ぐらい預かる。それ以外は，小さいお子さんとお母さんとで参加してもらう機会な

のだ。参加費用は，子供の交通費・滞在費・食費などは無料，保護者の交通
費は自己負担である。これの参加者を集めたり，参加する人に説明会をしたり
というのを，「たらちね」の事業の一つでやっているのだ。これ自体は，2012
年の7月から1回目の受け入れという事で始め，来週出発の回で106回目を
迎える。

　2017年の7月からは毎月やっているのである。もちろん子供たちを預かるの
で，問診票なども細かく書いてもらったりする。甲状腺検診をやっていて，「球
美の里」に参加したお母さんたちに話を聞くと，年月が経つにつれて皆さんの
関心は，甲状腺の問題だけではなく被ばくという，身体に対しての全体的な影
響とか，漠然とした身体に対する不安が多かれ少なかれある。参考までに言
えば，この保養に参加する子供は全員，尿中セシウムを測定するのだが，そ
の8割以上の子供は数値が下がるという結果が出ている。

5　クリニックの開設

　そんななか，これから先を見据えた時，医療という立場からの全面的なサポ
ート体制も必要ではないかということで，「クリニック（診療所）を作ろう」とい
うことになった。医師がいないと出来ないので，ご縁のあった先生にお願いし
てここに来てもらうことになり，「たらちね」の事務所の隣の部屋をクリニック
開設のために追加で借りて増築することになり，初期投資費用を，クラウドフ
ァンディング[14]で集めることとした。「日本初の放射能測定室兼検診センターを
作りたい」ということで，150万円を募集したらなんと300万円が集まり，工
事費用に充当できた。

　ここは，内科と小児科の病院なので保険診療も行っており，風邪や腹痛や
予防接種も受けられる。クリニックの特徴としては，「こどもドック」という，
人間ドックの子供バージョンを始めた。検査項目も，①内科検診，②甲状腺エ
コー検査，③WBC（全身の放射能測定，5〜15分間），④尿中セシウム測定，
⑤身体計測・生理学的検査，⑥血液検査，⑦尿一般検診，⑧心電図などで

---

(14)　不特定多数の人が通常インターネット経由で他の人々や組織に財源の提供や協力など
　　を行うことを指す，群衆（crowd）と資金調達（funding）を組み合わせた造語である。

ある。これを全部受けた時の料金は自己負担の場合，1万4,060円である。しかし，ソーシャルネットワークサービス（SNS）などで大々的な，寄付集めをしているので，その寄付金を充当して実質18歳以下の子供たちは無料で受けてもらえるようになっている。これは「たらちね」のクリニックでオリジナルに行っていることである。ただ甲状腺検診に関しては，18歳以下ではなくて震災の時に高校生だった方まではずっと無料にしているので，現在25～26歳までの方は今でも無料でやっている。また大人は一般の病院で甲状腺検診をすると，エコー検診料や初診費用などで大体5～6,000円かかる。福島県に住んでいる人は，支援ということで協力金という形で1,000円で実施している。甲状腺検診で言うと今まで，「たらちね」では2013年の3月に開始してずっと累計で数えているが，大人の方も併せると1万人以上になる。子供のなかではじめて検診をして，ガンの疑いや悪性腫瘍などの子供は，今のところはいない。ただ大人の方はおり，子供の検診のついでに診てもらったら自分に甲状腺がんが見つかったなどという例はあった。今現在医師の登録が8人おり，藤田操が院長先生で常駐している。黒部信一は東京の診療所におり，月に2回ほど来てくれる。

　他の先生方は甲状腺検診の時に全国的に募集して，「やってもいいよ」と言ってくれた先生である。西尾正道は北海道がんセンター名誉院長。野宗義博は島根大学医学部大田医育センター長。須田道雄は，医療法人弘生堂須田医院院長内分泌・甲状腺専門医。小野寺俊輔は，北海道がんセンター放射線治療科医長。吉野祐紀は，北海道大学病院放射線科（2018年12月現在）。残念ながら福島の先生は1人もいない。

6　新規事業「こころのケア」

　今年度の新規事業としてやっているのは，「心のケア」である。これは直接的な被ばくの影響よりも，今お母さんと子供達が非常に子育てしづらい環境にある事に配慮し。ここの近くに「ママと子供たちのためのアトリエ」という事で，遊びの力で子供の気持ちを元気にさせたり，お母さんのためのヨガだとかお母さん同士がリラックスして話せる場所の提供をしているのである。慶応病院小児科外来医長である渡辺久子にも空いた時間を利用して，どちらかと言えば診

察よりもスタッフの指導ということで来てもらっている。先生は乳幼児や思春期
の精神科の専門家であり，世界乳幼児精神保健学会の日本支部会長として活
躍されている方である。

　「たらちね」の活動は，数年で終わるものではなく，10 年，20 年，30 年，へ
たをすると，100 年先ぐらいまでも見据えてやって行かないといけないのだ。
現に廃炉作業も 40 年などでは絶対終わらない問題で，では誰がやるのかとな
った時に，次の世代の子供たちがしっかりとそれをやって行かなければいけな
いのだが，次の世代に受け渡すときにあの時どうだったのか，この時はどうだ
ったのかを検証するためには，やはり今のうちからきちんとしたデータを残して
いくということが必要なのである。

　こういう活動をしていると，いろんな意見を言われることがある。例えば，
「原発の不安を煽っている」だとか。しかし，不安の根底はどこにあるのかと
いうと，「もしかしたらこうかもしれない」。「もしかしたらああかもしれない」と
いう，そこの揺らぎの所にあると思う。放射能という何なのかよく分らないもの
を，きちんと数字化して可視化することによって，これはこうだから自分はこう
しようというふうに，段階を踏んでいく思考になってくる。その順番の段階で何
か揺らぐものがあると，いろんな情報に右往左往してしまうことになる。考え
方ややり方は十人十色であり，例えば子育て中であれば子供の年齢や学年，
家族構成によっても変わって来る。ただ，汚染があるということはまぎれもな
い事実として今もある。そこは，「不安を煽る」とかではなく，きちんとした正
しい情報の元に自分はどうしていくのか，子供たちにどう伝えて行くのかが重
要だと思うのである。普通の生活をするためには，何らかの判断をしなければ
いけない。判断をするための判断材料はどこにあるのかと言えば，唯一，皆同
じグランドで話ができるのがこの放射能の数値だということになると思うので
ある。

　このように，「たらちね」広報担当の飯田は柔らかい口調ながら，しっかりと
した考え方と展望を持っている。放射能の測定から始まりクリニックの開院，
さらには，子供たちの保養や心のケアまでも展開するそのバイタリティーに，
自立した市民と専門家たち，そして全国の NPO とのネットワークを形成する市
民協働型の NPO 法人の豊かな可能性を見出せた。

V おわりに
——持続可能な活動を作り出すのは，「人々のニーズ充足」と「楽しさ」

政府と自治体は，「2020東京オリンピック」を掲げて，復興と帰還の大合唱である。その進め方について，いわき海洋調べ隊「うみラボ」の小松理虔は，次のように指摘している。

「復興は『地域づくり』のはすだ。観光や物産や風景や食文化がなければ，魅力的な地域は生まれない。その源泉となる風景を破壊し，形だけが整えられた安全な町のどこに魅力があるのだろうか。地域復興の名の下に，中身のない，がらんとした器のような町を地域の人たちに手渡して，『あとは皆さんの努力でなんとかせい』と放り投げてしまう，そのどこが復興なのだろうか。衰退を早めているだけではないか。復興とは，被災地を切り捨てるための方便なのか」。[15]

これは文字通り，詩人の若松丈太郎のいうところの「核災棄民」に他ならない。

ここでNPOの出番というべきであろうが，NPOの先進国といわれるアメリカにおいて直面する課題について，20年前，NPO研究の第一人者であるレスター・サラモンは次のように述べる。「非営利セクターの主要な部分が，最も重要な資金源である政府補助の削減に直面しており，ありうべき代替資金源であるとみなされる民間寄付の増加によって，これを埋め合わせることができそうにないのである」。[16]

3.11後，NPO増加率が全国一になったフクシマにおいても，それから10年を前にして，アメリカと同じような課題に直面している。その課題を解決し，活動の持続可能性を保障するものは，「野馬土」と「たらちね」の活動のうちに見て取れるように，「人々のニーズの充足」，そしてなによりも主体における「活動すること自体の楽しさ」，と言える。

(15) 小松理虔 (2018)，379頁。
(16) Lester M. Salamon (1997)，24頁 (p.12)。

184

2bibliography
【参考文献】
朝日新聞特別報道部（2012）『プロメテウスの罠』Gakken。
伊藤浩志（2017）『復興ストレス』彩流社。
大塚久雄（1955）『共同体の基礎理論』岩波現代文庫。
かたやまいずみ（2015）『福島のおコメは安全ですが，食べてくれなくて結構です』かもが
　　わ出版。
金子郁容（2002）『コミュニティ・ソリューション』岩波書店。
玄田有史・曲沼美恵（2004）『ニート——フリーターでもなく失業者でもなく』幻冬舎。
後藤康夫・森岡孝二・八木紀一郎編（2012）『いま福島で考える』桜井書店。
小松理虔（2018）『新復興論』ゲンロン叢書。
廣松渉（1973）『科学の危機と認識論』紀伊國屋書店。
舩橋晴俊（法政大学）（2014）原子力市民委員会『原発ゼロ社会への道——市民がつくる脱
　　原子力政策大綱』討議資料。
ブレイディみかこ（2016）『ヨーロッパ・コーリング』岩波書店。
細内信孝（1999）『コミュニティ・ビジネス』中央大学出版部。
松井英介（2011）『見えない恐怖——放射線内部被曝』旬報社。
松下圭一（1996）『日本の自治・分権』岩波新書。
丸山真男（1961）『日本の思想』岩波新書。
山田盛太郎（1977）『日本資本主義分析』岩波文庫。
若松丈太郎（2012）『福島核災棄民——町がメルトダウンしてしまった』コールサック社。
渡邊奈々（2005）『チェンジメーカー——社会起業家が世の中を変える』日経ＢＰ社。
NPO研究フォーラム（2009）『NPOが拓く新世紀』清文社。
David Graeber (2013) *The Democracy Project*, Spiegel & Grau（『デモクラシー・プロ
　　ジェクト——オキュパイ運動，直接民主主義，集合的想像力』木下ちがや・江上賢一
　　郎・原民樹訳，航思社，2015年）。
David Harvey (2012) *Rebel Cities*, Verso（『反乱する都市』森田成也・大屋定晴・中村
　　好孝・新井大輔訳，作品社，2013年）。
Lester M.Salamon (1997) *HOLDING THE CENTER*, Nathan Cummings Foundation
　　（『NPO最前線』山内直人訳，岩波書店，1999年）。
Pekka Himanen (2001) *The Hacker Ethic*, Random house（『リナックスの革命』安原
　　和見・山形浩生訳，河出書房新社，2001年）。
Rebecca Solnit (2009) *A Paradise Built in Hell*, Penguin Books（『災害ユートピア』高
　　月園子訳，亜紀書房，2010年）。
Robert A. Jacobs (2010) *The Dragon's Tail*, University Massachusets Press（『ドラ
　　ゴン・テール』高橋博子監訳・新田準訳，凱風社，2013年）。
Slavoj Žižek (2012) *The Year of Dreaming Dengerously*, Verso（『2011——危うく夢
　　見た一年』長原豊訳，航思社，2013年）。

第6章

外国人コミュニティ形成と支援活動
—— グローバル市民社会への展望 ——

梁 姫 淑

I　はじめに

　日本政府は 2020 年の東京五輪・パラリンピックに向け，福島の安全をアピールする様々な関連事業を実施し，復興のさらなる加速化につなげようとしている。特に福島の安全性を海外へ積極的に発信して外国人観光客の誘致に力を入れている。

　しかし，このような情報は，福島の現状をどこまで正しく伝えているだろうか。福島には安全に暮らせる地域もあれば，帰還困難区域，そして廃炉に向けて作業中の原発がある。福島の現状を伝える際には，このような目に見えない脅威に対する様々な思いが折り重なっているのが「フクシマ」であることを忘れてはならない。そして，このような現状が必ずしもマイナス的な側面を示す要因ではなく，様々なコミュニティを生むきっかけとなって，復興に向ける活力として再生されていったことも，震災から 10 年目を迎える現時点で，その現状と意味を考察する必要はあるだろう。

　3.11 後，福島では核被災から少しでも希望を見出すため，仲間やグループによる様々なコミュニティ活動があった。特に，「災害弱者」と呼ばれる外国人グループや，彼らをサポートするために立ち上がった支援団体，そして，外国人との共生に向けた異文化コミュニティなど，外国人が関わる様々な団体が

---

(1)　日本赤十字社の災害時要援護者対策ガイドラインでは，「災害時要援護者（災害弱者）とは，災害から身を守るため，安全な場所に避難する等の一連の防災行動をとる際に支援を必要とする人々」と定義している。

3.11 フクシマ以後に作られ，現在までその活動を続けている。

　本章では，まず，福島における在住外国人が核被災時にどのような境遇に立たされていたのかを自らの体験を含めて検証し，外国人が「災害弱者」にならざるを得ない境遇を明らかにする。さらに，「災害弱者」であるはずの外国人が 3.11 フクシマ以後，どのようなコミュニティを形成し，活動してきたのかを検討して，生活者としての外国人が関わっている様々なコミュニティ形成の意義を考えてみたい。

Ⅱ　3.11 と私の避難体験

1　地震発生直後の状況——避難に至るまでの経緯

　筆者は，1999 年に韓国から留学生として来日して以来，日本で生活している在住外国人である。東京から福島に移住したのは 2006 年，3.11 の時は家族 4 人で，福島市内に住んでいた。

　3.11 時は，小学生の娘と放課後に映画を観る約束をしていたので，ちょうど車にガソリンを入れて，小学校へ向かうところだった。普段，運転中には地震の揺れを感じにくいが，当日の揺れはとても大きかったので，一旦車を止めてすぐ夫に電話をした。今考えてみると，夫とすぐ連絡でき，安否の確認がとれたのはとても幸いなことであった（3.11 直後は基地局の不具合により，しばらくの間携帯電話の使用ができなかった）。私たちは揺れがおさまるまでの約 3 分間，互いの状況を確認し，子供達の迎えや待ち合わせ場所などを決めた。小学校 1 年生の長女と保育園の年少組の次女の順で迎えに行く間，何度も強い余震に見舞われた。揺れる道路や地震の影響で止まってしまった信号，今まで経験したことがない状況に戸惑いながら，映画の主人公になったような錯覚を覚えた。

　子供達をピックアップし家に戻って夫を待つ間，空は天変地異が起こっているようで，3 月にもかかわらず急に雪が降ったと思いきや，晴れて太陽が出てくるなど，暗くなったり晴れたりを繰り返した。このような激しい気象変化は初めてで，天と地が連動していることに気づかされた。夫の職場は普段なら車で 20 分位の距離だが，当日は帰路が土砂崩れで塞がれてしまい 4 時間もかかった。

　帰宅してみると，家の中はテレビや本棚が倒れるなど，物があちこちに散乱

していて地震の大きさを実感した。幸いにも私が住んでいる地域は電気が通っていたので、今回の地震情報をすぐに得ることができた。テレビに映された津波の映像を見て、本当に日本で起こっていることなのかと自分の目を疑った。5分、10分刻みに強い余震が来て家が大きく揺れ、家の中にいるのは不安だったので、家族みんな車中で一夜を過ごした。とても寒かったし、また今後のことがとても不安だった。

　地震から2日目は通信状態も改善され、韓国にいる家族や日本の友人に安否連絡をすることができた。近所のスーパーは店内が散乱していて、店員が入口で注文を受けて中から品物を探し出してくれた。水は1人あたり2ℓのペットボトル1本という制限があった。食料を求めてスーパーに集まった人々は、みんな秩序正しく並んでいたが、その表情は不安そうであった。

　午前中は買い物や家の片付けに追われて他のことは考えられなかったが、15時36分、東京電力福島第一原子力発電所の第一号機原子炉建屋で爆発があったことをニュースで知った夫は、事態の深刻さを重く受け止め、早く避難すべきだと主張した。私はもう少し状況を見定めてから行動した方がいいと思ったが、夫は普段と違う強い口調で、早く荷造りをするように私たちを急がせ、パスポートと簡単な衣類を車に積んで17時頃に家を出発した。

　私たち家族が、このように早く福島から避難できた理由は、①地震直前にガソリンを入れたので、避難できる十分なガソリンがあったこと、②夫が素早く状況判断をしたこと、③親や親戚などが近所に住んでいなかったので、周りを気にせず避難できたこと、が挙げられる。

2　避難を重ねて――東京、大阪、韓国、埼玉、山形、そしてアメリカへ

　地震により高速道路である東北自動車道の利用が制限されていたので、私たちは国道4号線を利用して東京へ向かった。東京方面に行き先を決めた理由は、以前東京に住んでいて道に慣れていたことと、最悪の場合は韓国に行きやすいと思ったからである。福島から東京までの道はとても混んでいて、普段では5時間くらいなのに、ほぼ12時間かけて東京に到着することができた。しかし、やっと着いた東京もガソリンが不足しているなど、安定しているようには見えなかったので、私たちは韓国人の知人のアドバイスを得て、引き続き大阪へ向かった。

　東京を離れて1時間くらい高速道路を走っただけなのに，他の県はまるで別世界のようにすべてが以前と変わらない様子だった。ガソリンも不自由なく買えるし，みんな普段の生活を送っていた。フクシマとはあまりにも違う平和な様子に戸惑いを感じながら，フクシマで経験した様々なことが一気に蘇ってきた。地震で家財が散乱していた家の中，スーパーの前の長蛇の列，そしてテレビから流れる悲惨な津波の映像，言葉には言い表せない悲しい気持ちと怒りが込み上げてきて涙が止まらなかった。様々な事情でまだ避難できていない友人のことが頭から離れなかった。通常なら車で5時間くらいしか離れてないところがこんなに平和であることをどのように説明できるのであろう。

　大阪では知人の家にしばらくお世話になることにした。テレビは災害の状況しか放送していなかったフクシマと違って，こちらでは旅や料理番組など通常と変わらない様々なチャンネルが見られた。レストランやコインランドリーの駐車場などで，福島のナンバープレートに気づいた人たちの好奇の視線にさらされながら，フクシマの状況が1日も早くよくなることを願った。しかし，新たに原発三号機に続けて二号機，四号機からも爆発や火災が起きるなど，状況は日増しに悪くなるばかりだった。大阪に着いて1週間が過ぎた時，これ以上知人に迷惑をかけることはできないと思い，職場に戻らざるを得ない夫を日本に残して，私は子供たちと韓国へ一時帰国した。

　韓国では，フクシマのことを連日のように放送し，募金活動も始まっていた。津波や原発の映像を見るたびに日本にいる夫と友人のことがとても心配になった。夫は，幼い子供達のために原発の状況が収まるまで韓国にいる方が良いと言ったが，私は2カ月後には再び日本へ戻ることを決めた。日本に戻った理由はシンプルだった。なぜなら，もう10年以上住んでいて夫と友人がいる日本が，私にとって戻るべき場所であったからである。しかし，小さい子供を抱えている母親としては，放射線量が高いフクシマに直接戻ることには迷いがあった。私は博士論文執筆を抱えていたので，フクシマではなく学んでいる大学が近い埼玉県に移住することを決めた。

　以後，私たちは埼玉県で8カ月間，山形県で1年間，そして，フクシマに戻って1年間を過ごし，3.11以前から夫の仕事で予定されていたアメリカに渡航し，1年後再びフクシマに戻った。埼玉県に住んでいる間，子供の保養のた

め週末訪れた他県で，「福島」ナンバーの車が立入禁止にされたり，フクシマから避難した子供たちが避難先で放射性物質をまき散らすとイジメを受けている，との噂が流れた。幸いに娘たちには，そのような悲しいことは起きなかったが，万一に備えて人に会うたびに早期避難で被ばくしていないことを説明しなければならなかった。

埼玉に移住して8カ月が過ぎたとき，私たちは再び山形に移った。父親に会えず寂しがっている子供たちが，フクシマに住んでいる夫に会いやすくするためである。山形の小学校では保護者会が定期的に避難者の家族を食事に招いてくれた。初めて参加した食事会で大津波の破壊的な被害を受けた気仙沼市からの避難者と出会った。義理の親と夫を津波で亡くしたという。2人の娘と避難している母親は，3.11から1年が過ぎても悪夢のような津波の経験から，娘が自分のそばを離れようとしないことを涙目で語った。同じ被災者の立場として食事会に参加していたが，彼女と私の間では悲しみの本質と被害の重みに大きな差があった。3.11は，被害者や被害額などの数字のみ記憶されがちだが，それぞれの境遇に基づく様々な悲しみは，いつまでも風化することなく続くことを改めて痛感した。

山形の生活から1年が過ぎた頃，避難生活に疲れ果てていた私たちは，福島に戻ることを決めた。小学校1年生だった長女は，4年生のお姉さんになって3.11前と同じ学校に戻った。長女は友達と再会できたことが嬉しそうだったが，保護者同士では微妙な距離感があった。3.11直後，様々な理由でフクシマを離れることができなかった多くの保護者たちは，後から報じられた放射線量を知って驚愕したはずである。小さい子を持つ親としてその気持ちが痛いほど分かるので，こちらからは敢えて触れるような言動はしなかった。

3.11から3年が経過したフクシマでは，除染作業や食材の放射能検査に取り組んで安全が強調されていたが，小さい子を持つ母親たちは育児に対する様々な不安を持ち，フクシマ産の食材をなるべく避けていた。子供たちは暑い日でも家にいる時以外は自主的にマスクを着用し，なるべく外遊びはしないようにしていた。親子とも放射線に対する不安で心理的に追い詰められる日々だった。

フクシマに戻って1年が過ぎた頃，私たちは再び荷物をまとめて3.11以前から予定されていたアメリカの西海岸にあるオレゴン州ポートランドに渡航した。

山や海が近くて自然が豊かなポートランドでは，フクシマでは制限されていた普通のこと，例えば，土を触ることや地面にそのまま座ることなどができ，自然を満喫できた。アメリカではフクシマのことは殆ど忘れられているらしく，フクシマから来たことを話すと，地震や津波のことを思い出してくれる人は，わずかであった。

　予定された1年間のアメリカ生活が終わって，私たちは再びフクシマに戻った。1年前に比べて除染作業もだいぶ進んでいた。ALT（Assistant Language Teacher）や留学生，そして技能実習生など，フクシマを訪れる外国人も増えていた。3.11直後，多くの外国人がフクシマを離れたことを考えると，外国人の来日は，復興の兆しに見えた。しかし，一方では，3.11直後に日本を離れた外国人のことを快く思ってない日本人も少なくなかった。私たち家族は日本での滞在期間が長く，日本人とほぼ変わらない核被災情報を得て行動することができたが，多くの外国人は「言葉の壁」から，助けを求めたくてもどのようにすればいいかわからない場合が多かった。

　筆者は，アメリカから戻った2015年に，あるイベントで外国出身の移住女性たちをサポートする団体のメンバーと出会ったことがきっかけになって，現在まで外国にルーツを持つ移住者の日本語学習をサポートしている。外国にルーツを持つ筆者が同じ立場の移住者たちをサポートしているのは，今まで様々な人に助けられ，人の優しさや心の繋がり，そして支え合う尊さを経験してきたからである。3.11フクシマを経験している人々は，このような支え合いや助け合うことの大切さを人一倍学ぶことができたに違いない。

　このような助け合いがフクシマでどのように行われてきたのか，外国人コミュニティの形成と支援活動を中心に振り返ってみることは，これからの「多文化フクシマ」，そしてグローバル市民社会を考える際にもきっと役立つであろう。

Ⅲ　「支援の対象」としての外国人

　福島にはどのような外国人が住んでいるだろうか。福島における外国人の推移をみると，2008年に1万2,870人だった在住外国人の数は，リーマン・ショックによる景気の減退に伴って徐々に減少して行き，2010年には1万1,099

図1　福島県の人口と外国人住民数

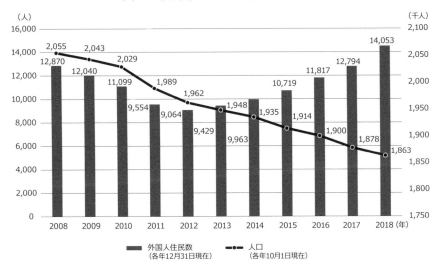

表1　福島県の外国人住民の国籍・地域

	2008	2009	2010	2011	2012	2013	2014	2015	2016	2017	2018
中国	5,768	5,274	4,771	3,701	3,527	3,578	3,607	3,546	3,564	3,547	3,647
フィリピン	2,512	2,389	2,236	2,131	2,054	2,144	2,162	2,300	2,447	2,543	2,735
ベトナム	285	248	203	172	172	223	372	736	1,325	1,901	2,657
韓国朝鮮	1,980	1,976	1,918	1,785	1,681	1,669	1,672	1,679	1,682	1,664	1,593
ネパール	43	55	53	62	84	172	299	408	488	551	495
その他	2,282	2,098	1,918	1,703	1,546	1,643	1,851	2,050	2,311	2,588	2,926
累計	12,870	12,040	11,099	9,554	9,064	9,429	9,963	10,719	11,817	12,794	14,053

出所：図1，表1とも福島県生活環境部国際課「福島県の国際化の現状」2018年度版。

人となった。さらに，2011年の3.11フクシマによって，1年間で約1,545人減少している。しかし，その2年後の2013年からは増加に転じて，2018年には1万4,053人に達し，過去最高になった。県人口が減少傾向であるのに比べ，外国人住民数は毎年増え続けていることは注目に値する（図1，表1）。

国籍別にみると，2018年度の上位3カ国は，中国（3,647人），フィリピン（2,735人），ベトナム（2,657人）になっている。在留資格別では，「永住者」が全体の33％で最も多く，続いて「技能実習」（25％），「日本人の配偶者等」（8％）の順になっており，3.11前の2010年に比べて，ベトナムや中国からの「技能実習」生が特に増えたことがわかる（次頁図2，表2）。

一方，「日本人の配偶者等」は3.11前に比べて減少している。福島県の場合，日本人の配偶者は妻が外国人である場合が多く，2010年には1,662人だった外国からの移住女性が，3.11直後の2012年には1,096人にまで減少している。

このような減少の原因としてまず考えられるのは，3.11後，在留資格に不安を抱いていた「日本人の配偶者」が，「永住者」や「帰化」に資格変更をしたことである。しかし，3.11以後から婚姻総数も減少していることを合わせて考えると，福島が地震，津波，そして放射能のトリプルの災害を受けた地域であることが，減少の主な原因であると考えられる。

3.11フクシマの時，多くの在住外国人は言語や習慣・文化の違いにより，災害に関する情報収集が難しく，国内外から発信された多数の情報に困惑していた。福島における在住外国人に災害情報がどのように伝わったかは，各々のメディア環境，日本語能力，職業，在住歴等に応じて様々なので，一括に言うことは難しい。

しかし，福島県国際交流協会（FIA）が出している『FIA活動の記録[2]』によると，多くの外国人は，津波警報や避難の意味がよく理解できず，どこに避難していいかも分からなかった。さらに，日本語ができないので日本人ばかりの避難所に行くことを拒んで，ライフラインが止まっていたにもかかわらず家に留まっているなど，近所の人から生活に役立つ有効な情報を得られなかった人も多かった。このように，日本語が流暢ではない外国人にとって「言葉の壁」は更なる「心の壁」に繋がっていたことは容易に想像できる[3]。実際，避難所で

(2) （公財）福島県国際交流協会『外国出身住民にとっての東日本大震災・原発事故——FIA活動の記録——FIAの取り組みと外国出身住民100人の証言』2013年。
(3) 毛受敏浩・鈴木恵理子『「多文化パワー」社会』明石書店，2007年。鈴木恵理子は，多文化共生のためには，「言葉の壁」「心の壁」「制度の壁」といった三つの壁を無くすことが必要であると述べている。

図2　在留外国人の在留資格別割合と増減

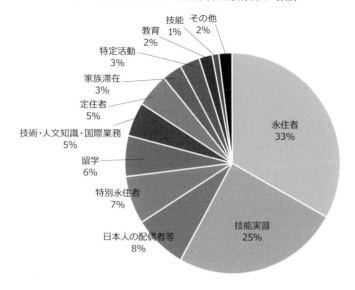

出所：前掲『福島県の国際化の現状』。

表2　在留外国人の在留資格別増減

国籍・地域別	総数		
年	2010	2012	2017
総数	11,331	9,259	12,977
特別永住者	1,260	1,143	1,033
永住者	3,889	4,122	4,350
日本人の配偶者等	1,662	1,096	1,101
興行	141	12	18
留学・就学	583	332	836
研修	179	7	7
特定活動	569	44	311
（技能実習）	1,072	1,053	3,066
定住者	703	506	571
その他	1,273	944	1,684

出所：幕田順子「在住外国人の多様化と地域国際化協会の役割」『福島大学地域創造』
　　　第30巻第2号，2019年より筆者作成。

自分を受け入れてもらえるかどうか，あるいは東京電力の補償に差がでるのではないかなど，さまざまな噂が流れて動揺した人も見られた。

　また，母国のメディアやインターネットで流れた原発に関する大量の情報が日本の情報と違いすぎて，日本に留まっていることに極度の不安を抱いていた人も少なくなかった。その多くは，「日本語が分からないので，何の情報も得られなかった」「何が起きているのか，何が危険なのか，全くわからなかった」と証言している。このように，「言葉の壁」を抱いていた多数の在住外国人が日本の限られた情報に安心できず，母国の情報や大使館，あるいは出身国の人のアドバイスに従って行動したのは，自然な成り行きであったと言える。しかし，帰国した外国人の避難行動を快く思っていない日本人も少なくなかった。

　証言によれば，その後，日本に戻ってきた人たちを「Flyjin（飛んでいく人）」と呼び，陰口をいう人がいる反面，母国へ帰らなかったことを「すごい」と褒める人もいた。地域（例えば会津）によっては，外国人が「逃げた」と非難されることはなかったという証言もあるが，3.11直後に一時帰国をし，その後に戻った人の多くは，様々な理由で避難できなかった人々に後ろめたさを感じていたのは確かである。

　このように，避難できた人とできなかった人の間で生じる葛藤は，主に「外国人」対「日本人」として考えられる場合が多いが，実際には，同じ外国人同士や日本人同士のなかでも生じていた葛藤でもあった。地震と津波，そして，核被災の脅威に襲われた切迫した状況のなかで，日本には頼るところが少ない外国人は，母国の家族に頼るしかなく，一時帰国をしたと理解するのが妥当であろう。

　一方，あまり知られていないが，在住外国人のなかには自分の信念に基づいて帰国せずに日本にとどまった人も少なくなかった。その多くは「日本人を助けるために」[(4)]，あるいは「年老いた日本の家族を置き去りにできないから」などの理由で帰国しなかった。つまり，仕事や結婚などによって，すでに日本人とつよい信頼関係を持っていた人たちのなかには，「支援の対象」としてではな

---

(4)　前掲『FIA活動の記録』。証言のなかで，中通り地方の欧米系の男性は，「母国に帰るという選択もできる自分は幸せだ。でも，日本人はどこにも行けず不幸だと思った」と述べ，日本人を助けるために日本に残った心境を語った。

く，「支援の担い手」として被災地に留まり，支援活動に従事していたのである。その人たちには「何か役に立つことをしたい」という自発的な思いがあった。その思いは，通訳などを通して出身国の人を助けるだけではなく，仲間と力を合わせるグループ活動を通して，例えば避難所への炊き出しや被災地でのボランティア活動といった行動力に繋がっていた。一見，災害は人々をパニックに陥れ，既存の秩序やコミュニティを破壊・分離させるイメージがあるが，一面においては新しい力の結合を促して，今までとは違う考えや，やり方で新たな可能性を見出していたのである。

　では，実際どのような外国人コミュニティがフクシマで立ち上がり，活動してきたのか，以下，その結成のきっかけと活動内容を見てみよう。

Ⅳ　「支援の担い手」としての外国人コミュニティ

　ソルニットは『災害ユートピア』[5]のなかで，「もし今，地獄の中にパラダイスが出現するとしたら，それは通常の秩序が一時的に停止し，ほぼすべてのシステムが機能しなくなったおかげで，私たちが自由に生き，いつもと違うやり方で行動できるから」であると述べている。

　では，3.11によって多大な被害を受けたフクシマではどのような助け合いのコミュニティが形成されたのだろうか。3.11直後，避難せずにフクシマに残った，あるいは一時的な避難から戻って来た在住外国人のなかには，自分より「困っている人を助けたい」という一念から，避難所への炊き出しやインターネットでの募金活動を自主的に始める人がいた。

　例えば，市内でインド料理レストランを経営するインド人は店を閉めて，ほぼ毎日市内の避難所で炊き出しをした。パキスタン出身のメンバーが中心となったグループは，郡山の高校と小学校でパキスタンカレーの炊き出しや，他のボランティア団体と協力して南相馬市のがれきの撤去作業も率先して行った[6]。白河市にある特別養護老人ホームでは，4人のフィリピン人介護士候補者が

---

(5)　レベッカ・ソルニット『災害ユートピア』亜紀書房，2009年，19頁。

(6)　前掲『FIA活動の記録』。

196

表3　3.11 時における外国出身住民・コミュニティによるボランティア活動

外国人コミュニティ	出身国	活動内容
NPO 法人ルワンダの教育を考える会	ルワンダ	県内各地の避難所や仮設住宅にルワンダコーヒー・紅茶を提供
福島グローバルロータリー	パキスタン	郡山市の高校と小学校でパキスタンカレーの炊き出し。南相馬市でがれきの撤去作業
Heart for Haragama	カナダ	インターネットで募金を呼びかけ支援物資を被災地に届ける
在日本大韓民国民団（福島県地方本部）	韓国	福島市や郡山市の避難所に東京本部や韓国からの支援物資を届ける
HAWAK KAMAY FUKUSHIMA	フィリピン	福島市内の避難所で炊き出しやフィリピンの歌や踊りを披露
FuJET	多国籍	いわき市や相馬市の沿岸部でがれき撤去作業。避難所の子供達と交流
NPO 法人ふくかんねっと	韓国	避難所及び仮設住宅に韓国料理を提供

出所：前掲『FIA 活動の記録』より筆者作成。

「お年寄りを見捨てて去れない」と，被災地で献身的な介護をし，マスコミや新聞などで話題になった。[7]

　このように，在住外国人のなかには，自分ができることを，必要な場所でできる限り行う人がいた。さらに，出身国の仲間たちを集め，炊き出しなどのボランティア活動を行ったグループもあった。

　表3のようにグループ活動に参加した人以外にも，ボランティア活動をしたかったが，情報や方法が分からなくてできなかったと言う人も少なくない。県内 10 市の国際交流協会によれば，3.11 直後，外国人からボランティア活動をしたいという申し出が寄せられたと言う。[8]

　このように，外国人の間では，国籍にかかわらず一緒に取り組もうという仲

(7)　「『私たちはここに残る』外国人介護士・看護師　被災地で奮闘続く」MSN 産経ニュース，2011 年 3 月 29 日（媒体での記事掲載終了）。
(8)　前掲『FIA 活動の記録』。

間意識があった。つまり，人々は災害を経験したことで，人種や国籍を越えて助け合うことや思いやりの大切さを再認識するようになったのである。このような被災地における助け合いの精神は，自ずと志を同じくする人たちによるコミュニティ活動につながっていき，3.11 前は三つしかなかった外国人コミュニティが，3.11 後には 12 団体に増えていった（次頁表 4 参照）。

　もちろん，外国人コミュニティが増えた直接的なきっかけは，出身国が同じ人同士の情報交換や相互支援の必要性による理由が大きい。3.11 当時，日本語が分からなかったことで，役に立つ情報を十分に得ることができなかった多くの外国人は，自由に情報交換ができる仲間を作ることや，日本語学習の必要性を強く感じ，困った時は支え合い，情報交換ができるコミュニティを必要としたのである。それは，先に述べた「災害弱者」としての弱点を自ら補うための行動であったと言える。コミュニティに集う人々は，日頃から集まって，母国の料理を作って食べたり，育児や老後などの悩みを共有することで互いの心の支えになった。さらに，構成員の様々なニーズやアイディアによる活動が増えていくにつれて，多様な文化交流の一翼をも担うようになる。

　例えば，会長が中国古筝の演奏者である「福島中国伝統文化愛好会」は，普段は中国の伝統舞踊を練習し，定期的に地域の公民館などでその成果を発表している。「日中文化ふれあいの会―幸福」は，地域住民を対象にした中国料理教室を実施して，積極的に地域との繋がりを図っている。このような外国人コミュニティは，10 人位の少人数から 100 人を超える会員を持つグループまで様々である。普段は親睦や国際交流イベントへの参加を中心に活動しているが，いったん災害などが起きると，地域を構成するメンバーとして様々な場面において支援を惜しまない「支援の担い手」となる。

　しかし，このような外国人コミュニティが構成員の様々なニーズ（例えば，生活再建への支援や放射能に関する情報，そして家庭内外の問題を解決するための制度へのアクセスなど）に対応して，国際交流を担う市民団体として成長していくためには，日本の制度に対する理解や情報収集などのハードルがあった。このようなハードルは，さらなる「支援の手」によって支えられていったことは注目に値する。

　例えば，フクシマの外国人被災者を支援する目的で立ちあがった「福島移住

表4　県内における外国人コミュニティと主な活動

	団体名	設立年	所在地	出身国	会員	設立目的及び活動
1	チームブラジル	2005	福島市	ブラジル	10	ブラジル出身者の親睦，「結・ゆい・フェスタ」に出展
2	福島日中文化交流会	2007	伊達市	中国	84	国際交流，中国語講座，留学生支援，日本語教室
3	郡山中国帰国者の会	2009	郡山市	中国	20	中国からの帰国者による自助団体
4	福島華僑華人総会	2011	いわき市	中国	110	中日の文化交流，春節の集いなどを定期的に行う
5	つばさ　―日中ハーフ支援会	2011	須賀川市	中国	66	国際交流，中国語講座，日本語教室
6	HAWAK KAMAY FUKUSHIMA	2011	福島市	フィリピン	40	在福フィリピン人同士の親睦と支援，地域でのボランティア活動を通じて，フィリピンと福島県の相互理解と友好親善の発展に寄与する
7	Iwaki Filipino Community	2011	いわき市	フィリピン	15	フィリピンと福島県の相互理解に寄与する
8	エジプト日本友好会	2012	福島市	エジプト	7	国際交流，アラビア語講座
9	日中文化ふれあいの会　―幸福	2013	郡山市	中国	15	地域住民を対象に中国料理教室を定期的に実施する
10	福島中国伝統文化愛好会	2014	福島市	中国	45	中国の伝統舞踊を練習して発表，地域住民を対象にイベント開催。「結・ゆい・フェスタ」に出展
11	福島多文化団体　―心ノ橋	2014	いわき市	中国	50	中国出身者と日本人の交流を通して，お互いの文化や習慣に対する理解を深める
12	Komunitas Fukushima Indonesia	2017	福島市	インドネシア	70	「結・ゆい・フェスタ」に出展，インドネシアフェスタ実施

出所：（公財）福島県国際交流協会ＨＰ（http://www.worldvillage.org/index.html，
　　　2019 年 12 月 3 日アクセス）から筆者作成。

女性支援ネットワーク」(Empowerment of Immigrant Women Affiliated Net-work，略して EIWAN，2012 年 7 月結成）は，被災地で家計を支えるために苦闘している移住女性たちの就労や日本語学習の支援，さらに外国にルーツを持つ子供たちの学習と継承語（母国語）学習支援など，地域の市民ボランティアたちと協力して様々なプログラムを実施している。

　前述したように筆者は，2015 年から EIWAN が支援する「日本語サロン」のサポーターとして関わり，現在は運営委員として活動している。この EIWAN は，フクシマでは唯一の外国人被災者支援団体で，移住女性に対する 3.11 直後の緊急支援や外国人コミュニティとの様々な協働プログラムを通して，地域の市民と「出会い」「つながる」支援をしてきた。次項では，このような EIWAN の活動のなかで見えてきた多様性ある社会，グローバル市民社会への道筋を見て見よう。

V　多文化共生社会，グローバル市民社会への道筋

　EIWAN 活動の始まりは，被災したフィリピン人女性たちとの出会いであった。日本人との国際結婚によって福島に移住し生活していた彼女たちは，日本に長期間住んでいても，日本語の読み書きを習得する機会がないことから，暮らしに必要な情報へのアクセスが難しく，3.11 以後は目に見えない放射線，あるいは将来への不安を抱えながら生活していた。このような移住女性のなかには，3.11 によって職を失ったり，同じ理由で失職した高齢の夫（移住女性の場合，夫婦の歳の差が大きい家庭が多い）の代わりに家計を支えなければならないなど，苦境に立たされる場合も少なくなかった。しかし，このような彼女たちに対する行政側の対応は十分とは言えず，多くの移住女性たちは生活の術がなく，途方に暮れていた。

　EIWAN は，このようなフィリピン人移住女性たちが 3.11 直後に結成した自助グループ「HAWAK KAMAY FUKUSHIMA」と出会い，県外の NGO

---

(9)　前掲『FIA 活動の記録』によれば，震災発生時の国際交流協会担当者たちは，市職員としての災害対応業務に追われて，積極的に外国人支援活動に取り組むことができなかったという。

等の協力のもとで，彼女らの就労支援をはじめた。さらに，「正規雇用の職に就きたい」「子供が学校から持ってくるプリントが読めるようになりたい」などのニーズに応じた日本語学習をサポートするために，福島市と白河市に「日本語サロン[10]」を開設して，移住女性たちが気兼ねなく地域の日本人と触れ合い，日本語学習ができる場所を提供した。この場所を「日本語教室」と言わず，敢えて「日本語サロン」と名付けた理由は，学習者（外国人）と支援者（日本語サポーター）との関係を，「地域社会の協働者」へ発展させたいと願ったからである[11]。

　現在，「日本語サロン」には，移住女性だけではなく，技能実習生として来日している男性たちも多く参加している。国籍別にみると，フィリピン，中国，ベトナム，フィジー，メキシコ，オーストラリアなど，多国籍化しており，日本語学習だけではなく，お茶や食事会などを通して，お互いの違いや共通点を共有している。つまり「日本語サロン」は，カラフルな人たちの交流の場としての役割も担っているのである。

　「日本語サロン」に参加した人たちからは，「ここにくるまで，夫以外の人と話したことがなかった。EIWANで初めて自分の話ができる日本人と出会えた」や「EIWANのおかげでもっと勉強できるようになった。これからもEIWANの活動に参加していきたい」など，支援を受けたことの喜びだけではなく，これから「支援の担い手」として活動していくことへの意欲をみせている学習者も多い。これまで，外国にルーツを持つ者は地域における「支援の対象」として考えられる場合が多かった。しかし，いまや，地域の多様化を担うグローバル市民へと成長しつつある。そうした人々がもつ潜在的パワーは計り知れない。とりわけ，「外国にルーツをもつ子供」たちは，二つの文化を同時に習得し活用できる「ダブルのパワー」を持っており，無限の可能性を秘めている。

---

(10)　現在「福島サロン」は，週1回（木曜日午前）と月2回（土曜日午前），「白河サロン」は，月2回（日曜日午後）開催されている。
(11)　『福島移住女性支援《2018年度》報告書』福島移住女性支援ネットワーク，2019年6月11日。

　EIWAN は，このような「ダブルの子」たちの日本語学習支援だけではなく，[12] 3.11 直後に結成された中国人移住女性コミュニティの「つばさ—日中ハーフ支援会」(2011 年 7 月結成，須賀川市)と「福島多文化団体—心ノ橋」(2014 年 1 月結成，いわき市)，そして「日中文化ふれあいの会—幸福」(2013 年 3 月結成，郡山市)と協働して，子供たちの保養プログラム(「ふくしま多文化キッズキャンプ」)及び継承語(母国語)教育を様々な形で支援している。

　3.11 直後，「子どもの命と健康を守る」という目的で立ち上がった中国人移住女性たちは，子供たちに母国語と文化を継承させたいと思う理由について「それが，私たちが自分の子供と意思疎通する手段であり，自分の子供たちに残せる資源」だからだと述べている。さらに，そのような二つの言語と文化を持つ子供たちが将来「日本社会と国際社会をつなぐ『キズナ』の橋渡し役」を担ってほしいと期待している。[13]

　ここで注目したいことは，日本で生まれ育った子供に母親の言葉や文化を教え込むことによって生じるアイデンティティの混乱やイジメなどを懸念して，自分たちのルーツを隠し，閉鎖的な移住者コミュニティを作って生活していた移住女性たちが，3.11 後に多く使われた「キズナ」という言葉に触発され，自らの価値を日本と国際社会を結ぶ「橋渡し役」として強く認識するようになったことである。[14] このような認識の深まりは，移住女性たちに日本社会への帰属意識を高めさせただけではなく，出身国との繋がりを維持できる継承語学習の必要性を強く感じさせることになった。

　このような移住女性たちによって運営されている継承語教室は，2015 年から宮城県・山形県・新潟県の継承語教室と共同で，「こども多文化フォーラム」

---

(12)　国際結婚によって生まれた子供たちのことを「ハーフ」(半分)と言い表す場合があるが，本論では「半分」というネガティブな言い方ではなく，二つの文化を身に着けている「ダブル」の存在として表すことにする。

(13)　「ふくしま移住女性アピール 2016」『福島移住女性支援ネットワーク(EIWAN)』第 17 号，福島移住女性支援ネットワーク，2016 年 11 月 21 日。

(14)　2016 年 11 月 19 日，第 2 回「ふくしま子ども＆移住女性多文化フォーラム」に参加した移住女性たちは，「ふくしま移住女性アピール 2016」のなかで，3.11 フクシマ以後，毎日のように言われた様々な「キズナ」を通して，「日本社会と国際社会をつなぐ『キズナ』の橋渡し役ができるということに気づかされた」と述べている。

を開催している。2018年5月に郡山で開催された「こども多文化フォーラム」には，中国語教室だけではなく，仙台と山形市にある韓国語教室も加わって，計8団体に属している子供たちが各々の継承語で歌い，踊り，詩を朗読した。さらに外国にルーツを持つ青年たちの体験に基づく様々なメッセージを共有することができた。

このように EIWAN の活動は，3.11直後の緊急「支援」から移住女性グループとの「協働」へと活動内容を発展させ，移住女性たちが地元の市民と出会い，つながる方法を共に模索してきた。その活動の一つが「からふるカフェ」（2015～2017）である。月1回のペースで行われた「からふるカフェ」では，毎回1名の移住女性をゲストスピーカーとして迎え，今までの体験談を聞きながら「多文化共生ってどんなこと」や「つながるために必要なこと」をテーマに，各々の考えを述べ合った。国籍も職業も年齢も異なる参加者たちは，ゲストたちが持ってきたお菓子を食べながら，日本人との付き合いや職場，そして子育ての悩みや不安を，親しみやすい雰囲気のなかで語り合った。

「からふるカフェ」に参加した外国人出身者からは，「みんな同じ悩みを持ちながら頑張っているお話だったので，元気づけられた」，「私と同じ国の人と会えたことが嬉しかった」などの感想が，日本人参加者からは，「外国出身のお母さんたちが，地域の人びととの対応によってどのような気持ちになるか，わかりました」，「外国出身の方がたくさん住んでいるなかで，一つの文化を押し付けることはあまりよくないと感じました」などの感想が出された。ゲストのなかには，文化の違いからくる辛い経験や戸惑いを，ポジティブに捉えることで明るく生活していこうと語る人もいて，「多様な経験から辿り着いた人生哲学に感銘を受けた」という感想もあった。このように，2015年から始まった「からふるカフェ」は，福島市を拠点に，郡山市，二本松市，須賀川市でも開催し，毎回10～30人の在住外国人と地域の日本人が集まって，お互いの違いや共通点を共有することができた。

また，月1回，「白河市日本語サロン」で開いている「からふる食堂」では，フィリピン，中国，ベトナム出身の学習者が母国の料理を紹介し，お菓子や料理を作って食べながら交流を楽しんでいる。さらに，2018年8月26日には，白河市では初めての国際交流イベント「からふるフェスティバル」を開催して，

母国の文化紹介や民族衣装のファッションショー，そして家庭料理を提供した。「からふるフェスティバル」に参加した120人を超える来場者からは，「白河近辺にこんなに外国人が住んでいたとは知らなかった」とのコメントが多く寄せられた。

　このような一連の活動は，小さな町や村に点在している移住外国人たちの存在を可視化し，外国人が関わっているコミュニティの活性化にも影響を与えることとなったが，外国人コミュニティと支援活動には課題が多いことも事実である。前述したEIWANの活動のなかでも見られるように，地域社会との直接的な発信回路を持たない外国人コミュニティは，地域と繋がる活動を後押ししてくれる支援団体や行政との連携が不可欠であった。しかし，資金不足・人手不足の中で，主に地域市民ボランティアの善意で成り立っている支援団体の現実はきびしく，数年先の活動の目途さえも立てられないのが現状である。

　EIWANは，このような厳しい現状を打破するために「ふくしまカラフル（多文化）協働ネットワーク」の結成を試みている。このネットワークに求められるものを整理してみると，①県内の移住グループ，日本語教室など市民団体，国際交流協会などの活動をつなぎ，連携していく。②県内各地で「多文化協働コーディネーター」養成講座を開き，外国にルーツを持っている人々を支援する態勢を整備する。③自治体に対して具体的な政策提言をしていくと共に共同事業を模索していく[15]，などである。

　東京や大阪などの大都会における「外国人集住地域」と違って，福島のような地方都市における「外国人散在地域」は，外国人に対する支援や協働の社会的資源が極めて限られている。このような現状を踏まえて，今後の活動を考えた場合，外国人コミュニティ同士，あるいは地域の市民団体との連携を強めていく必要がある。このような「市民社会ネットワーク」が3.11を経験したフクシマで生まれることは，日本社会だけではなく，世界にも少なからずインパクトを与えるに違いない。こうした歩みを続けていくことで，数十年後のフクシマは，核被災地として人々に記憶されるだけでなく，グローバル市民社会の形

---

(15)　『福島移住女性支援ネットワーク（EIWAN）』第27号，福島移住女性支援ネットワーク，2019年11月11日。

成に向けた先駆者になれるのではないだろうか。

VI　おわりに

　筆者は EIWAN の活動を通して，日本語を習うために「日本語サロン」に訪れる学習者たちの努力を間近で見て来た。なかでも，一番心を打たれたことは，心が通じる日本人の友達を作ることが夢だと語る移住女性の話を聞いた時であった。言葉が通じない，国籍や文化が違うということは，このように心の支えになる仲間の不在を意味することでもある。以後，筆者は外国にルーツを持っている者同士，あるいは外国人移住者と地域市民を繋げる実践的な方法を常に考えるようになった。

　多文化共生社会はグローバルな視点を持つ特別な人やコミュニティの活動だけで成り立つものではなく，地域社会を構成する多様なメンバーが自発的に参加していく道を切り拓いていくことが求められている。このような自発的な参加の手段として，Twitter や Facebook といった SNS の媒体がある。実際，フクシマには近年 Facebook などを通して異文化交流を呼びかける「Fukushima International Meetup」（略して Meetup）などの集まりが月 1 回のペースで行われている。「Meetup」は，国籍や年齢，性別が異なる人々（30 人位）が集まって，日本語と英語によるグローバルな多文化交流を楽しんでいる。この「Meetup」について特筆すべきことは，参加者の多くが自発的に集まった日本人であり，その年齢層も若いことである。その多くはグローバルな視点を持つ，あるいは持ちたい人々で，英語力は初級から上級まで様々である。多文化に触れる機会が少ないフクシマで，このような多文化交流が継続されて，参加者が増えて行くことはとても喜ばしいことである。このような交流は，外国人が持っている語学のパワーを活用した典型的な例として見ることもできるだろう。

　外国にルーツを持つ人たちが直面している問題は，しばしば地域防災などの課題として捉えられる場合が多いが，彼らが持つパワーを活用し，地域のグローバル化や活性化につなげていくことも，これから「多文化フクシマ」を目指して工夫していかなければならない課題である。

　そしてなにより，県外や海外で「どこから来たの」と言われた時に，胸を張

って「フクシマだ」と言えるような変化が訪れることを期待している。今は様々
な課題にぶつかっているが，外国人と地域市民との「キズナ」の火が灯っていき，
フクシマが日本で一番外国人が住みやすい町になることを心から願っている。

【参考文献】

レベッカ・ソルニット（2010）『災害ユートピア──なぜそのとき特別な共同体が立ち上がる
のか』高月園子訳，亜紀書房。

西城戸誠・原田峻（2019）『避難と支援──埼玉県における広域避難者支援のローカルガバ
ナンス』新泉社。

東日本大震災在日コリアン被災体験聞き書き調査プロジェクト編（2015）『異郷被災──東
北で暮らすコリアンにとっての 3.11：東日本大震災在日コリアン被災体験聞き書き調査か
ら』荒蝦夷。

藤森立男・矢守克也編著（2012）『復興と支援の災害心理学──大震災から「なに」を学
ぶか』福村出版。

毛受敏浩・鈴木江理子編著（2007）『「多文化パワー」社会──多文化共生を超えて』明石
書店。

吉冨志津代（2013）『グローバル社会のコミュニティ防災──多文化共生のさきに』大阪大
学出版会。

第7章

放射能からこどもを守る医療生協運動
——「核の公害（核害）」の街で生きる——

山田　耕太

I　はじめに

　筆者は福島県郡山市に居住している。あの日，子どもの中学校の卒業式が
終わり，自宅で突然の激震に襲われた。家が倒壊してしまうのではないかと思
うほど激しく揺れた。無謀にも食器棚を必死に押さえていたが，激しい揺れに
は耐えられず，物が倒れ落ちる音を聞きながらしゃがみこんだ。身を守ること
で精一杯だった。早く揺れが収まることを願うだけで全く無力だった。
　郡山市は福島県の中通り地域のほぼ中央に位置し，東京電力福島第一原発
まで約60キロである。朝刊は，「福島第一原発二号機原子炉水位低下。国，
避難指示」(3月12日)，「一号機爆発，放射性物質拡散か」(3月13日)，「県民
12万人避難，三号機も炉心溶融で爆発の恐れ」(3月14日)，「三号機も爆発，
二号機は空だき」(3月15日)，「四号機爆発，高度放射能漏れ」(3月16日)，
「原発危機続く，生活物資ピンチ」(3月17日)の見出しで福島第一原発事故の
状況を報じた。原発事故が現実に起こった。当時はリアルタイムで知ることは
できなかったが，3月15日に放出された放射性物質は放射性雲となり，昼近
くに郡山市上空に飛来した。午後2時頃に空間放射線量が上昇し，福島県郡
山合同庁舎では最大毎時8.26マイクロシーベルトを観測した。夜の雨で放射
能物質が住宅地をはじめ森林，河川，大地を汚染した。形も見えず音もせず，

---

(1)　福島民報社「福島民報」。
(2)　郡山市「ふるさと再生除染実施計画」(第6版)，2017年3月。

においもしない放射能物質が生活の場を汚染した。わたしたちは核の被災者と
なったのだ。

　福島県内には5つの医療生協がある。筆者の勤務する郡山医療生活協同組
合（以下，郡山医療生協）は，原発事故にともなう被害を「核の公害（核害）」で
あると認識し，一人ひとりが「核害の街で生きる」現実と向き合い，「放射能汚
染に立ち向かう！ 地域まるごと暮らしと健康をまもる大運動」[3]に取り組んだ。

　専門家を講師に市民科学者養成講座が開かれ，学習と実践は市民科学者を
多数生み出した。初めて手にした線量計は高線量地点を発見し，単に個人の
測定にとどまらず情報を発信し，共有し，改善をはかる市民の道具となった。

　福島県内の医療や介護の職員不足は深刻であり，現場の厳しさは今も変わ
らない。子育てしている職員を中心に，「親子リフレッシュ企画」に取り組み，
「子ども保養プロジェクト」に参加した。全国から医師や看護師の支援派遣が
あり職員が参加できるようになった。この取り組みは支援に支えられて現在も
続いている。

　郡山医療生協は自治体の除染計画が定まらない初年度の段階から，核害に
対する特徴的な取り組みを実践した。本章は，郡山医療生協の活動から立ち
上がった市民の姿を紹介する。すでに，機関紙「みんなの健康」[4]や「郡山医
療生協対策本部ニュース」[5]「核害対策室くわのニュース」[6]で報告されている
のでこの記録から市民科学者の養成，市民の手による測定活動，親子リフレ
ッシュを中心に紹介したい。

(3)　郡山医療生活協同組合「放射能汚染に立ち向かう！ 地域まるごと暮らしと健康をまも
　　る大運動プロジェクト」2011年。
(4)　郡山医療生活協同組合機関紙「みんなの健康」（2019年11月1日アクセス）http://
　　www.koriyama-h-coop.or.jp/corp/menb/koho_3.html。
(5)　郡山医療生活協同組合対策本部「東日本大震災福島第一原発事故郡山医療生協対策
　　本部ニュース」2011年3月-2012年3月。
(6)　郡山医療生活協同組合「東日本大震災福島第一原発事故核害対策室くわのニュース」
　　2012年4月-2018年4月。

II 「放射能汚染に立ち向かう！
地域まるごと暮らしと健康をまもる大運動」の全体像

1 郡山医療生協の歴史

　郡山医療生協は，沖縄返還の前日1972年5月14日に創立され，宮本百合子『貧しき人々の群』のモデルK村（旧安積郡桑野村）に診療所を開設した。現在は桑野協立病院を中心に医療と介護事業をおこない，組合員は健康づくりに取り組んでいる。全国的には，日本医療福祉生活協同組合連合会（以下，医療福祉生協連）に加入し，病院と介護事業所は全日本民主医療機関連合会（以下，民医連）に加盟している。医療福祉生協連の「いのちの章典」と「民医連綱領」を掲げて日々医療と介護を実践している。組合員は現在，約25,000人で地域に28の支部をつくり，支部を単位に約450の班が活動をすすめている。

　政府・自治体，健康保険者はデータヘルス事業で健康管理と医療費対策をすすめているが，健康は私たち一人ひとりの主権の問題である。毎日の労働や生活習慣，人とのつながり合い，お互いの配慮，地域の問題解決に取り組むこと自体が健康づくり運動である。しかし，自己責任を中心とする日本の政策は独居や貧困，外国人居住者等の困難な事例に冷たい。2019年10月，桑野協立病院は経済的理由で医療をあきらめないように社会福祉事業である「無料低額診療事業」を開始した。単に窓口負担の免除や減額をおこなうだけでなく，生活問題を解決するために，患者・組合員，職員がいのちと健康，人権を守ることを目指している。

2 3.11直後の二つの活動
——「正確に学ぶ放射線，人体への影響」「怒りを胸に，最大防御を」

　震災直後，職員は散乱した病室や外来で患者に寄り添った。在宅介護支援先に水を届けた。保育所が倒壊寸前となり保母が子どものいのちを守った。組合員は近所を訪問し無事を確かめ合った。一人ひとりがいのちを守るために行動した。深夜の給水車で給食用水を確保し，病棟の配膳はバケツリレーでおこなわれた。事務は現場を支えた。全国の医療生協や民医連から支援物資

や激励のメッセージが届けられ，病院の維持や職員の生活を支えた。そして3週間後には通常の診療体制に近づいた。

　福島第一原発事故に向き合うため，職場や地域で何度も学習会が企画された。活動のスローガンに，「正確に学ぶ放射線，人体への影響」「怒りを胸に，最大防御を」掲げ，放射能そのものの理解と身体への影響，外部被ばくと内部被ばく，被ばく低減の方法，メンタルヘルスについて，原発事故の推移や放射能物質の拡散状況，法律・行政手続相談など，外部から何人もの講師を招き，話を聞いた。身体的にも精神的にも体調を崩す方が正常な反応であることや「安全，安心，安眠」の環境が最低限必要なこと，生活や仕事の支援を通して「守られている」「支えられている」という感覚を持てることが大切であることを確かめ合った。

　6月の総代会で「放射能汚染に立ち向かう！　地域まるごと暮らしと健康をまもる大運動」が提案された。その内容は次のとおりである。

　1　身の回りの放射線量を測定して，放射線量測定マップをつくろう。

　2　高線量の箇所を表土除去などで除染しよう。「ひまわり運動」をひろげよう。

　3　放射線から離れる（距離），被ばく時間を減らす（時間），放射性物質をさえぎる（遮蔽）の3原則。できる限り放射線を受けないように生活の知恵を出し合おう。側溝など高線量の場所に近づかない，屋内に入るときは上着の表面を払い落とす。

　4　子どもの被ばくリスクを減らそう。定期的に子どもと親が放射能から離れる時間をもつ企画に取り組もう。

　5　放射能について正しく知ろう。

　6　正確な情報，除染，健康診断の充実，原発事故の調査と公開，廃炉とエネルギー政策の転換，被害・損害の責任を明確にして補償と賠償をなど，わたしたちの声を実現させよう。

　こども，孫を放射能汚染から守りたい，何かしたいと組合員と職員の実践が始まった。一人ひとりの行動が，大きな運動へとひろがった。次頁表1に特徴的な取り組みを示しておこう。

表1　活動年表

年度	内容
震災直後	○避難患者の受入，避難所での健康チェック，炊き出し ○診療縮小，断水と水の確保，臨時学童保育，臨時避難所の運営，公用車のガソリンと通勤手段の自転車確保，建物設備補修 ○全国の民医連，医療福祉生協から物資の支援，医師，看護師，技師等の派遣支援。現在も連帯支援続く。 ○放射能汚染を考える学習会 ○東日本大震災福島第一原発事故郡山医療生協対策本部ニュース発行開始 ○職員緊急集会で3月31日まで郡山医療生協の事業と職員の生活を守る非常事態と位置づけ厳しい状況を乗り越えていくことを確認 ○通常の病院・介護機能の回復
2011年度	○放射能に立ち向かう地域まるごと暮らしと健康をまもる大運動 ○放射線量計の貸出，測定，地域で放射線量測定と汚染マップ作成 ○除染活動の学習会 ○全国の民医連と医療福祉生協等へ学習会の講師活動 ○ベラルーシ・ウクライナ福島調査団参加 ○病院施設・敷地，保育所の定点放射線量測定開始 ○福島県学校等環境放射線モニタリングとして病院の保育所前に放射線監視装置（モニタリングポスト）設置される ○子ども保養企画の実施，全国各地での低線量地域での保養受入企画，福島県生活協同組合連合会子ども保養プロジェクト医療スタッフ看護師派遣開始 ○仮設住宅被災高齢者生活支援 ○なくせ！原発10・30大集会inふくしま

3　医療生協「いのちの章典」の実践，核害に向う主体的活動，そして市民とつながる連帯としての「ひまわり運動」

　福島県内では，3月下旬から放射能物質を根に吸収するといわれた「ひまわり」を植える運動があちこちで始まり，郡山でもひまわりの種を植える運動がひろがった。お店の種が在庫不足にもなったが，静岡や香川，富山など全国各地からひまわりの種が届けられた。届いた種は病院や病院保育所の敷地に植えられ，病院窓口では小分けにしたひまわりの種を患者に持ち帰ってもらっ

2012 年度	○核害対策室くわのニュース発行開始 ○組合員の子どもひまわりプロジェクトと職員の子ども被ばく低減プロジェクト統合の核害対策委員会発足 ○放射能問題，空間放射線量測定，食品放射能測定，除染など「測定」「除染」「防御」の担い手づくり，学習と実践がひろがる ○食品放射能測定器設置と測定開始，測定器使用方法学習，移動式簡易測定器の組合員班会での実施 ○体表面汚染のスクーリング検査器FTF（ファースト・トラック・ファイバー）の設置と利用開始 ○日本原水協マーシャル諸島ロンゲラップ島民支援代表団へ代表派遣 ○組合員，職員の被災地視察開始 ○原発避難者サロンの開催，仮設住宅訪問開始 ○国際協同組合年
2013 年度	○支部ニュース測定マップ発行 ○放射能に関するアンケート 820 名回収 ○放射能に立ち向かう市民科学者養成講座 ○核害の街に生きる活動交流集会 ○郡山市ふるさと再生除染実施計画にもとづく除染始まる ○除染作業員の電離放射線健康診断開始 ○桑野協立病院増改築まつり
2014 年度	○放射線健康相談外来の開始
2015 年度	○桑野協立病院増改築竣工
2016 年度	○福島県民健康調査甲状腺エコー検査の受託開始
2017 年度	○FTFスクーリング測定終了
2018 年度	○核害対策くわのニュース 2018 年 4 月 1740 号で定期発行中止

た。職員や組合員を通じて，実に 7,500 袋のひまわりの種が地域に配られたという。芽が出始め，成長を見守り，線量計で効果を試した。担当者は「核害をなくす努力をしているということを多くの人に一目で理解してもらうために，今年も，そして来年もひまわりの種を蒔きます」と訴えた。

　郡山医療生協「核害対策室くわの」室長は，職員や組合員をはじめ全国に「核害の街で生きる」メッセージを何度も発信し，ひまわりを植える意味をこう述べた。医療生協の「いのちの章典」を据えること，核害に立ち向かう主体と

して基本的人権を主張すること，現在の状況は原発が主権を取り戻すか，わたしたちが主権を取り戻すかの分岐点とみる，基地に主権を奪われた市民，核施設に主権を奪われた市民，核害に悩む市民とひろく連帯することである。

　核の被災者となった私たちは，ひまわり運動を通して市民とつながった。初めての夏は，福島空港をはじめ地域のあちこちにひまわりが福島の花になりそうなくらい咲き誇った。

Ⅲ　市民科学者の自主的活動

1　あなたも市民科学者になろう──市民科学者養成講座

　NHK の番組「ネットワークでつくる放射能汚染地図〜福島原発事故から 2 か月〜」で県内各地で放射線量の測定をする様子が放映された。この行動する科学者は木村真三である（NPO 法人放射線衛生学研究所代表，獨協医科大学国際疫学研究室准教授）。

　そこで，この木村を講師に招いて，「あなたも市民科学者になろう，市民科学者養成講座」が 5 回ほど開催された。

　第1講　市民科学者になるにあたって　桑野協立病院院長「核害のまちで生きる」シンポジウム

　第2講　放射線に関する基礎知識　空間線量，食品線量の測定，FTF 測定実習

　第3講　放射線測定作業の基礎と事例紹介

　第4講　フィールドワーク　現地視察・原発避難地域の現状

　第5講　グループワーク　福島県の復興への取り組みとわたしたちの活動

　放射能に関する科学的な知識と視点をもち，行動する市民になろうと 75 名の職員，組合員が参加した。全体として，「放射能汚染による健康への影響は無いのではなく，まだよく判らない」「放射線のことを知るために基礎を学ぶこと」「科学者と市民科学者が協力してこの地で闘っていくこと」，放射線の種類と半減期，人体への影響，食品測定器の実習，避難地域の放射線量測定と除染状況の調査がおこなわれた。

　参加者からは，知ること，そして生きることについて，次のような声が寄せ

られた。

・「危険だ，大丈夫だという判断は数年ではできない。測ること，知ること，記録することが重要だ」
・「水俣や足尾，原爆の問題と同じく，一人ひとりが小さな声でも発していかないとなし崩しになってしまうのではないか」
・「少しでも注意して調理や除染を実践することが内部被曝軽減につながる」
・「被曝軽減の意識と実践をなくさないようにしたい」
・「傍観者でどんなに情報を集めても何が正しいかという確信は持てない。自分が一歩踏み出し行動して困難に直面してこそわかる」
・「この地を選んで人生をかけた生き方をしてきた以上，情報の真偽を判断する科学的な根拠，知識を身につけたい」

2　放射線量の自主測定と手探りの除染活動

　放射線量測定活動は，放射線技師が病院敷地内の測定結果を毎日病院の受付に表示することから始まった。

　新たな放射線量計はすぐには入手できなかったが，6月に岡山医療生協から10台，日本医療福祉生協連から25台が生協本部に届けられ，地域の支部や組合員への貸し出しができるようになった。

　測定がひろがるにつれ放射線量が高い地域や地点をつかめるようになり核害前とは違う現実が分かった。組合員が住宅や近所の測定をすると近所や通りがかりの人から声をかけられた。初めて手にした放射線量計は，市民の確かな情報源になった。郡山市内のほぼ全域が核害前の放射線量の10倍を超え，毎時10マイクロシーベルトを超えるホットスポットも分かった。こうした自主測定活動に参加した人たちから，次のような声が上がってきた。

・「小学生の通学路や公園等こどもが集まったり立ち止まったりするところを重点的に測定した」
・「町内会役員，子供会役員と一緒に日曜日に測定し，公園のすべり台付近が高かった。汚染マップを作成して集会所に展示する」
・「測定をしていると親子から声を掛けられた」
・「こどもを放射線から守ろうと思う気持ちがどこでも強かった」

・「初めて会う方から声がかかり好意的な会話を交わした。線量測定が多くの家庭の希望であると実感した」

・「線量が高いところを発見して土を取り除いた」

・「除染したところとそうでないところの線量を比べたら明らかに数値が違った」

・「数値がわかり見えない放射線が見えるようになった」

・「測定結果を町内に回覧し，数値の高いところは草や土を部分的に除去してその場に埋めてビニールシートを覆いかぶせた」

・「屋内を水ぶきしたら若干下げることができた」

・「側溝や雨どい，芝生，木の下，1階よりも2階，屋根の上にかぶせていたブルーシートで線量が高い傾向にあった」

・「線量の低いところもあったが低いといっても原発事故前の10倍以上になっていることに注意して除染を促さなければならない」

・「車のマットの線量が高いのでよく清掃しよう」

　こうした活動はニュースに掲載されて，ネットで拡散された。支部は支部ニュースで情報を発信した。

　1年間ののべ参加者は680人となり，測定回数348回，測定個所は4,032カ所を数えた。毎月の定点測定，放射線量測定ウォーキングなど測定の継続が工夫された。放射能に汚染されていること，数値の異常さ，深刻さがはっきりすることとなった。

　国や自治体の除染が進まない中，放射能防護の知恵を出し合って，自主的な表土除去や除染作業がおこなわれた。県内で除染作業の実習を受け，「除染し隊」有志が病院まわりや保育園まわりの側溝，線量の高かった職員宅にも行き，洗浄機とブラシを道具に被ばく低減に取り組んだ。地域全体の除染が共通の要求となり，郡山医療生協は郡山市や田村市，本宮市など組合員自身が自治体と懇談を重ね，除染の予定や全住民に無料で健診を実施すること，血液像検査や甲状腺エコー，尿中セシウム検査，内部被曝の検査を提案した。田村市では「田村市の放射能汚染状況の調査結果の開示及び除染等に関する陳情」が採択され，県内では先駆けて食物のベクレル測定や小字単位の細やかな線量マップの開示につながった。

3　意識の変化にみる市民の苦悩の深まり，内向化

　2013年，「放射能に関するアンケート」を実施した。2カ月で820人から回答が寄せられた。不安や悩み，今後の対策について地域の声を集めた。震災から2年がたち，放射線量測定や被ばくを避けるための行動について，「今はしていない」という傾向がみられた。2年が経過して放射能汚染を考えることに疲れた様子がうかがえた。震災から9年がたつ今，職場の友人によれば「震災直後から原発関連のニュースを見ないようにしてきた」「放射能の影響に対峙することから逃げてきたのかもしれない」「子どもの健康に悪影響を及ぼしたことが分かれば後悔と自責の念に堪えられない」と言う声が聞かれた。この気持ちは真実である。筆者も似た思いを抱く。「自分自身の奥底に忘れてはいけないとの気持ちが残っているが行動しいない自分がいる。多忙であえてそうしている自分がいるのかもしれない」「あらためて震災・原発事故の体験者のひとりとして社会に問題があることを発信したい」という声もあった。2年で意識は変化した。

4　放射能に立ち向かう大運動から6年，ようやく市による除染終了

　行政による除染は，放射性物質汚染対処特措法に基づき，国が除染実施計画を策定し除染を行う「除染特別地域」と市町村が除染実施計画を作成し除染をおこなう「汚染状況重点調査地域」に分けて進められた。「除染特別地域」は，積算線量が年間20ミリシーベルトを超える恐れがある区域であり，「汚染状況重点調査地域」は追加被ばく線量が年間1ミリシーベルト以上の地域を含む市町村とされた。

　2011年4月，福島県学校等環境放射線モニタリングでは，病院の保育所前の高さ1センチで毎時2.9マイクロシーベルト，1メートルで1.5マイクロシーベルトが測定された。線量を下げるために，父母会と保母，職員は付近の洗浄や側溝の土壌除去をおこなった。同じ時期，福島県災害対策本部による放射線量測定では，郡山市内の小学校1施設，中学校3施設，幼稚園1施設が国の基準を超えた。

　筆者の居住する地域では，6月に郡山市から町内会に「公園の利用制限についての依頼」が回覧された。付近の公園が毎時4.4マイクロシーベルトで基

216

準値 3.8 マイクロシーベルトを超えているので「小学生以下のこどもの利用は
控えてください」「中学生以上でも利用は 1 日 1 時間程度としてください」「利
用後は手や顔を洗いうがいをしてください」というものだった。町内会も独自
で各住宅を測定し，町内会平均 1.36 マイクロシーベルトの結果を伝えた。小
中学校区の放射線量はそれぞれ毎時 4.5 マイクロシーベルト，4.4 マイクロシー
ベルトだった。桜の季節，テレビはマスク姿で登校する子どもたちを映した。
転校によりクラスの人数が減少し，夏休み後はさらに減少した。11 月に小学
校と PTA が日曜日ごとに通学路を高圧洗浄機とデッキブラシで除染作業をお
こなった。各世帯では市の広報を参考に各自除染の対応をするしかなかった。

　12 月郡山市は「郡山市ふるさと再生除染計画」を策定し，市内全域の追加
被ばく線量を年間 1 ミリシーベルト（高さ 1 メートルで毎時 0.23 マイクロシーベルト）
未満に，米・野菜等の農畜産物やきのこなどの林産物，牧草については放射
性セシウムが基準値を超えないことを目標に，放射線量の高い地区から一般
住宅，保育所，小中学校，道路，公園，農地・牧草地，ため池等の除染作
業を開始した。住宅除染の内容は，屋根の高圧洗浄や雨どいのふき取り，植
栽の除草，地面の表土除去である。組合員が放射能に立ち向かう大運動を起
こし，地域で測定活動や被ばく低減に取り組んで 6 年以上経過した。2017 年
12 月，市はようやく除染を終了させた。放射線量は全体として低減している。[7]

　個人住宅の除去土壌は宅地の地下に埋設保管するか地上にドラム容器保管
するかで現場保管しなければならず，住宅にドラム容器が置いてある光景が日
常化した。道路除染で発生した除去土壌は仮置場及び公園，市役所駐車場等
の地下に埋設され，公園は高さ 3 メートルくらいの囲いが立てられて入れなく
なった。除染作業員がマスクをしながら懸命に除染作業している一方で，土や
砂が舞う中で子どもたちが外で遊んだ。2013 年に福島県，双葉町，大熊町が
中間貯蔵施設建設を容認し，保管した除染土壌等は，郡山市内の中間貯蔵施
設輸送への積込中継所に搬出し，環境省が市町村に配分する輸送量に応じて
中間貯蔵施設に輸送している。こうした除染の進捗状況を知らせるため市役所

(7)　郡山市の放射線量推移（2019 年 11 月 1 日アクセス）https://www.city.koriyama.lg.
jp/soshikinogoannai/seikatsukankyobu/genshiryokusaigaisogotaisakuka/
gomu/2/1/3157.html。

には除染情報ステーションが置かれた。

5　県内の避難区域とチェルノブイリの現場を訪ねて

　郡山医療生協の職場教育委員会が主催し，原発被災地視察（いのちの章典
――原発被災地から学ぶ）が毎年実施されている。避難区域の現場に行って現
状を知り問題を共有し原発廃炉の運動に結びつけること，視察の体験で学ん
だこと，感じたことを全体の学びとすることを目的とした。筆者は 2014 年に視
察したが，田畑や道路には除染廃棄物が入った黒い袋が積み重ねられ，一般
車両の通行はほとんどなく，J ビレッジから作業員を乗せた大型バスが何台も
走っていた。「国道をただ通過しては分からない。避難指示解除準備地域で日
中自宅に戻れるが午後 4 時以降は居られない。自分の家に当たり前に住めない。
この状況をどう捉えれば良いのか」「住民の姿は見られず中央資本複合体の除
染車両ばかり。異様な光景」「原発はもうどこにも要らない。あってはならな
い」など感想を伝えている。福島県で起きている現実を自分たちのこととして
感じ，経年的な変化もつかもうとしている。

　2013 年に郡山医療生協の職員が「ふくしま復興塾」の一環でチェルノブイ
リ 4 号機のあるウクライナ視察に参加した。1986 年の事故以来，チェルノブイ
リ原発施設は石棺で覆われたままで，現在 100 年耐用の新石棺が建設されて
いるが廃炉の方法がまだ決まっていない。ウクライナの市民はチェルノブイリ原
発のツアーに取り組むなど，現実に向き合い事故を風化させないという気持ち
が強いと感想を述べた。

Ⅳ　放射能から健康をまもる保健活動

　福島県と福島県立医科大学は，県民健康管理調査として，全県民の被ばく
直後の外部被ばく線量を推計する「基本調査」と，「詳細調査」である当時 18
歳以下の県民約 36 万人を対象に甲状腺の状態を調べる甲状腺エコー検査を
おこなっている。甲状腺エコー検査は 20 歳を超えるまでは 2 年ごとに，25 歳
以降は 5 年ごとに実施する。判定結果により二次検査をおこない，福島県立
医科大学県民健康管理センター「甲状腺通信」で検査結果の概要を伝えている。

郡山市保健所放射線健康管理センターは，ホールボディカウンターによる「内部被ばく検査」を実施しているが，測定者は 2015 年をピークに減少傾向だ。さらに，郡山市教育委員会は 2011 年 10 月から「個人積算線量計」を希望者に配付し，年に 4 回線量測定結果を通知しているが，測定者は当初約 2 万 5,000 人だったところ 2013 年には 1 万人を割り，2019 年は 3,100 人程度となった。測定結果の概要は市のホームページに公表されている。[8]

こうした行政サイドに対して，郡山医療生協は，全住民への無料健診と血液像検査の市への要望が実現しなかったこともあり，独自に組合員健診で白血病などの造血機能異常の早期発見のために白血球像検査を加えた。次頁表 2 のとおり毎年 3,000 人以上の健康を見守っている。希望者には甲状腺エコー検査も実施している。除染作業員や原発施設労働者に対する電離放射線健康診断の受診者はのべ 1,400 人を超えた。福島県の委託を受けた福島県民健康調査の甲状腺エコー検査に当病院の認定医と認定技師があたり，同時に双葉町・浪江町住民甲状腺エコー健診，生活クラブふくしま契約検査も実施している。放射線健康相談を毎月実施して不安に応えている。2016 年には小児科を開設して子どもから在宅支援まで保健，医療，福祉のネットワークをひろげた。

また，外部被ばくを組合員がいつでも測定できるように，体表面汚染の検査器「ファースト・トラック・ファイバー」や，食品や食材の放射能測定器を独自に設置し，次頁表 3 のとおり測定を続けた。

V　こどもも親ものびのび ──「こどもひまわりプロジェクト」
「親子リフレッシュ企画」そして「子ども保養プロジェクト」

休日や夏休みに放射能汚染から一時的にでも離れ，被ばく低減とリフレッシュするために，理事会に「こどもひまわりプロジェクト」が置かれた。支部の組合員がおこなう放射能測定とマップづくりを支援し，こどもの被ばく低減を目的とした郡山医療生協独自の親子リフレッシュの企画がたてられた。参加費

---

(8)　郡山市個人積算線量測定結果（2019 年 11 月 1 日アクセス）https://www.city.kori-yama.lg.jp/bosai_bohan_safecommunity/shinsai_hoshasentaisaku/4/gaibuken-ko/10012.html。

表2　保健活動の推移（人）

	2012	2013	2014	2015	2016	2017	2018
健診（地域）	3,214	3,297	3,344	3,275	3,422	3,375	3,337
健診（事業所）	5,565	5,917	6,156	6,213	6,718	7,201	6,996
電離放射線検診	-	181	312	398	229	98	94
放射線健康相談	-	-	-	84	54	36	25
甲状腺エコー検査	-	-	-	-	24	22	25

注）表2の甲状腺エコー検査は福島県民健康調査委託数の数。その他に双葉町・浪江町の契約健診，生活クラブふくしま健診，放射線健康相談での甲状腺エコー検査が実施されている。

表3　ＦＴＦによる外部被ばく，食品・土壌の放射線量測定（件）

	2012	2013	2014	2015	2016	2017	2018
FTF	549	644	256	290	179	93	0
食品・土壌	-	361	160	77	79	37	30

軽減のために医療福祉生協連や民医連からの募金や法人の負担が繰り入れられた。比較的放射線量の低かった会津地方で宿泊施設を探し，職員の協力で自然豊かな農作業体験をおこない子どもたちの笑顔があふれた。借りたペンションに家族で短期滞在で利用した。

　夏休みには全国の民医連や医療生協で親子リフレッシュ企画に取り組まれ，職員が家族で参加した。日曜日には労働組合が会津地方や新潟方面へのリフレッシュ企画をおこなった。全国から医師や看護師，薬剤師等の派遣支援を受けたこともあり，子育て中の職員が参加することができた。現在も全国各地で親子リフレッシュ支援が企画されている。新潟県のながおか医療生協は，2012年から8年連続で親子リフレッシュ企画の受け入れをおこない，2019年度は福島県内の子ども22人と大人19人が参加した。

　福島県生活協同組合連合会は，2011年12月に福島大学災害復興研究所と福島連携復興センターと共催で「福島の子ども保養プロジェクト」（愛称「コヨッ

220

ト！」）を立ち上げた。(9) 物的損失や家族を亡くしたことによる困窮，仕事を失う
など生活に大きな影響が及び，生活を立て直せたケースばかりでなく困難が続
く事例も少なくない。コヨットスタッフ研修会によると，福島県内の10歳前後
の子どもには肥満傾向がみられ，震災と放射能汚染の影響で屋外活動の制限
により運動不足が定着しているという。子どもたちが安心してのびのび遊べる
機会を提供し，子どもと保護者が心身両面から保養でき，保護者のニーズを
把握した支援活動が取り組まれている。2019年3月末現在で，累計1,787企
画に8万4,769人が参加する規模の大きい取り組みである。郡山医療生協はこ
の企画に看護師を毎回派遣し，医療スタッフの役割を担っている。

　こうした親子リフレッシュ企画や子ども保養プロジェクトに参加した職員から，
次のような声が寄せられ，職場にニュースとして紹介された。

・「魚のつかみ取りや，初めて顔を合わせた子どもたちが楽しそうに活発に行
　動しているのを見て，これが本来の子どもたちの姿であると強く感じた」
・「帰宅しても写真を手に思い出話が絶えない」
・「地域の優しさと温かさに触れ，家族で楽しみ，本当に休めた」
・「帰ってきていい仕事をしたいと思った」
・「送り出してくれた職場と，職場に支援看護師を派遣してくれた民医連に感
　謝」
・「福島を忘れないでいてくれることがうれしい」

　核害によって，福島県内の医療や介護の職員不足は深刻になり，福島に残
った職員，働くことを選んだ職員の現場は今も大変である。除染で放射線量
が下がっているとはいえ，長期的な不安を抱えている。全国の仲間に支えられ
たという意識は，子育てと仕事を通していのちに向き合い，次の参加者を送り
出していった。また，企画した全国の医療生協や民医連は，診療所のカンパ
箱に寄せられた寄付，行事でのバザー売上，職員の募金運動などで滞在費用
や支援物資の経費を支援した。全国のどれだけ多くの患者，組合員，職員の
方々に支えられてきただろうか。

(9)　福島の子ども保養プロジェクト（2019年11月1日アクセス）http://fukushimaken-
　　ren.sakura.ne.jp/。

　1986 年にチェルノブイリ原発事故の汚染地域となったベラルーシ共和国では，国費で汚染地区に住む子ども向けの保養の取り組みを続け，年に 1 回は住んでいる地域から1カ月離れて汚染の無い地域にいる機会を無料で提供しているという[10]。日本は住民が中心となって保養企画に取り組んでいる。ベラルーシでは医療，教育，心理を柱とする保養プログラムがおこなわれ，安全でバランスの取れた食事や運動で，保養の開始時と終了後に医師とカウンセラーによる検査から保養の効果を判断しているという。原発事故から 9 年となり，当時生まれた子どもは小学生になった。避難区域の解除や支援打切りで子どもの帰還を選択した時，個人任せではなく，保養の機会やプログラムを公的機関が整備していくことが必要だ。

VI　おわりに

　震災の数日後，高校の合格発表を見に行った娘から「合格したよ」と連絡を受けたものの，「早く家に戻って避難して」「そうだね」と短い電話を終えた。雪が降る中，外に掲示された発表を見に行った中学生は学校から入学書類を受け取った。後から分かるのだが，この日は郡山で放射線量が最大となった翌日である。悔しいがこのことは一生忘れない。筆者の自宅では部屋の測定値が公表された公園の空間線量より高かったため，少しでも被ばくを防ごうと子どもと 1 階で寝る生活を続けた。現在，娘は県外で働き，息子も間もなく県外で働き始める。2 人の子どもは大人になった。娘は執筆中の本稿を読んで，「当事者だけど福島から離れて 6 年経って忘れかけていた。郡山医療生協は放射能対策についてこんなに取り組んでいたんだね。静岡のサマーキャンプに行けた理由が分かったよ。ありがとう」と言った。

　2015 年に国連で採択された「持続可能な開発のための 2030 アジェンダ」は，社会問題と環境問題を世界が取り組むべき二大目標と示した。そして「貧困をなくそう」「すべての人に健康と福祉を」「不平等を減らす」「住み続けられるまちづくり」「エネルギーをみんなに，そしてクリーンに」「平和と公正をすべての

---

(10)　疋田香澄『原発事故後の子ども保養支援』人文書院，2018 年。

人に」など持続可能な 17 つの目標を掲げた（SDGs）。

　地震や台風，豪雨，水・土砂災害，噴火，豪雪，猛暑など全国各地で地球のエネルギーは人々を脅かしている。人類が現代まで気候が安定する中いのちをつないだ完新世の時代は 1 万年以上続いたが，長い間人類が地球に影響を与え続けて新たな地質時代「人新世」が始まっているという[11]。地球の維持と人類の困窮や大災害を可能な限り防ぎ，人新世を生きることを学ばなければならない。「3.11 フクシマ」を生きて，核（原発）は地球や人類とともにあるべきではないと言える。

　西川潤は，2030 年という近未来へむけて 90 億人に近づく世界が破滅でなく協調に向かう未来への選択を論じた[12]。支配・従属関係という現代の強者と自己利益優先，優劣感と孤立化が世界の破滅化を支えている。協調への未来の選択は一人ひとりが自信を取り戻し価値観を変化（転換）することから始まる。自分が仲間や社会と努力して自律性を取り戻し，自分なりの豊かさに目覚め，役立ち感をもてる居場所やつながりをつくることから共生と民主主義が蘇る。それを土台に国家の民主化，企業の市民化，国家の市民国家化，平和国家化へと進行する可能性が出る。2030 アジェンダはその手がかりになると考えることができる。

　利益獲得を求めて国境を越える資本は一瞬にして世界を飛ぶ。一方，生活者（最終消費者）がより良い生活を願って寄せられた出資金は，そこで働き，活動し，いのちを守り，支え合い，全国の方々に支えられ続け，放射能汚染に立ち向かい地域まるごと健康づくりに取り組み，組合員を支え，事業を守った。この 9 年の歩みを自覚し，豊かさの方向を見失わないよう，医療と介護を実践したい。筆者は今日も職場の仲間と帳簿をつないでいる。郡山医療生協はもうすぐ創立 50 周年を迎える。

　なお，次頁から，参考のため「大運動プロジェクト」についての資料を添付する。

(11)　クリストフ・ボヌイユ／ジャン＝バティスト・フレソズ『人新世とは何か——〈地球と人類の時代〉の思想史』（2018）野坂しおり訳，青土社。
(12)　西川潤『2030 年未来への選択』日本経済新聞出版社，2018 年。

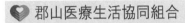

郡山医療生活協同組合

放射能汚染に立ち向かう！
地域まるごと暮らしと健康をまもる
大運動プロジェクト

核害のまちに生きる　緊急に必要なこと（提言）

1. 各家庭で線量計を持ち身の周りの放射線量を測定してみること。放射線量測定マップをつくること。
2. 今、自治体がやっている除染活動をみんなで応援すること。子どもの集まる場所全てで表土除去を進めること。
3. 全国の機関に呼びかけて除染活動ボランティアを招集すること。
4. 自治体は汚染物質の暫定的な扱いを早急に決めて今実施している除染方法を全国に向けて更に発信すること。
5. ひまわり運動を拡大すること

郡山医療生協は自治体、関係機関、各団体と懇談と申し入れ活動を進めます。

桑野協立病院院長　坪井正夫

大運動をすすめるために ～できることから始めよう～

福島県では、3月11日に発生した東日本大震災と併せて福島第一原発事故の放射能問題により、長期的な環境被害・健康被害にさらされているとともに、全国的・世界的な風評被害を避けられない状況となっています。

医療生協の健康づくり・まちづくり運動が揺るがされている今こそ、わたしたち郡山医療生協では、地域まるごと暮らしと健康をまもる運動が求められています。不安な日々が続く状況ではありますが、放射能汚染に立ち向かい「自分たちができること」を一歩一歩すすめていきましょう！

 ## 放射線量測定マップをつくろう！

医療生協では支部(26支部)に1台の線量計確保をすすめています。

6.18現在10台確保　貸出可（事前申込要）

身近なところの線量は？ ～生活圏域での正確な線量情報を得よう～

あなたのお住まいの地域は何μSvかご存知ですか？実際に測定し汚染状況を把握することで、具体的な除染・防護活動につながります。そのためには、線量計が必要です。個人で購入するには高価なもの。それでも身近なところに1台は必要。町内にひとつの線量計確保のために要望を出しましょう。

～ 地域で団結して ～

誰もが関心を寄せている問題です。わたしたち医療生協組合員、町内会や育成会（こども会）などの協力いただきながら協同のちからで地域の皆さんと気になる箇所の汚染状況を把握しましょう。そこから除染活動につなげます。

～ 線量計を持って地域を歩こう（測定）マップづくり ～

放射線量測定班会を開催し地域の汚染状況を把握しましょう。

○各地域で生活に密接している
　箇所、不安な箇所、特にお子さ
　んが通る場所や集まる場所の測
　定を行います。
例）学校、公園、集団登校集合
　　場所や通学路、公民館や集会
　　所、お散歩コース、買い物
　　コース、田畑、など
○日時、天候、測定値など地図
　に書き込みましょう。
○全支部（未組織地域含む）地
　域で取り組むことで地域差が
　わかり、その傾向や問題点を
　発見できます。

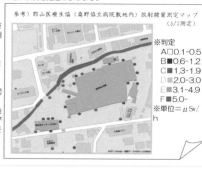

参考）郡山医療生協（桑野協立病院敷地内）放射線量測定マップ
（6/3測定）

※判定
A□0.1-0.5
B■0.6-1.2
C■1.3-1.9
D■2.0-3.0
E■3.1-4.9
F■5.0-
※単位＝μSv/h

～　線量測定マップを除染・防護活動などに活かそう　～

○ 測定したデータを地域や学校にも情報を発信しましょう
○ 個人で除染・防護活動に取り組みましょう
○ わたしたち医療生協のちからで除染・防護活動を組織しましょう
○ 行政に要求しましょう（国・東電含む）

**個人で線量計をお持ちの方の協力で各地のモニタリングポイントの線量情報を
ホームページで案内します。** http://www.koriyama-h-coop.or.jp/

② 放射能から身を守る　除染活動

まずは、地域で作成した放射線量測定マップにみられる高線量の箇所を地域ぐるみ
でできる箇所から表土除去などの除染活動を進めましょう。

～　自治体がすすめる除染活動を後押しします　～

　いま郡山市をはじめとする各自治体では、学校や幼稚園、保育園の校庭・園庭の汚染され
た土の除去作業を進めています。また、公園など子供が多く集まる場所についても測定を始めてお
り、線量が高いところから除染をしていくことが検討されています。

　しかしながら、学校などで除去された土は校庭の隅に固められて置かれたままで最終的な処分に
ついては未定のままです。また、セシウムを吸い上げたひまわりや放射線量が高い植込みや芝生の
処理についても焼却処分が可能かどうか調査中です。

　郡山市では除去された表土の処分については東電に直接要望をだすことと併せて市としての処分
方法を検討しています。各自治体のこのような動きを後押しするとともに、わたしたちの要望とし
て除染作業のフレームを固めてもらうことを要望します。

～　ひまわり運動を広げよう！　～
ひまわりはセシウム137を根に、ストロンチウム90を花に蓄積させるといいます。

　植物が根から水分や養分を吸収する能力を利用して、土地や地下水の汚染物質を吸収、分解する
技術があります。ささやかながら、ひまわりという植物の植生を利用して微量なりとも地面のセ
シウムを集積し合理的に処理しようと「ひまわり運動」を始めました。

各支部地域や各家庭で、ひまわりを植えましょう！

元気なひまわりが咲いた後、できたら写真を撮って、
感想を添えて送ってください。
全国に福島の元気を伝えていきたいと思っています。

③ 楽天性を保って 最大の防御を！

放射線はできる限り受けないようにしましょう。原則は「距離・時間・遮蔽」の3原則です。そして「生活の知恵」をみんなで出し合いながら日常生活での防護活動を広げます。

～ 放射線防護の3原則 ～

❶. 距離 → 放射線から離れる。
側溝や水溜りなどの高線量の場所に近づかないこと。

❷. 時間 → 被曝時間を減らす。
サマースクールを1週間実施すれば被曝する積算線量が減少します。

❸. 遮蔽 → 放射性物質を遮る。
屋外からの放射線量は、木造家屋では4分の1、コンクリートの建物では10分の1になります。外出するときは、マスクや帽子を着用し、上着はホコリの溜まりにくい表面のすべすべしたものを利用し、屋内に入るときに払い落とす。

～ 生活の知恵を出し合おう！できるかぎりの防護を！ ～

○ 風の強い日などは砂埃が室内に入らないよう配慮しましょう

放射性の埃からの放射線（ガンマ線）は壁などにより遮られかなり減少します。放射性の埃を室内にできるだけ入れないためにも換気は風が吹く日は避ける。雨が降り止んだ後に換気すると比較的放射性の埃を室内に入れなくてすみます。

○ 放射性の埃を追い出そう

窓ガラス、床、棚など家の中を拭き掃除しましょう。拭きとることで放射線量が一時的に軽減されます。これを毎日行い室内の放射能をできるだけ追い出しましょう。

健康づくりにも役立ち一石二鳥♪

○ 野菜は洗浄する
◇ 水洗いはいつもより丁寧に。
◇ 葉の付け根のところに埃はたまりがち、根の部分は捨てる。
◇ 薄く表面活性剤を入れた水で洗い、その後水道流水でしっかり洗う。
◇ 洗った野菜はすぐ冷蔵庫またはビニール袋で保管。

○ もっと丁寧に除染を心がけるならば、野菜をゆでる。ゆでたお湯は捨てる

葉の細かい気孔の中に空気と一緒に閉じ込められている埃を空気を膨張させて気孔の外に出させると空気と共に埃が吐き出される。

～ 組合員健診に白血球像検査を追加します ～

現在、日常生活の場では通常より高い放射線量が計測されています。放射線被曝によって引き起こされる悪性腫瘍の中で、白血病は相対的に最も多く増加するといわれています。医療生協では、今年度から造血機能異常（白血病など）の早期発見のため組合員健診に［白血球像検査］を追加しました。

今後、万が一の変化に備え、毎年検査を受けてデータを蓄積し、予防に結びつけることが大事だと考えています。また、この検査によって、甲状腺機能を調べることもできます。なお、現在［甲状腺エコー検診］の実施も検討中です。

～　健康を守る！自主的健康づくりを応援します！　～

運動や食生活など自分にあった健康づくりを、毎日の生活にちょっとだけ取り入れてみる「健康づくりチャレンジ」が今年も9月から申込スタート！

健康不安が高まる中、日頃の生活習慣を見直し、自ら「健康をまもる」取り組みとして地域にひろげましょう！

❹　子どもの被曝リスクを減らそう！

体内に吸収された（内部被曝）セシウム137の生物学的半減期は、成人では90日から130日であるが、小児では1歳児で8日と10倍のスピードで消失します。学童期でも37日前後で成人より半分の日数で半減します。したがって定期的に（間隔的に）汚染地から離れることによって体内蓄積（内部被曝）を抑制することができると思われます。

　体内吸収されたセシウムの排泄についての文献紹介　文責：間間元
「セシウムの毒物学的プロファイル」TOXICOLOGICAL PROFILE FOR CESIUM

ストレスのないところでのびのびと遊ばせること。週末だけでもいいし、長期休暇であればもっといい。子どもと親が放射線のことを忘れて過ごす時間をたくさんつくることが、子どもの修復能力を高めるもっとも早道のようです。そのためにも医療生協では2つの子どもプロジェクトを立ち上げます。

組合員・地域のみんなで	職員のみんなで
子どもひまわりプロジェクト	**子ども被曝低減プロジェクト**

⬇　　　　　　　⬇

子ども、**孫**を放射線から守るために「**何かしたい！**」と思っている方、
　　　　　　　　　　　　　　　　　　是非ご参加を！

❶. 自治体がすすめる除染活動を後押しし、通学路や子どもの集まるところでの除染をすすめます。（除染し隊）
　　（表土除去やゼオライトによる除去。高圧洗浄機での建物除染）

❷. 放射線のことを忘れて過ごすのびのびとした時間をつくります
　　・夏空のもとのびのび過ごせる**サマースクール**や**キャンプ**の開催。
　　・週末や夏休み（長期休暇）の過ごし方を支援します。

…… ご協力ください ……

● 「除染し隊」に参加したい方。
● サマースクールやキャンプの会場や宿泊施設確保や情報提供
● スクール運営のための世話役さん（元教師の方など）

❺ 放射能についての正しい知識を身につける講師派遣・学習会

放射能についての正しい知識を班会や支部学習会、医療生協の情報資材で身につけましょう。そのための講師を派遣します。

○講演会・学習会(班会)企画(例)

学習メニュー	講 師
「放射能と私たちの健康」	桑野協立病院　　放射線技師
「放射能汚染に対する除染と被曝防護のとりくみ」	桑野協立病院　院長　坪井正夫　医師
「内部被曝に立ち向かう」(ビデオ学習)	琉球大学 名誉教授　矢ヶ崎克馬氏
「原発政策　〜 歴史と背景、そして今後 〜」	※検討中

※その他、保健・医療・介護・くらしに関する学習メニュー(班会メニュー)もございます。

 ❻ 各種相談窓口

「こんなことを知りたい」	医療生協　相談窓口
⇒　健康相談	桑野協立病院　医療相談室 ℡024-933-5422 内線346
⇒　学習会等の講師要請や学習教材の貸出 　　ビデオやDVDなど学習教材の提供を歓迎します。	郡山医療生活協同組合 組織部 ℡024-923-6212
⇒　放射線量の測定を学校や地域で行いたい方	
⇒　除染活動やサマースクールについての問合せ	
⇒　行政等窓口　健康相談ホットライン 　　(放射線に関する健康相談)	日本原子力研究開発機構 原子力緊急時支援・研修センター ℡0120-755-199

 ❼ わたしたちの「声」を実現させよう!

生活保障を求めます
　◇ 原発事故が生産者・消費者に与えた、風評被害を含めたあらゆる被害・損害に対する国と東京電力の責任を明確にし、全面的な補償と賠償を速やかに行うこと。
正確な情報を求めます
　◇ 個人積算被曝線量が実測できる「ガラスバッジ」を全員に配付することを求めます。
　◇ 町内会にひとつ線量計の配付を求めます。
　◇ 各行政区にモニタリングポストを早急に設置することを求めます。
　◇ すべての食品に「放射性物質含有量」の表示を義務付けることを求めます。
汚染された土地などの除染を求めます
　◇ 国と東京電力の責任で放射性廃棄物の処理方法の枠組みを早急に決め、最終処理施設を設置し除染を行うことを求めます。
　◇ 土壌に含まれる核種調査をし、土を入れ替えるなどの措置をとることを求めます。
健康診断の充実を求めます
　◇ 住民特に子供の健康調査・健診について血液像検査や甲状腺エコー検査の自治体としての実施を求めます。
　◇ 内部被曝をチェックするために、各自治体にホールボディカウンターの設置を求めます。
福島第一原発事故について徹底した原因究明を求めます
　◇ 法律に基づく第三者委員会を立ち上げて、外部からの客観的な調査を行ない、その結果をすべて公開することを求めます。
原子力から自然エネルギーへの転換を進め、福島県内の原発を全て廃止、廃炉にすることを求めます

第8章

核被害を明らかにし，農業と再生可能エネルギーで地域を守る
—— 農民連の「持続可能な暮らし」への実践 ——

佐々木　健洋

I　はじめに

　3月11日に起こった地震，津波により大きな被害を受けた。そのうえ福島は，東京電力福島第一原子力発電所の爆発による放射能汚染というこれまで経験したことのない複合被害を受けている。原発3基がコントロール不能となり，未だに収束の見通しが立たない状況は，チェルノブイリ原発事故被害「レベル7」と並ぶ，最悪の公害となっている。

　農業においての被害は，農産物出荷停止や買い控えが起こり，現在は，徐々に回復しつつあるとはいえ，継続している。その被害額に対して損害賠償が行われているが，打ち切りが進んでいる。農地汚染については何ら補償されず，農家は無用な被ばくを受け続けている。玄米の全袋検査も縮小の方向に進むなど，政府と東京電力は世界に類を見ない核被害をなかったことにしようとしている。まさに「福島切り捨て」である。現地から被害の実態を告発し，二度とこのような事故が起きないための教訓とする必要がある。さらに被害地から，「持続可能な暮らし」の対案を実践していくことが，次世代への使命でもある。本章では，筆者の所属する福島県農民連の活動を中心に，被害の実態と「持続可能な暮らし」への実践を述べていくこととしたい。

II　核被害の実態と運動の最前線

1　救援をはじめる

　福島県農民連は 3.11 の翌日，南相馬市小高区の浮舟文化会館に農民連会員が避難していると連絡が入り，温かい食べものが必要だと要請を受け炊き出しをはじめた。避難所内は停電になっていなくて，原発事故がテレビで中継されていた。炊き出しの合間に見に行くと，画面には，原発の建屋はなく，骨組みのみが映し出されていた。即座に爆発したと思ったが，炊き出しの汁物をまだ配っていない。この避難所は原発から約 17km の地点にあり，すぐに逃げたい思いを飲み込んで，並んでいる避難者に汁物を配った。炊き出し終了後，すぐに避難所を後にし，福島市へ向かったが，避難をする車で，すでに峠は渋滞となっていた。ガソリンがなくなったのか，道路に車が数台放棄されていた。ラジオからは枝野官房長官による「直ちに放射能による健康被害はありません」という放送が繰り返し流れていた。川俣町へ着くと，避難所となっていた小学校はすでに満杯となり，「もっと西へ向かえ」と手書きで表示されていた。事故直後の，目に見えない放射能への恐怖と混乱の記憶は，3.11 から 10 年にならんとする今でも鮮明に浮かび上がる。

　3.11 直後から，毎日のように全国の農民連や民主団体，お米屋さんから支援物資が大量に届き，地元農協の倉庫を借用し，農民連会員や民主団体と協力し仕分作業と避難所への配送，炊き出しなどの作業を約 1 カ月ほど続けた。避難所となった体育館には布団がないため，地震で営業ができなくなった温泉旅館から布団をもらって配布した。ある避難所では洗濯機が必要だと要請があり，会員から提供があった洗濯機を届けた。浜通りの津波被害，避難生活を送る会員にも食料を配り，安否確認をおこなった。

2　農産物への放射能被害と測定

　3 月 23 日，県内で栽培された葉物野菜から暫定基準値を超える放射性物質が検出され，出荷停止となった。牛乳も出荷停止となり酪農家は畑に穴を掘り，搾った牛乳を約 1 カ月にわたって廃棄し続けた。桃の価格は大暴落し，

写真1　2011 年 12 月 26 日，東電本社前抗議行動

市場で販売できても手数料を引くと何も残らない状況となった。米から基準値を超えた放射性物質が検出された農家は被害者であるにもかかわらず，加害者のような報道をされた。

　米については，現在では，流通するものは基準値以下，検出限界以下となっている。価格も回復しつつあるが，依然として米，牛肉，桃など県を代表する農産物は他産地と比べ，価格が低い状況にある。一部の消費者は事故前のようには福島県産農産物を購入してはいない。こうした事態は，しばしば「風評被害」と呼ばれることが多いが，その実態は「実害」である。農地の多くは放射性物質に汚染され，そこで栽培される農産物を心配することは福島に住む者としても理解できる。また流通段階において，他産地の農産物が常時棚に並ぶようになったものを，いまさら福島県産に再度変更することは容易ではない。被害のすべての責任は政府と東京電力にあり，生産者も消費者もともに被害者であることを認識することが求められる。

3　放射能汚染土再利用と農地放射能測定

　最初に，再利用をめぐる事態について述べていく。

　福島県をはじめ隣接する広範囲の国土が放射能に汚染され，学校の校庭や住宅周辺の表土を剥ぎ取り，放射性物質を取除く「除染」が行われることとなった。これにより生じた汚染土が，県内で約2,200万㎥とされ，県内各地の「仮置き場」に保管されている。その後，原発周辺に作られる中間管理施設に順次運び込まれ，30年間保管され，最終的には県外の最終処分場に持ち出すことが，国と県民との約束だった。

　ところが環境省は，2011年から汚染土壌の再利用を水面下で検討していた。そして「実証事業」と称して，南相馬市，二本松市，飯舘村で再生利用を進めようとしていることが判明した。二本松市では2017年12月に市議会で事業実施（公道のアスファルトの下の路床材に使用）の報告がされ，大問題になった。地元住民への説明会で「総意」があったと環境省は説明していたが，実際は21世帯中9戸のみの参加で，何も質問がなかったから「総意を得た」というあまりにも強引なやり方をしていた。国が地域住民を分断し，「総意を得た」と自作自演し，生活道路に8,000ベクレルの汚染土を敷き詰め，最終処分地へと強行突破しようとしているのである。これでは，県内だけでなく，全国で放射能汚染土利用が進み，放射性物質を拡散することになってしまう。二本松市の「実証事業」は，住民の猛烈な反対運動により，事実上の撤回に追いこんだ。しかし，環境省は南相馬市や飯舘村では「実証事業」を進めている。国は最終処分地確保の困難性，移動費用が多額にかかることを理由に，汚染土を再利用し減量化しようとしているが，これは東電救済でしかない。この費用は原発を推進してきた東電と国が支払うものであり，住民に無用な被ばくのリスクや心理的負担を受忍させ，それでもって「費用を節約」するとすべきではない。事故が起これば途方もない費用がかかり，「原発のコストは安い」などと言うことは，いまやあり得ないのである

　次に，汚染された条件不利地域で働く農家の実態について述べていこう。

　事故後の農地は天地替え，ゼオライト，カリウム散布により「除染」をされたことになっているが，放射性物質は取り除かれておらず，その実態は耕耘して「薄めた」だけである。実際に圃場で栽培される作物は，セシウム吸収抑制対策の効果があるため，農産物からは基準値以下，検出限界以下がほとんどになっている。しかし，自分の農地がどれほど汚染され，被ばくするかを知

写真2　農地の表面汚染マップ（福島県農民連測定）

る方法はなかなか容易ではない。そこで農民連は農地の表面汚染を把握する
ために測定器を購入し，会員の農地約2,000カ所を毎年測定している（この測
定器の購入をめぐっては，東電へ損害賠償を求めた結果，いったんは支払われたが，
その後，「支払いは間違いだったので返してほしい」と何度も求められている。農民
連としては合意に至ったものを返却するつもりもない。原発事故がなければこれほど
不要な機器も労力も必要なかったことへの東電の反省のない態度が，ここでも表れて
いる）。その結果は，水田，畑，果樹園で違いがあるものの，表面汚染4万ベ
クレル/㎡（「放射線管理区域」）を超える農地が多数あることがわかってきてい
る。経年で減衰しているものの，農作業中に無用な被ばくを強いられている。
この5年間政府に対して，県内全ての農地汚染マップ作製，農家の被ばく対
策や健康調査，条件不利地域で働かざるを得ない農民に救済策を求めてきた。
厚労省は，「本省は労働者を対象としているので，個人事業主の農家は対象と
していない。除染労働者向けの被ばく軽減のガイドラインがあるのでご自身で
管理してください」と回答している。農水省は，「農地汚染は航空モニタリング
し土壌条件から推計できるので，全ての農地測定はしない」と回答している。

農水省管轄の測定は，作物への吸収抑制に使う目的のだけであって，農家の被ばくを考慮したものになっていない。この国には農家を被ばくから守る法的措置がない。農家は農地を汚染されたことに何ら補償されないばかりでなく，無用な被ばくをも受忍させられている。大地も，そこで働く人間も，ともに被ばくし，被害者なのだ。だからこそ土壌測定を継続し，現場の農民が具体的な数値を持つことは，決定的である。

4　損害賠償——団体請求ではなく，一人ひとりが主体となる個別請求へ

　農民連は3・11直後から東京電力に対し損害賠償行動を起こした。農産物の出荷停止や価格の暴落により，購入資材の支払い，生活費さえ不足するという緊急の事態となっていた。農協は団体請求で東電に賠償を求めたが，農民連は一人ひとりが主体となる個別賠償で請求を求めた。東電は当初「仮払い」により対応していたが，8月末に「本払い」の方法が確定した。ところが支払いは10月以降になると言ってきたので，大きな怒りを呼び起こした。8月31日に福島市青少年会館で行われた東電との交渉は6時間にも及んだ。福島市を含む県北地域は桃をはじめとする果物の大産地である。農家は「こだわりの果物」を個人贈答用として販売をすることで有利な販売につなげていたが，核被災により一転，注文が激減した。贈答用として核被災の福島県産は誰にも喜ばれることはない。事実，「なぜ福島で農産物を作るんだ」などと心無いコメントがネット上に溢れ，これほどつらく苦しい状況はなかった。このような事情で，販売先は農協へ集中したが，市場でも価格は大暴落し，手数料を引くと，農家の手元にはほとんど残らない。さらに東電からの賠償支払いが遅くなるのでは，生活できない状況となっていた。取材のテレビカメラも入っているなか，農家の怒りは頂点に達した。農民連は「今ここで本社に電話連絡して，すぐ検討してくれ。責任ある役員から前向きな回答がなければ，本当に今日は帰れない」と訴えたのに対し，後に東電社長となった広瀬常務から，「福島の桃農家の現状を認識していなかった。桃とさくらんぼについて空白ができないよう判断して連絡をする」と回答を引き出した。これ以降も幾度となく農家と一緒に東電本社に乗り込み，農家の賠償方法について農民連が提案し，その提案が実現していった。賠償金が支払われた農家は安堵し，賠償金が払われ

写真 3　2011 年 8 月 31 日，東電への賠償請求行動

　ていなかった周囲の農家に農民連への加入をすすめ，1 年間で約 250 名を超える農家が加入した。

　東電はその後，賠償打ち切りのため賠償方法の変更や，過大な資料請求などを要求してきている。特に商工業への賠償打ち切りはひどい状況となっている。中通りへ避難している高齢の整備工に対して，東電は「なぜ，戻って営業を再開しないのか，転業なども考えないのか」と，いつまでも賠償に頼らず自立せよと言わんばかりの発言をしている。そもそも故郷に戻っても，帰還者が少ない状況では，営業は成り立たないことは明らかであり，高齢で別の仕事に就くことも難しい。国と東電は事業再開が難しい商工業者に対し，ずるずると引き延ばし「泣き寝入り」させようとしている。東電は「被害のある限り賠償を続けます」と言いながらも，かならず「相当因果関係のある範囲で」と付け加えてくる。時間の経過とともに賠償をめぐる状況は悪化してきている。国は原子力賠償紛争センターの中間指針の見直しと東電への指導を強化すべきである。

5　裁判闘争——生業裁判勝訴，仙台高裁へ

　被災者約 3,800 人が，国と東電に原発事故責任があることを明確にし，原

状回復などを求めた「生業（なりわい）を返せ，地域を返せ」福島原発訴訟（生業訴訟）は，2017年10月10日，福島地裁で判決があり，国と東電に責任があると断罪した。津波被害を予見できたにも関わらず，対策を怠ったと判断し，国の中間指針に基づく慰謝料の支払いを上回る賠償を認めた。その特徴について，「福島原発訴訟を受けての声明」は，次の4点に整理している。

①国が2002年の地震本部「長期評価」等の知見に基づき，2002年末までに詳細な津波浸水予測計算をすべきであったのにこれを怠ったこと（予見義務）。
②予測計算をすれば，福島第一原子力発電所の主要施設の敷地高さを超える津波が襲来し，全交流電源喪失に至る可能性を認識できたこと（予見可能性）。
③非常用電源設備等は「長期評価」から想定される津波に対する安全性を欠き，技術基準省令62号4条1項の技術基準に適合しない状態となっていたこと（回避義務）。
④2002年末までに国が規制権限を行使し，東京電力に適切な津波防護対策をとらせていれば，本件津波による全交流電源喪失を防げたこと（回避可能性）。

　判決では，原状回復請求は却下されたものの，県南や茨城県の一部で賠償が認められるなど賠償範囲の拡大と賠償額の上積みが認められた。裁判に参加していない対象地域に住む県民約150万人に賠償の支払いが行われる可能性が生まれる。この点では，同じように避難者が全国各地で起こしている訴訟にも影響を与え，控訴審の足掛かりになる判決であり評価することができる。国・東電は，原発事故は「想定外」の自然災害で発生したものであると繰り返してきたが，津波を予見することも十分な対策をとることもできたのにしなかったこと，過酷事故が発生する可能性を知りながら，違法な状態で原発を動かし続け，生命より「経済を優先」したことでまさに「人災」であること，が司法の場で認定された。東電はそれでも新潟県柏崎刈羽原発六，七号機再稼働，青森県東通原発の新設の準備を進めている。被害を直視し，間違いを反省しなければ同じ失敗を繰り返すことになる。
　2018年10月1日には仙台高裁で控訴審が始まっている。一審の判決は，国の法的責任を認めたが，控訴審では，国と東電は大津波を予見できたとい

写真4　2017年10月10日，「生業を返せ，地域を返せ」
福島原発訴訟福島地裁判決

う根拠になった国の地震調査研究推進本部が2002年7月に発表した「長期評価」について，全国の地震専門家に意見書を書かせ，「長期評価」の信頼性は低く，対策をとったとしても避けられなかったという主張を徹底しようとしている。声をあげなければフクシマ核被害は終わったものにされてしまう。国と東電のやりたい放題に「ノー」の意思表示をして，法廷内でも，法定外でも，広く世論形成していくことが求められている。

Ⅲ　再生可能エネルギーの取り組み
——都市・消費者と農村・生産者との協働

1　農村から再生可能エネルギー発電所を興す

　筆者の所属する福島県農民連は，福島全域約1,400戸の農家で構成される組織である。3.11以前は主に，消費者への農作物の産地直送サービス（産直）や税金の勉強会，資材の共同購入など，農家の要求を実現するための活動を展開していた。核被害により活動内容は大きく変わることとなった。その一つ

が再生可能エネルギーの取り組みである。2013年9月に，福島県伊達市に
「農民連発電所」105kwと，市民出資発電所「福島りょうぜん市民共同発電
所」50kwを設置し，これによって約45世帯の年間必要電力を発電すること
ができる。さらに計画中の発電所も含めると，県内各地にミドルクラスの太陽
光発電所が合計で約9,000kw発電することができるようになる。これによって，
約2,800世帯分の1年間の使用電力が賄えるようなる。

　3.11以前から，農村は再生可能エネルギーのポテンシャルが高いと言われて
いた。ならば，フクシマ核災害を体験した農民がまず取り組まなければと，
3.11直後から話し合いを続けてきた。しかし私たちは，電力についてはまった
く素人の集団であり，ほぼ押しかけに近い形で大阪の「NPO法人自然エネル
ギー市民の会」を訪問し，再生可能エネルギーについてのノウハウを教えても
らうこととなった。事務局長の早川光俊さんは，逆にフクシマのために何かで
きないかと話を持ちかけてきた。そうして実現に至ったのが，「福島りょうぜん
市民共同発電所」なのである。

2　福島りょうぜん市民共同発電所——市民ファンドの立ち上げ

　「福島りょうぜん市民共同発電所」は，総事業費が約2,000万円と規模が大
きいことから，「自然エネルギー市民の会」の会員のみならず，市民ファンドと
いう形で全国から出資を集める必要が生じた。法律上は，このような不特定
多数の市民から資金を集める公募行為には，第2種金融商品取引業の資格が
必要となるため，同会では，出資募集を行うにあたり，信託会社を仲介し出資
募集を行うこととなった。委託した信託会社では，太陽光発電事業への直接
融資を行うことを目的とした「実績配当型合同運用指定金銭信託」と呼ばれ
る信託商品を発行している。「福島りょうぜん市民共同発電所」では，この仕
組を用いて一口20万円（配当率1.2%），総事業費2,000万円を全国の市民か
ら募集した。出資募集にあたっては，当初は出資者が集まらないのではないか
との心配もあったが，いくつかの新聞記事で取り上げられた効果もあり，最終
的には2,000万円を1,000万円以上も上回る3,000万円程の出資申し込みが
あった。

　「福島りょうぜん市民共同発電所」では，売電収入の2%相当を「福島復興

写真5　福島りょうぜん市民共同発電所
右側が自然エネルギー市民の会の市民共同発電，左側が福島県農民連所有の発電所。

基金」として積み立て，地域の活性化に活用していくこととした。この方式が単なる発電事業への出資にとどまらず，復興支援につながる取り組みとして評価され，全国各地から支援を集めることとなったのである。

　「福島りょうぜん市民共同発電所」は，2013年9月から発電を開始している。冬場は雪の影響で発電量が伸び悩む時期もあるが，年間を通してみれば順調に発電を続けており，当初の計画発電量を達成することができている。

　2013年10月5日，出資者を招いて発電所のお披露目会が行われた。参加者の「今回の出資は，フクシマと今後20年間，関わりを持ち続けるためにしました。フクシマを忘れないためです。次の機会があれば，子どもや孫の名前で出資したい」という言葉は今でも忘れることができない。出資者の皆さん方が，フクシマ核災害を「わがこと」と思ってくれていることに，改めて感謝したい。

3　福島あたみまち市民共同発電所

　大阪の「自然エネルギー市民の会」では，「福島りょうぜん市民共同発電所」に続き，農民連と共同して，県内に市民共同発電所を広げようと活動して

写真6　福島あたみまち市民共同発電所の完成を祝う会の様子

いる。2015年には，郡山市熱海町に「福島あたみまち市民共同発電所」が完成した。その事業主体となったのは，「自然エネルギー市民の会」を母体として，農民連メンバーも参加して設立した「合同会社福島あたみまち市民共同発電」である。資金調達についても，この合同会社が総額7,800万円のうち，5,800万円は信託会社を通じて全国から募集し，残りの2,000万円は日本政策金融公庫からの融資によって調達する形がとられた。2014年8月24日から10月31日のおよそ2カ月間の出資募集の結果，募集額5,800万円を1,000万円近く超過し達成することができた。その後，工事が進み，2015年2月19日に発電を開始した（200kw）。4月18日には発電所の敷地で，出資者，「自然エネルギー市民の会」会員，農民連のメンバーが参加し，祝う会を行った。北海道，新潟県，福島県，茨城県，千葉県，東京都，大阪府，奈良県，兵庫県，広島県など，全国から出資者が駆けつけ，完成を祝うとともに，参加者による交流を行い，連帯を深めた。このように，「りょうぜん」，「あたみまち」の市民共同発電所づくりは，核被災地フクシマと全国の人々との間に，これまでの産直交流に加えて，市民ファンドという新たな形で，協働関係を作り出すこととなったのである。

4　太陽光発電所は地域で建てる

　太陽光発電は，再生可能エネルギーのなかでも取り組みやすい分野ではあ

るが，すべてが初めてのため苦労も多い。設置場所の許認可，地権者との交渉，設置業者の選択，資金調達など何から何まで手探り状態であった。特に難題が多かったのは，電力会社とのやり取りだ。電力会社の配電線網の連系のために，新たな設備導入に8カ月もかかったり，連系費用が追加で数百万円請求されたりと，ある程度のトラブルを覚悟して参入していても，"想定外"の出来事は日々起こった。しかしそれらも一つひとつ，知恵を絞って乗り越えてきた。

　例えば，発電所建設予定地の一部に生える雑木が問題となった時のこと。約100本に及ぶ雑木の抜根作業や土地の造成が必要になったのだが，土木業者へ依頼すると大変な費用が掛かる。そこで，農家でできることは農家でやろうと決め，立木の伐採，重機のレンタル，オペレーターの手配（農民連会員），行政への申請業務などもすべて自分たちで行った。その結果，外部に依頼した場合の見積りの10分の1以下で仕上がった。ここで伐採した木材も，農民連の事務所で薪ストーブの燃料として利用している。発電所を取り囲むフェンスは，地元の森林組合から間伐材を加工した杭を購入し，会員が設置した。家畜を放牧するような柵なので「電気牧場」とも呼んでいる。その他，敷地内は1年間に3〜4回草刈の手間が必要である。防草シートを張る，ヤギを飼うなどの除草対策を検討したものの，最終的には地域の会員に草刈作業を依頼することにした。物にお金を出すのではなく，人に払うほうが地元にお金が循環するからだ。また，地権者が複数の場合，調整が難しくなるが，私たちの取り組みに賛同し力を貸してくれる地権者も現れた。その後，建設された「二本松発電所」(348kw) などでは，山砂を採取後10年間放置された土地を貸してもらっている。この土地は，県外の企業からも貸してほしいという要望もあったが，地元のために使ってほしいと地権者に選んでもらった経緯がある。

5　省エネへの取り組み——生活様式の変革へ

　再生可能エネルギーで電気をつくることも大事だが，省エネに取り組むことも同様に重要だ。生活の中でできる省エネとして，リフォーム時の省エネ改修を会員に勧めている。特に二重サッシへの付け替えや内窓などといった窓の断熱改修は，大きな費用を掛けなくても暖かさを実感でき，高熱費を下げる効果

は抜群である。数年前から，福島県農民連の事務所にも，内窓を設置している。一日半程度で工事が完了するのも，魅力の一つだ。

改修に掛かる費用は，節約された光熱費により数年で元が取れる計算だ。会員のなかには，自宅のリフォーム時にグラスウール断熱強化，トリプルガラス，薪ボイラーによる床暖房，太陽熱パネルによる給湯・暖房とほぼ完全な省エネ改修を導入するケースも出てきている。さらに，これらの建築・設備設置は，すべて地元の設計事務所・工務店に依頼している。こうして，日常生活において省エネに取り組むことで，これまでの大量生産・大量消費・大量廃棄の生活様式を変革し，新たな生活様式の創造がはじまることとなる。農民連は，こうした実践を地道に積み重ね，地域の農民・市民を巻き込んだ活動を進めている。

Ⅳ　おわりに ——農業と再生エネルギーによる地域経済循環

1　地域の生業として

脱原発の運動の一環で始まった再生可能エネルギー事業だったが，今では，人口減少社会における地域の維持・発展のために，再生可能エネルギーは最も重要な手段だと言うことができる。農家は大抵大きな倉庫を所有しているので，なるべく10kw以上の太陽光発電所を設置しようと呼びかけてきた。ある会員は，新車購入をやめて太陽光発電の設置を決意した。原発由来の電気を使わないためにも有効だし，農産物が「風評被害」を受けている状況でも収入が増えると考えたからだ。はじめはなかなか踏み切れなかった会員たちも，次第に設置に前向きになってきている。

国土交通省が発表した「国土の長期展望」では，2050年，日本中の多くの地方で人口減少や無居化が進み，三大大都市圏に人口がより集中すると予測されている。地方での雇用の減少が要因の一つである。自然エネルギーは地域由来の産業そのものであり，雇用創出のためにも，その域内の市民や農民，企業が取り組むべき生業であるべきなのだ。ところが東京・海外資本の企業がメガソーラーを設置し，地域資源・富を持ち出してしまうケースが多い。こうした事態を防ぐためには，なによりも自治体が地域コミュニティの主体となって，

再生可能エネルギーで地域経済を循環させる仕組みづくりに取り組む必要がある。

2　誰からも奪われない，循環する暮らしをつくる

　今後は農地を活用した営農型太陽光発電所建設を計画している。通常農地は転用しなければ，太陽光発電を設置することはできないが，パネルを通常より高く設置し，下の農地で農業生産を継続すれば発電所設置が認められるように農地法が改正されている。県内でも水稲，そば，かぼちゃなどの栽培事例が増えつつある。農業とエネルギー生産の複業による農家所得の増加，雇用の創出は可能だ。

　福島市の平均家庭の年間エネルギー消費量が約 25 万円とすると，12 万世帯ある福島市全体では年間 300 億円にもなる。福島市の農業の算出額が 170 億円であることからも，相当な金額が地域外に流出していることになる。この地域外に流出するお金を地域に循環させることができれば，人口流出に歯止めをかけ，地域で人の雇用を生み出していく事ができるようになるはずだ。再生可能エネルギーは地域由来の資源であり，地域の市民や農民，企業が活用していくことこそが重要である。地域内でお金が循環する経済圏を創出し，誰からも奪わない暮らしを，福島の農村から挑戦し続けていく。3.11 によって大地と人間，そしてあらゆる生き物が核の被害者となってしまったフクシマというこの地から，大地に根ざした生業を営む農民こそが，新たな持続可能な社会をつくりだす主体となる。その胎動はすでに始まっているのである。

佐藤彌右衛門さん

大和川酒造9代目当主
会津電力社長

　じいさんの教え：1790年に酒箒（さかぼうき）という免許をもらって，今年（2016）で226年目です。私のいま生きている範となるのは，7代目の私のじいさんです。子どもの頃によく聞かされました。一つは「四方四里」。四方は東西南北，四里は16km，この範囲の中で私たちは生きていけるという思想です。里山があり，春は山菜，秋はキノコ，それから薪をとり，炭を焼く。会津は大穀倉地帯ですから，コメ，麦，大豆とみんな取れて，酒，味噌，醤油と，食糧にはほぼ困らない。だから，会津は豊かなところで，他所から持って来るのは何もないんだよ。ここできちんと生きていきなさいと。ただし，これを次の世代にキチンと渡していきなさいということです。

　もう一つは，かならずお前が生きているときに「三つの事変」があるから，覚悟して生きろというのです。天変地異，経済恐慌，そして戦争が必ず起こる。片方で豊かで安全安心な地域があり，子孫から子孫につながって行く豊かさがある，しかし，それがいつ切れるかわからないぞ，ということです。そういうじいさんやばあさん達が語り継いでい

くことに真実はあるのです。

喜多方の旦那文化：喜多方にはおもしろい話が残っています。「旦那」といわれるには，蔵を三つ建てないと駄目なのです。仕事蔵，衣装蔵，そして座敷蔵。座敷蔵はゲストハウスで，床を上げて畳を敷いて床の間をおくので，そこに掛ける書や絵を勉強して，文人墨客を招く。インテリジェンスを磨くのです。さらに，社会事業に応援すれば，「旦那様」に上がれる。要するに社会貢献です。

会津電力の立ち上げ：そういうことの中に，福島原発事故をキチンとおいて見ると，私はやはり強烈なことがでてくるのではないかと思います。国や東電の文句をいっていてもしょうがない。危険な原発を見過してきた責任，悔しさ，やり返してやろうではないか，俺たちはやるぞ，と立ち上がったのが会津電力です。もともと会津は水力が豊富でしたが，いままで電力を奪われてきたのです。早く地域に分散して，間に合うだけキチンとつくって機能するシステムにすればいいだけです。水，食糧，エネルギーは誰かが独占するのではないのです。まちづくりに市民が参加する，形にする。地域は自分たちのものだというシヴィリアンの発想です。

郷酒（酒づくり）：酒づくりからすると，もともと地産地消の郷酒があります。地元の水，コメ，その風土です。エネルギーも昔は薪で，炭で釜を焚いていた。いまは農業法人で酒米をつくっています。化石燃料や原子力を使っていては駄目だということで，再生エネルギーを率先して入れました。いずれ将来は全部，再生エネルギーでまわして行きます。

（2016年7月12日，福島県喜多方市の大和川酒造にて。文責：後藤康夫）

出所：『やま・かわ・うみの知をつなぐ——東北における在来知と環境教育の現在』羽生淳子・佐々木剛・福永真弓編著，東海大学出版部，2018年。（ただし，写真は新たに加えた。撮影／後藤宣代）

第9章

集団 ADR 打ち切りと「浪江原発訴訟」
——「核災棄民」から，歴史の変革主体へ——

鈴木　正一

I　はじめに
——避難生活のなか，学生時代の卒業論文（レーニン論）に再会

　胸の携帯電話が，いきなり鳴りだした。地震の警戒警報だ。会社の駐車場へ避難し2度の大きな地震に，四つん這いになって耐えた。地割れの恐怖に襲われた生涯初めての体験だった。帰宅を急いだが，道路と橋梁・陸橋の間にできた大きな段差と渋滞で，普段なら7〜8分のところ，1時間以上かかり，何とか自宅に辿りつき，妻の無事を確認した。

　情報は，テレビの臨時ニュースだけ。12日，午前5時44分に，東電福島第一原発から半径10km圏内の避難指示が出された。自宅は10km圏内だったので，午前10時頃に着の身着のままで妻の実家のある津島へ避難し，一号機の水素爆発15時36分はそこで知った。14日午前11時頃，三号機の水素爆発を知った。昼ごろ情報収集のため，津島駐在所へ行き福島県関係の友人と会う。友人は私の耳元に小声でささやく。「県職員の情報では，ここは放射能の汚染がひどいので早く避難して！他言無用で，パニックになるから！」。福島県は，津島地区の放射能汚染を，独自の調査で把握していたのだ。その直後，オーストラリアの娘から電話があった。「旅券を送るからこっちに避難して！外国の大使館は，80km圏外に避難するよう指示を出しているよ！」。諸外国は80km圏外への避難指示なのに，日本政府はなぜ20km圏外（12日18時25分半径20km圏内避難指示）なのか，不安と疑問が増幅した。放射線拡散の正式な情報は，国・県から全く無く，結果的に放射能汚染の高い避難経路を

辿ってしまった。その後に知った被ばくの不安・恐怖は，底知れないものだった。

　15日の午後1時頃，津島から，もうひとりの娘のいる仙台へ避難，みぞれの降る寒い日だった。その夜NHKに，なぜ浪江町請戸地区の津波被災者救助が，放射能汚染で放置されている実態を報道しないのか，怒りと懇願の電話をした。忘れられない記憶である。着の身着のままの避難で，手持ちの現金は無かった。27日，宮城県社会福祉協議会が，20万円を無利子・簡易手続きで融資してくれた。救われた思いだった。佐渡市が，無償で被災者を受け入れていることを知り，娘に同行を勧めたが，仕事上「仲間をおいては行けない」と同意を得られなかった。彼女の職場は当時，仙台市内唯一の24時間体制でガソリンを給油しているガソリンスタンドだった。近くの陸上自衛隊基地の車両，警察・消防署の緊急車両の給油のためだ。職員は交代制で24時間フルタイムの仕事だった。私ら夫婦は，飯炊き要員で手伝った日もある。30日，初めて自宅に着替えと貴重品を取りに戻った。死んだと思っていた愛犬が生きていたので，スクリーニングを受けて連れ戻した。18日ぶりの救出で「まさか生きているとは」と，娘は涙を流して喜んだ。ガソリンスタンドの職員が，手作りの犬小屋でその後の面倒をみてくれた。ありがたかった。4月10日夫婦で佐渡市へ避難した。見送る娘は泣いていた。身が引き裂かれる思いの妻と，娘の姿が脳裏に焼きついた。佐渡市から福島市の第一幹線仮設住宅へ移住したのは7月20日で，部屋は狭く夏は暑く冬は寒い，厳しい環境だった。

　7月28日，母が避難した栃木市の特別養護老人ホーム（特老）に向かう。母は浪江町の特老に居たころは，普通に会話していたが，たった5カ月足らずで寝たきり状態になり，見る影もなくなってしまった。後日，浪江町特老「オンフール双葉」の担当者報告で，約1週間避難先が見つからず，バスの中での長時間待機，暫定避難所と長距離移動によって老人には耐え難い疲労を強いてしまったと知らされた。何度か面会に行ったが，一度も目を開けて会話することはなかった。翌年6月下旬に危篤の連絡を受け，向かったが途中で亡くなる。見送る家族も無く一人で逝去。避難時の疲労による狭心症が誘因で，心筋梗塞が死因だった。30年程前3人の子供と一緒に両親と同居したが，事業協同組合の専従役員と町議会議員に専念し，家業（家具小売業）の手伝いはろくにしなかった。むしろ子供（孫）3人の面倒をみてもらい，心配と苦労をかけ親孝

行など出来なかった。母の遺骨は南相馬市の避難住宅に今も一緒に居る。亡くなる時は一人ぼっちだったので，帰還できないふるさとの墓地に納骨するのは，寂しすぎる。母を追うように亡くなった愛犬も一緒に居る。

　かつて私は，糖尿病が原因で脳梗塞を患った。糖尿病の数値が健常に戻ったやさきに，3カ月の避難期間で急激に悪化した。当初，薬の入手に苦労した。脳梗塞再発の不安は，常に頭から離れることはなかった。

　福島市にある仮設住宅から浪江の自宅に30回以上一時帰宅した。その度に白い紙の防護服を着せられた。放射線被ばくの関係で滞在時間が制限され，家の中のかたづけ・庭木の剪定や草刈もろくにできなかった。廃墟になっていく我が家の姿は，見るに耐えられなかった。切なく悔しい，怒りの一時帰宅が続いた。あるとき，学生時代の卒業論文を見つけ持ち帰り何度か読み返した。それは，現代資本主義の分析視角について書いたものだ。「レーニン『帝国主義論』に関する一考察」で，特に帝国主義の第二規定「寄生的で腐朽的な資本主義」に関する分析であった。読み終えて原発事故の原因は，「寄生的で腐朽的な政治・経済の相互関係」であったこと，いまだに避難生活を強いている原因者は誰であったかようやく納得できた。後日「〈核災棄民〉[1]が語り継ぐこと――レーニンの『帝国主義論』を手掛りにして[2]」を執筆することになる。あとがきに次のように書いた。

　　「自分にとって浪江町は，自分自身そのものであったという思いです。私は浪江町で生まれ育ち，大学卒業して数年後実家に戻りました。その後，商店街活性化を目的に事業協同組合を設立，専従役員として従事しその後，町の議会議員として，ふるさと創りの仕事をしてきました。……最後に，日和見主義者に与えられる政治的特権や施し物として政治的諸機構――議会・各種委員会――が指摘されていました。私の経歴18年の議員生活（特に原発対策特別委員長の職責）は，まさにその特権と施し物を享受してきたのではないか。今般の執筆は，43年前の自分自身に諭された思いで

(1)　若松丈太郎（2012）『福島核災棄民』コールサック社。
(2)　鈴木正一（2018）『〈核災棄民〉が語り継ぐこと――レーニンの『帝国主義論』を手掛りにして』コールサック社。

す。自戒の念とともに，残りの人生を静かに熟慮することができました。」

　このような避難生活の中で，3.11フクシマの原因者である政府・東電の責任を究明すること，その実態を語り継ぐことが，今後の私の人生であると確信するに至った。

　仮設に移住して個人のADR[3]交渉をした時，「解決センターの使命は，情報量も影響力も大きい東京電力と，立場が弱い被災者の間にたち被災者を早く救済すること」（解決センター元総括主任調査官高取由弥子弁護士「朝日新聞」2019年1月15日）だと聞いていたが，仲介委員はあくまで中立で，被災者に対する助言など全く無かった。賠償金の増額，賠償項目の追加（動物は物扱い）等は，「中間指針」を盾に強力に否認された。個人では，因果関係の立証が困難な，ふるさと喪失，コミュニティ破壊等の賠償など，声に出して言うことすらできなかった。この制度は，被災者のためではなく東京電力のための制度なのかと疑った。そんななか，全国で初めての試みとして，浪江町から集団ADR申立人の応募書類（委任状等）が届いたのである。

II　浪江町集団ADR
——町が主体で住民を支援し，地域コミュニティの価値を問う

　浪江町民は，放射能汚染・原発の事故情報もなく多くは津島地区に避難した。全国各地（一部は海外）に自主的に避難した町民も少なくない。浪江町当局は，汚染された津島地区から中通りの二本松市へ避難し，仮の役場庁舎を設置した。1年後にはふるさと再生にむけた「浪江町復興計画策定委員会」を設置した。委員は100名の町民で構成。私も公募枠5人に応募し委員になった。2012年5月26日から4カ月間で8回の委員会が開催された。「浪江町復興計画（第一次）」は，2012年12月策定。その理念は「みんなでともに乗り越えよう私たちの暮らしの再生に向けて〜未来につなぐ復興への想い」，基本

---

(3)　ADRは，文部科学省に設置された機関の原子力損害賠償解決センターでADRと簡単に呼称。原発事故の被災者が，円滑（費用無料）・迅速（裁判外で手続き簡便）・公正（国の機関が仲介）に紛争を解決することを目的に設置。

方針は「①先人から受け継ぎ，次世代へ引き継ぐ"ふるさと"なみえを再生する，②被災経験からの災害対策と復興の取り組みを世界や次世代に生かす，③どこに住んでいても，全ての町民の暮らしを再建する」である。町は，2013年5月にアンケート調査を実施した。前回2011年11月の調査時点からの町民意識の変化を把握するためである。

　町長には，町民から除染の不安による帰還希望者の減少，家族分散による多重の経済的負担，避難先での就業・子供の教育・介護問題等の生活苦が増大している実態が，普段から伝えられていた。町長は，「浪江町復興計画（第一次）」基本方針の「"ふるさと"なみえの再生」「全ての町民の暮らしの再建」に大きな危惧の念を抱かざるを得なかった。そこで，被災者を早急に救済することを目的とした，ADRへの申立てを町民一丸となって行うことを決断した。アンケート調査結果について特に注目すべきは，条件が整えば「戻る」という帰還意志は，1年半の短期間に64％から17％に激減していた。その他，避難生活の重苦により著しい経済的困窮に直面している実態が明らかになった。町民の"声"で綴られた「浪江町被害実態報告書」(2013年8月)に詳細に報告され，後日添付資料として原子力損害賠償紛争解決センターに提出された。

　全国で初めての，町代表の集団ADR陳述書は，歴史的文書として記録しておくべきである。町長の個人名義の陳述書であるが，全文を掲載する

陳　述　書

1．はじめに

　　私は，平成19年12月に浪江町の町長に就任し，平成23年3月11日の東日本大震災が発生した当時および現在まで，浪江町の町長として執務にあたっています。

　　この陳述書では，今回，浪江町が町民を代表してADRを申し立てるという決意をした経緯等について，お話いたします。

2．町が町民を代理するに至った経緯

　　今回の福島第一原子力発電所の事故（以下，「本件事故」と言います）により，おびただしい量の放射性物質が大気中に撒き散らされ，浪江町の約2万1,000人の全町民は，避難を余儀なくされました。現在も，

全国45都道府県および海外にまで避難している町民がいます。

　本件事故直後から，私は，町長として，町民のみなさまと直接触れ合う機会を多くもたせていただきましたが，その際に，町民の方から賠償に関する危機感についてのお話を何度もお聞きしました。

　すなわち，我々浪江町の町民は，本件事故によって，①家族・家庭や社会の絆・コミュニティを崩壊させられた損害，②被曝による健康被害に対する苦痛，③避難に伴う苦痛，④今後の見通しが全く立たずに避難を強いられていることの苦痛，⑤相手方東京電力の対応に対する苦痛というような，様々な精神的な苦痛を被ったにもかかわらず，現在の賠償のシステムは，これらの被害の実態を正面から捉えて評価したものではありません。

　1人あたり月額10万円という現在の賠償基準を定める中間指針は，被害実態を明らかにするために必要な調査を行うことなく，いわば，推測と憶測に基づいて，本件事故発生からわずか5カ月間で策定されたものです。しかも，本件事故とは性質が全く異なる交通事故の自賠責保険金額をもとにしたものであります。さらに，本件事故から2年以上経過した現在まで，見直しの議論や，国や東電による被害実態調査も全くありません。

　こういったずさんな賠償基準設定やその運用に対し，町並びに町民は激しい憤りを覚えているとともに，町民の皆さんのなかで，現在の生活の不安，将来に対する不安が鬱積しているのです。

　このような町民のみなさまの窮状に直面し，私どもは，全町民が等しく被っている被害の実相というものを明らかにし，適正な損害賠償を求め，町民の生活再建が図られるようにサポートすることが，町としての当然の役割であると考え，町民の集団申し立てを町が支援するという方法が実現に至りました。

3．町による代理申し立ての意義

　町が町民のADR申立てを代理することは，本件事故によって散り散りになってしまった町民のみなさまが，これからも浪江町の町民として連帯していくという意義も見出すことができます。

　浪江町では，今回の ADR 申立てをするにあたり，原子力損害賠償に係る支援に関する条例案を提出し，町議会がこれを可決しているほか，今後解決までの間，町民の生活再建を目指して，最後まで町が主体的に支援活動を行っていくということが，町議会でも確認されています。

　また，今回の ADR 申立てにおいても，委任状用紙の発送から実質わずか２週間半の間に，町民の半数にあたる約１万人から委任状が返送されました。

　これらの事実は，幸いにも，町民が浪江町町民としての連帯を失っておらず，町の行動を町民が求め，支持されていることの証であるといえます。

４．地域コミュニティの価値を問う

　さらに，今回の ADR 集団申立ては，地域コミュニティの価値を問うという意義を有しています。

　事故前の浪江町では，個々の町民の生活が，地域コミュニティとしての町に密接に関連していました。しかし，本件事故により，現在は，町そのものの存在が危うくなっています。

　コミュニティを失ってしまったことによる損害は，町民個々人の損害賠償請求の中では評価しにくい性質のものであり，これを明らかにすることは，そのコミュニティを享受していた人々が一丸となってその価値を訴える必要があります。

　したがって，今回，コミュニティの帰属主体である町が，町が持つ様々な資料を提供し，町民のみなさまの申立てをサポートすることによって，個々の町民の損害を全体として抽出し，被害の実相を明らかにすることが可能となります。

　そして，そのような活動を通じ，浪江町のコミュニティの価値だけでなく，地域社会に生活するすべての人々にとって，コミュニティというものがいかに重要であるかということを訴えていきたいと考えています。

５．最後に

　町が町民を代理するという今回の ADR 申立ての形式は，全国で初めての試みですが，町民のみなさまは，物質的な損害だけでなく，様々な精神

的苦痛を被っており，故郷や家族の絆，社会の絆を失った苦痛というものはみな平等に被っているものです。

　そのような，町民のみなさまが等しく被っている精神的な損害の賠償請求について，町が主体的にサポートしていくことは，地方自治法に定められた自治体の役割からしても当然のことです。

　浪江町は，町民のみなさまの生活再建のための完全賠償を求めて，最後までこのADR申立てをサポートしていく決意であることを，最後に申し添えさせていただきます。

以上
平成 25 年 5 月 29 日

　　　　住所　福島県双葉郡浪江町
　　　　氏名　馬場　有

　町長の馬場 有（2018 年逝去）は，私が 16 年間一緒に議員活動し，1 期 4 年間は馬場が議長，私が副議長としてコンビを組んだ，ふるさと創りの同志であった。この陳述書は，町民の胸中を的確に代弁し，当然の権利を表明したものだ。適時の的を射た ADR 申立てに，即刻夫婦で賛同し署名した。

　集団 ADR 交渉中，経過の説明会が何度か持たれた。仲介委員が和解案を提示したあとの，東電の対応は，その都度町民の期待を裏切ったものであった。自ら掲げた約束・誓いを破り傲慢な態度をとり続けた東電には，全申立人がその都度怒りの声をあげた。原子力損害賠償紛争審議会と政府の無反応(無視)にも，憤りの気持ちを隠さなかった。

　集団 ADR 申立から打ち切りまでの経過について，次頁の表に時系列で概要を記述する。

Ⅲ　「浪江原発訴訟」
――抵抗の歴史を受け継ぎ，住民一人ひとりが声をあげる

ここで，浪江と原発との関係を，振り返っておこう。

もともと浪江町は，町内の棚塩地区と北隣の小高町とともに東北電力が原

年月日	経過と概要
2013 年 5 月 29 日	**集団 ADR 申立** 　陳述書，浪江町被害実態報告書（後日），DVD「浪江町ドキュメンタリー」を提出。申立人 1 万 1,602 人。申立の精神的慰謝料の主な趣旨は，（賠償期間）は事故前の放射線量レベルまで除染を達成するまでの期間，（賠償金）は月額 1 人 25 万円の増額である。
2014 年 3 月 20 日	**仲介委員が和解案・「和解案提示理由書」を発表** 　この間，口頭審理 2 回，現地調査 1 回，進行協議 6 回。和解案の主な内容は，賠償期間は 2012 年 3 月 11 日から 2014 年 2 月末の期間。賠償金は月額 1 人 5 万円の増額である。
2014 年 5 月 26 日	**浪江町は「和解案」受諾表明** 　東電が自らの責任と浪江町民の怒りを認めるのであれば，賠償期間と賠償金は不満足ながらも，和解案の受け入れやむなしの結論に至る。
2014 年 6 月 25 日	**東電「和解案」拒否** 　中間指針から乖離しているのが理由である。この後，進行協議を 19 回行ったが 6 回にわたり拒否をし続けた。原子力損害賠償紛争解決センター（解決センター）は，東電にねばり強く 3 度の要請文にわたり説得を続けた。①和解案の「補充書」「補足」②「和解勧告書」③「和解案受託勧告書」である。それにとどまらず，2014 年 8 月 4 日解決センター総務委員会が「和解案に……中間指針から乖離したものは存在しない」と所見を発表。2015 年 1 月 28 日解決センターの和解仲介室長も，上部機関である原子力損害賠償紛争審査会（原賠審）において浪江町集団 ADR の件で「和解案に中間指針から乖離するものではない」趣旨の発言。ただし，原賠審では一切言及は無く，現場の声は無視された。2015 年 12 月 2 日解決センター総務委員会が仲介委員に「原賠法が予定する和解仲介手続きを含む原子力損害に対する賠償システム自体の信頼性を大きく揺るがす恐れがある極めて憂慮すべき事態」であると助言する。
2018 年 4 月 5 日	**仲介委員が集団 ADR を打ち切り** 　東京電力は，6 回にわたる拒否を続ける中で，2 度の総合特別事業計画を発表していた。それは，国から公的資金の援助を受けるためであった。そこには「東電としては，中間指針の考えを踏まえ原子力損害賠償紛争解決センターから提示された和解仲介案を尊重する。……手続きの迅速化等に引き続き取り組む」と，ADR 和解の尊重を約束しそれを誓った。東電は，自らの約束・誓いを公然と破ったのである。

発建設の計画を進めてきた地域であった。町・町議会（筆者も含む）や商工会・農協などの事業団体は，原発促進であったが，地権者の棚塩原発反対同盟（代表は桝倉隆）の運動によって，建設の繰り延べが続き，今回の3.11フクシマによって，この計画が頓挫した町である。

　思い起こせば，28年前のある日，当時「世界の桝倉」と言われていた，桝倉隆さんと30分程面談する機会があり，その時，真っ赤な表紙の本[4]を勧められ，購入した。一気に読み終え，地元で知られた有力者の方々の実名が出ていたことや，「原発反対」のプラカードを掲げ棚塩地区から街に向かっている浪江町始まって以来のデモが，いまも鮮やかに印象に残っている。桝倉隆さんは1997年に逝去されたが，棚塩原発反対同盟の闘いは，3.11フクシマの帰結を経て，いまこそ歴史的に再評価されるべきである。

　「浪江原発訴訟」は，運動としてみると棚塩原発反対同盟の闘いを歴史的背景とした裁判である。ADRを打ち切られ，直ちに浪江町と弁護団は，申立人を対象に地区毎に2回の説明会を開催した。弁護団は，集団ADR申込みから一緒に闘ってきた。解決センターの仲介役は粘り強く説得をしてくれたが，具体的交渉で東電の理不尽・傲慢な態度に，弁護団の義憤の念は，絶えなかったと思う。ADR打切りの経過と提訴の弁護団の説明は，静かな口調ではあったが申立人を納得させる力を持っていた。2,200を超える世帯が裁判を希望すると回答したアンケート結果がその証である。「浪江原発訴訟（仮称）」提訴は，次のことを目的としている。

　①国と東京電力の原発事故責任を明らかにする。

　②浪江町民の一律解決をめざす。

　③浪江町民の被害を慰謝料に反映する。

　④東電のADRの和解案の拒否を許さない。

　　請求の具体的内容は，次の四つである。

　①慰謝料の増額

　②コミュニティ喪失変容慰謝料

---

(4)　恩田勝亘（1991）『原発に子孫の命は売れない──桝倉隆と棚塩原発反対同盟23年の闘い』七つ森書館。

③被ばく不安慰謝料

④期待権損害慰謝料である。

原告規模は，第1次，2次は，それぞれ50世帯100人程度，第3次以降は判決前に随時提訴し1,000人規模をめざす。

2018年8月26日～11月18日，原告団準備会が開催された。4回開催され活発な議論で，次のような設立総会の要綱を協議した。

①目的と請求内容の確認，②原告団規約・委任契約書・訴訟委任状，③裁判費用（10万円／人），弁護士費用（着手金1万円／人・解決時報酬金は経済的利益の10％），④原告団会費1世帯5,000円／年，⑤原告団設立総会要綱，⑥町との協力関係，⑦原告団通信「コスモス」発行・原告団HP作成。

「浪江原発訴訟」原告団の設立と提訴後の経過について，次頁の表に時系列でその概要を整理しておこう。

以上の通り，現在第3回期日まで原告4名が意見陳述をした。4名の陳述者の心情は，「ふるさと喪失」の怒り，「コミュニティ・絆の破断」の失望，避難生活の精神的・肉体的苦痛，被ばくの不安，経済的基盤の喪失とこれからの生活不安など，陳述者一人ひとりにしかない，独自の心情であった。陳述の途中で，体験者でなければ分からない心の疼き，共鳴のうなずき，すすり泣く声，むせる声も度々あった。まことに具体的体験とは個体的にして多様というほかない。ここでは，文字面だけでも伝えるべく，原告番号13番の意見陳述を全文掲載することとしたい。

　　原告番号13番の意見陳述。「私は，浪江町で生まれ育ち，結婚し，そして子どもを育てました。原発事故で人間の中で大事にしてきたものが奪われ，もう取り戻せなくなってしまいました。原発事故を起こした国と東電を私は許せません。

　　私は，波の音を子守唄に浪江町請戸地区に生まれ育ちました。請戸の生業は，大方，半農・半漁だったと思います。父は，漁師だったので，子どもの頃のおやつといえば，手のひらほどもある大きな平カニだったり，茹で干しのホッキ貝，小女子だったりしました。魚はいつもピカピカ光って

年月日	経過と概要
2018 年 11 月 18 日	**原告団設立総会開催**（県農業総合センター，郡山市，78 人出席） 　決議事項～準備会協議事項①～⑦原案通り可決。役員 14 名（互選で団長 1・副団長 2）を選任。総会後記者会見。 　報告事項：提訴と提訴当日の行動。
2018 年 11 月 27 日	**福島地方裁判所へ提訴**（第 1 次 49 世帯 109 人） 　被告は国と東京電力　慰謝料請求額 1,210 万円／人。請求の期待権侵害慰謝料は全国で初めて。 　＊裁判所前で決起集会（70 名程度）。提訴後記者会見。
2019 年 3 月 16 日	**「2019 原発のない福島を！県民大集会」**において，原告団長は「核災棄民が語り継ぐこと」をスピーチし，支援を訴える。
2019 年 3 月 23 日	**原告団役員会** 　①第 1 次以降の原告団提訴，②第 1 回口頭弁論期日（5 月 20 日）14 時 30 分から福島地裁 203 号法廷報告，③「原発被害者訴訟原告団全国連絡会」（21 原告団，9,645 人）加入決定。
	〈福島地方裁判所口頭弁論〉
2019 年 5 月 20 日	**第 1 回期日** 　203 号法廷。意見陳述，弁護士 3 人・原告 2 人。第 2 次提訴（52世帯 115 人），傍聴者約 70 名。 　＊開廷前に福島駅前で街頭活動・裁判所前で決起集会。 　＊閉廷後に反省会・記者会見。
2019 年 7 月 18 日	**第 2 回期日** 　203 号法廷。意見陳述，弁護士 1 人・原告 1 人。第 3 次提訴（73世帯 187 人）。 　＊開廷前後の行動は前回同様，傍聴者約 80 名。
2019 年 10 月 31 日	**第 3 回期日** 　203 号法廷。意見陳述，弁護士 1 人・原告 1 人。第 4 次提訴（54世帯 134 人）。　　　　　　　　　　原告団総数 228 世帯 545 人。 　＊開廷前後の行動は前回同様，傍聴者約 90 名。

　いるものを食べさせてもらっていました。ですから，私は魚大好き人間です。浪江町から避難して，うまい魚に出会えず悲しいです。

　浪江町は，海はもちろん，川や山もあり，大変自然豊かで美しいところで，そこで生まれた文化や生活は素晴らしいものでした。

　私の浪江高校の学生時代は，自転車のペダルを踏み，鮭のぼる川を渡り，桜咲く道を走り，通学したものです。

　大堀地区の友人に，大堀相馬焼の窯元を案内され，青ひびの焼き物に出会いました。青ひびに魅せられ，十数個の壺を集めました。

　浪江町には高瀬川の上流の高瀬川渓谷があります。地元民は神鳴渓谷と呼んだ方がピンとくるでしょう。神鳴渓谷は，とても美しいところでした。清流もさわやかに友とサイクリングもしました。海沿い育ちで海岸の風景しか目にしていない私には，新鮮な風景でした。木々の間から，こぼれる光の帯，神様への階段にも思えました。川の中には，大きな岩石がゴロゴロしていて，その石が水の流れを複雑に変え，水の深さ浅さを変え，緑色，水色の濃淡をつけ清流となって流れていく。中でもひときわ大きな石の上で，お昼ごはんを食べました。山の湧き水で食べたおにぎりは格別うまかったです。

　このように，自然と文化の豊かな浪江町は，あたたかいコミュニティを形成しています。

　子どものころは，2歳上の兄とよく親の手伝いをしていました。1〜2キロ離れた祖母の家に魚を持っていき，帰りには，ジャガイモや玉ねぎの入った，子どもには重すぎる袋を持たされました。その道中，私は，兄とけんかをして，手の甲をけがしてしまいました。けんかをしたので，兄はどこかに行ってしまいました。私が落とした荷物を拾い集めていると，近くの畑で様子を見ていたおじさんがやってきて，私が手をかばっていたのをみて，「どうした兄弟ケンカか」「どれ，見せてみろ」と声をかけてくれました。どうやら骨折していたようで，みるみる内に腫れ上がった私の手を見て，「これはダメだ。どこの子だ。○○か。○○○ばあさんの孫かー。ああ農協前の○○か。じゃあ，○おんつあの娘か。」と言ってリヤカーを持ち出して，家まで送ってくれました。

　私の子どもが小学1年生の頃，学校帰りに田んぼの堀に落ちたことがありました。水の深さはひざ下程度だったのですが，這い上がれないでいたそうです。そのときたまたま通りかかった，おじいさんに引き上げてもらい，「どこの孫だ？」と声をかけられたとのことです。子どもが，「○○」と答

えると，「ああ〇〇大工さんの孫か」とすぐにわかってくれて，そのまま自転車で家まで送ってくれました。

　浪江町のそれぞれの地域に連綿と続く家系があります。子は知らなくても，祖父母，父母の事は知っています。やがて，その子もその地に根付き，足跡を紡いでいけば，皆の知ることになるのです。浪江町というこの地にいれば，守られている，安心感がある。私は，コミュニティとは，紡いできた歴史であるとおもいます。

　原発事故前までは，このように自然や文化や人の豊かな地であった浪江町ですが，原発事故ですべてが壊されて，奪われてしまいました。

　父亡き後，家業を引き継いだ兄は，平成23年3月11日，津波に流され帰らぬ人となりました。救助に向かった消防隊員，警察署員の方々，自分たちも被災者でありながら救助に向かってくださり，感謝の言葉もありません。

　救助をしていた方々は，強い放射能，暗闇での捜索，がれきの危険な足場，二次災害の恐れの為，中断を余儀なくされました。「助けて〜助けてくれ〜」と，かすかに聞こえる声。無念にも断腸の思いで「すまない，許してくれ。明日必ず助けに来るから。」神に祈りつつ後にしたということを，あとになって避難中に聞きました。

　しかしながら，放射線量が高く，そこは数カ月立ち入り禁止になってしまいました。助けられたはずの命を助けることができなかった事実があったことを忘れてはなりません。放射能さえなければ，兄は助かっていたかもしれないのです。放射能が憎い，東京電力が憎いです。

　原発事故が起こったときは，本当に混乱しました。停電していた我が家では，家の中の防災無線が聞こえず，外のスピーカーは何と言っているかわかりませんでした。人伝えに聞いて，とにかく避難しなければならないことはわかりました。国道114号線沿いに自宅があったのですが，我先にと避難する車でこみあって，なかなか先へ進めませんでした。

　仕方なく回り道をして，みんなが向かっていた津島方面に行くのをあきらめて，南相馬方面を目指しました。山あいの道の中の半ばまで行くと，迷彩服の自衛官が防護マスク姿で立っていたり，もう少し先で警察官がバ

リケードをしていたりして，何が起きているのかと，とても困惑しました。後で知ったのですが，防災無線は，政府の命令で直ちに10km以上避難するように言っていたとのことでした。どこで伝わったのか，とにかく津島の方に一斉に逃がすこととなったようで，多くの人が，風の流れで放射線量が高かった津島方面に向かってしまい，受けなくても良い放射線被ばくを受ける羽目になりました。

　2カ所目の避難先にいたときに，唯一の情報源であったテレビで，福島第一原発の爆発の映像を見て，もっと遠くに逃げなければと思いました。自衛官や警察官はもういなくなっていて，民間人には一切情報が知らされないのだと絶望しました。残り少ないガソリンでも遠くに逃げなければと思いました。小雪が降ってきたので，途中でガソリンがなくなれば，凍死の覚悟でした。何の情報も与えられなかった私たちは，どんどん放射線量の高い方に逃げることになってしまいました。

　たどり着いた飯舘村の避難所では，身体が凍り付くほど寒さが厳しく，とても過酷な環境でした。夫は狭心症，私は脳梗塞の持病があるので，本当に大変でした。その中で，役場の人や地元の人のやさしさに触れてあたたかい気持ちになりました。

　結局飯舘村からもさらに避難をしなければならなくなりました。

　5カ所目の避難先の猪苗代から初めての一時帰宅が許されました。数台のバスで放射線を避け，飯舘回りで浪江に向かいました。南相馬市原町区の馬事公苑中継所では，白い紙の防護服，マスク，ゴム手袋，靴のカバーなどを渡されました。自分の家に行くのに情けないやら悲しいやら，怒りがこみあげてしまいました。

　バスの窓から見た猪苗代の景色は，田植えは終わり一面に広がる田んぼは青々としていたのに，飯舘に入ると，それは一変していました。枯れた雑草とススキに覆われていたのです。相馬市，双葉郡，然りです。私は農家ではありませんが，胸がいっぱいになり涙が出ました。農業をしていた人たちは，どんな気持ちだったのでしょう。想像するに，難しくはないです。

　わが町，浪江町は，太平洋を望む海があり，鮭がのぼる川がある。相

馬焼の里があり，マイナスイオン無尽蔵と思えるような渓谷があります。そして人情あふれる人々がいました。『国破れて山河あり』という言葉があります。これは，戦争が起こっても自然が残っていることを言いますが，原発事故のあとの浪江町には元のような山河すらありません。人も文化も何もかも奪われました。これはいったい誰の責任なのでしょう。

　20代のころに，東電の福島第一原発に見学に行きました。案内人の，「クリーンエネルギー」と「安全・安心」という説明に納得したものでした。小学生のころから，原発の絶対安全神話を刷り込まれ続けてきました。自衛隊の防護マスクの姿を見ても，頭のどこかで，「まさかね」「東電の事故も小さなもので，すぐにおさまるだろう」と思っていました。国や東電からは，全然情報が伝えられなかったのですから。でも，テレビの爆発映像をみて，目が覚めました。自分がいかに無知で従順だったか。愚かで情けない気持ちになりました。無知と従順は恥ずかしいことです。先祖にも子孫にも申し訳ないことです。

　私は，国と東電を許せません。

以上

　原告番号13番の意見陳述を聴いて，一気に甦った二つの記憶があった。一つは，3,11の翌年5月に「協働復興まちづくりシンポ」（まちづくりNPO主催）の会議で消防団の友人に会った時のことである。彼は震災当時，浪江町消防団の訓練分団長という責任ある任務を担っていた。ふと，彼は私に「助けてくれ〜，助けてくれ〜」の声が耳から離れず，「毎晩眠れないんだ」と言う。「明日，助けに来るから待っていてくれ！」と何度も答えたそうだが，翌12日は，放射能汚染で立ち入り禁止区域になってしまった。15.5mを超える津波で，全ての家屋がのみ込まれた浪江町の請戸地区である。「一生背負って生きていくよ」と，下を向き，独り言のように私に語りかけた。私は，彼にかける言葉を見つけることができなかった。しばし，静寂の時間だけが流れた。二つは，消防長の町長から救助活動を止め，消防団に避難命令を出さざるを得なかった時の苦渋の決断を聴かされた時のことだ。集団ADR交渉が難航していた2015年6月に開催された，町長と議員OB会との懇談会の時，私の隣の席に

座り，お互いに苦労した議員活動を懐かしんだ後に，垂れ絞る声で語る悩まし
い町長の顔は，今でも忘れられない。その友人が原告番号13番証言の消防
団員だったのか，それは分からないが，同様の経験をした団員は，一人ではな
いはずだ。消防団員，そして助けられなかった命と遺族の無念の思いは，忘
れてはならない。そしてこの事実，国と東電の犯罪を全国の人々に伝えたい思
いに駆られた。

　私は原告番号1番で，最初に意見陳述をした。ふるさとの郷愁，高瀬川・
室原川での鮎の友釣り，天王山の登山，請戸浜での海水浴，花火大会，地引
網，自宅前のため池に毎年飛来する白鳥の餌やり，雑木林の山栗，茸，たら
の芽，山菜等を忘れることはできない。ふるさとに生まれ，育まれ，守られて
きたつながりは，自分自身を創り上げてきた，人格形成の場であった。他の意
見陳述した原告も同じであったと思う。

　私の意見陳述でこれだけは述べたいと思った要旨は，①避難指示解除の強
行についてである。解除の説明会で環境省は，年間20ミリシーベルトが解除
の基準だと説明したが，科学的な根拠は何も無かった。法律では一般人の追
加被ばく線量は，年間1ミリシーベルト以下とされている。自宅は3回除染さ
れたが，避難指示解除の前日に計測した時，毎時1.8マイクロシーベルトで，
年間に換算すると7.8ミリシーベルトを超えていた。これは，原発の「放射線
管理区域」と同じで，そこでは，防護服や防護マスクを着用することになるが，
その基準5.2ミリシーベルトの1.5倍という数値であった。そのような中で避
難指示が解除され，帰還が強行されたのだ。②同じ説明会で内閣府から，避
難指示解除後2年経過したら，固定資産税を課税すると予告され実施された。
大多数の未だに帰還できない町民に，放射能で汚染され除染も不充分な土地
や家屋に，情け容赦なく課税した。3,11フクシマの実態を見ようともしない「被
災者に寄り添う」と言っている者の真の姿である。③浪江町には事故当時，
原発隣接町で人口も最も多い地域であるにもかかわらず，国から避難手段の手
配はなく（原発立地町にはバス手配有り），生死にかかわる放射能汚染の情報も
提供されなかった。浪江町民は，国から見棄てられた「棄民」であった。本
件原告は皆「核災棄民」である。最後に特に主張したかったのは，④国策の
原子力事業は，他の発電事業とは違った特異性がある。万が一にも放射線漏

出事故を起こせば，地域コミュニティはもとより自然界にも，不可逆的な被害をもたらすことだ。それにもかかわらず，国は規制権限不行使，東電は安全操業義務の不履行を繰り返し，相互の馴れ合いが常態化していた。寄生的で腐朽的な相互関係・「規制の虜」が，原発事故の原因であったことである。以上が私の意見陳述の要旨である。

　今後，多数の原告代表者の意見陳述で，「核災棄民」の悲惨な被害実態を赤裸々に述べる予定である。弁護団（28名）は，原告各世帯から聞き取り調査を行っている。「核災棄民」の語りつくせない一つひとつの言葉・想いを幾重にも重ねて，声をあげていくことが，私たちの武器である。弁護団とともに闘う原告の意見陳述が，いよいよ始まった。すなわち，私たち一人ひとりの言葉，そして私たち一人ひとりの行動こそが，共通の武器になる。

Ⅳ　おわりに
——専門家（弁護士）と協働し，自立した個人，そして連帯へ

　「浪江原発訴訟」の意義は，浪江町民の7割以上が参加した集団ADRの申し立てを行い，慰謝料一律増額の和解案が提示されたにもかかわらず，東京電力の違法拒否により解決できなかったことについて，集団ADRの理念を維持・発展させた四つの目的を掲げ，住民自身が全国初めて提訴したことにある。

　他の原発訴訟との関連をみてみると，次のようになる。第一に，国と東京電力の責任を明らかにし，多くの地裁判決で認定された国の責任を更に一般化し，そして国に事故原因の徹底的究明を求める世論を醸成する。第二に，浪江町民の一律解決を目標にしている。第三に，浪江町民の被災の甚大さを広く訴え慰謝料に反映させることによって，全ての地裁（名古屋地裁12件目，2119.8.2）で認定された慰謝料増額とともに，「中間指針」見直しの必然性と正当性を更に明確にしていく。第四に，東京電力のADR和解案の拒否と国の政策失敗を許さず，交渉中および打ち切られた多数の集団ADRの被災者団体に対する支援になる。

　周知のように，福島地裁生業訴訟判決は，各原発訴訟に大きな好影響を与

えた判決であった。①「長期評価」の信頼性を前提に「予見可能性」と「結果回避可能性」を認定。②国の規制権限不行使・東電の安全操業義務の違法性を認定。③「中間指針」を超える賠償額の認定。④「代表立証」により被災者と被災地区の救済範囲を拡大。⑤20ミリシーベルト以下は被害ではない受忍論を退ける。「浪江原発訴訟」に励みになる判決であった。しかし，原発事故の国の責任が東電の2分の1にとどまること，「ふるさと喪失」は実質的に不認定であることは今後の課題になった。加えて「浪江原発訴訟」では新しく「期待権侵害」という国と東電の責任を全国で初めて求めた闘いである。

　原告団員は，弁護団との協議，裁判の傍聴，提訴・意見陳述後の反省会と記者会見，総会・役員会等の議論を通して，共通の認識を持つようになった。特にさまざまな会議での弁護団の説明，これに対する質疑応答や担当弁護士との個別面談は，大きな力を発揮した。それは，悶々と悩んでいた被災者一人ひとりの思いを，主体的に闘う確信へと変えた。福島駅前での街頭活動や裁判所前の決起集会の実践活動は，自立した個人へ，変革主体への歩みとなった。

　さらに，原告団・弁護団相互の連絡手段に発行されている「コスモス通信」，街頭活動用の宣伝紙，ホームページの開設は，自らの言葉で表現し，相互理解を深め，連帯を広げていく媒体（メディア）になっている。こうした連帯の輪は，町の協力と議会の支援を得て，「原発被害者訴訟原告団全国連絡会」，300世帯を超える追加提訴へと広がっている。「浪江原発訴訟」は，さまざまな社会運動とともに，社会変革の「主体的契機」[5]を担う歴史的意義をもっている。

　最後に，私情を記すことをお許し願いたい。南相馬市への移住で，同市在住の詩人若松丈太郎氏と同郷の詩人根本昌幸・みうらひろこ夫妻の詩集を読み，感銘を受けた。私の母をはじめ多くの原発関連死者の方々，そしてADR打切り後，わずか3カ月足らずで亡くなった馬場有の無念の思いを引き継いでいく町民のひとりになることを密かに決意する。「核災棄民」の実態を，多くの方々

(5)　鈴木前傾書，18頁。

に伝えたい衝動に駆られて詩作を試みた。ここに戦線布告の想いを詩に託す。[6]

沈黙破る　核災棄民

2018年11月27日　浪江核災棄民109名　「浪江原発訴訟」提訴
ADR集団申立から打ち切りまでの5年間　失われた命864名
申立代表　前町長は去る6月逝去　無念至極の旅立ち
多くの無念の命を抱き提訴する

ADRは　裁判の外で早急に被災者を救済することを目的に　国が定めた制度
そのADR打ち切りで　裁判の中で　争うこと自体　制度そのものの破綻を証明
　（見てみたいもんだ　国のツラを!）　腹の虫が　呟く!

裁判の中で
　（国と東電の責任を　全ての国民に周知させてやる!）
　（無責任な国・傲慢な東電　理不尽はいつまで続くのか!）
　　　　　　　　　　　　腹の虫が　叫ぶ!

ある者は　失われた無念の命を背負い
　「最後まで生きていられるか? 死ぬに死に切れない!」
少なくない者が　残された命と引き換えに　闘う
全ての収奪・強奪は許さない!　核災棄民　覚悟の闘いが　今，始まる
　「わたしたちの『浪江』を返せ!」　先導の横断幕　小春日和に　力強く
前進　隊列は　二千人の規模に
　（正義は我に有り!）　腹の虫が　やけに吠える!

266

コラム3

大友良英さん

ミュージシャン
プロジェクト FUKUSHIMA！共同代表

3.11直後の福島へ：もう緊急事態だ，何かやらなきゃと思って福島市に急ぎました。ミュージシャンはそういう運動神経になっているんです。福島の人たちは，誰が悪いといってもどうにもならない，問題は「見えない放射能」，放射線被ばくをどう考えるかだ，ここに住んでいいのか，いけないのか，科学でも結論がないとき何を信じていいのか，まるで宗教戦争のよう。それが一番深刻でした。専門家でも意見が割れている以上，個々人が考えるしかない。その土俵づくりが必要，それは祭りだと思ったんです。

僕らが日常的にやっている音楽は，小さな祭りのようなもの，ワッとなって楽しい。多分，身体的です。やるなら8月15日しかないと言ったのは，遠藤ミチロウさんです。広島はアメリカによって被ばくさせられたけど，今度は自ら被ばくしてしまった。戦後築いてきた今の社会が

爆発したんだ，だから敗戦の日，戦後のスタートの日にライブみたいに
みんなで集まれることをやりたいと考えていたんです。

　**誰でも参加でき，自分たちで作る 8.15 フェスティバル（全国から1万
3,000 人，全世界ネット参加 25 万人 ）**：お金で買うフェスティバルは駄目，
自分たちで作らないと。すごく役立ったのが「風呂敷」です。木村真三
先生から，いくら放射線量が低くても地面にはセシウムがある，そこか
ら身を守るものを見える形にしたほうが良いと助言があり，「大風呂敷」
のアイデアが出てきたんです。みんなで持ち寄ったり，福島に来れない
人もどこかで縫って送ってきたりして，それを縫い合わせてつなぐ。こ
の共同作業により，協力する人の数が爆発的に増えた。そんな個々人
の多様性が一つになって，「大風呂敷」ができあがったんです。オーケ
ストラも子どもから大人まで，いろんな人が 200 人，同時多発フェス
は世界中で 90 カ所。誰でも参加できる形で，福島と世界がつながった
んです。

　「ええじゃないか」の音頭と盆踊りの創作：幕末の世直しのとき，全
国に広がった民衆の群舞，祝祭の「ええじゃないか」は，ミチロウさん
のアイデアです。すごく納得して，僕が作詞・作曲し，2013 年から始
めたんです。盆踊りだと，体を動かして，誰でもスッと入れる。参加型
ですよ。身体性，基礎体力に近く，楽しかったり面白かったりすること
が続いていけば，何らかの力や形になっていくのだろうと思っています。

（2015 年 9 月 30 日，福島県文化センターにて。文責：後藤康夫）

出所：『やま・かわ・うみの知をつなぐ——東北における在来知と環境教育の現
在』羽生淳子・佐々木剛・福永真弓編著，東海大学出版部，2018 年。（ただ
し，写真は新たに加えた。撮影／後藤宣代）

第 10 章

「フクシマの映画」上映活動から見えてくる 3.11 の深層世界
―― 低線量長期被ばく都市・福島に身を置いて ――

阿部　泰宏

I　はじめに ―― 家族で避難，単身で戻り，そして映画上映再開へ

　筆者は福島市出身で，地元のミニシアター「フォーラム福島」に従事し，今年で 33 年目になる。あの日とつじょ襲ってきた，まるでゴンドラに乗せられ上下左右にゆすぶられているような大地震。数分も続いた長周期の横揺れは百キロ近い映写機をことごとく床からずらし，館内ロビーや映写室はモノが散乱するさまとなった。停電と断水。観客の避難誘導，払い戻しや劇場内の復旧対応に追われながら，携帯のワンセグに映しだされる，巨大津波が南下しながら東北沿岸の港町を次々に呑みこんでいく信じがたい光景に息をのんでいた。2011 年 3 月 11 日 14:46 に発生した地震，そして津波。15:30 ごろには早くも東京電力福島第一原子力発電所（以下，福島第一原発）の異変が伝えられ始める。
　「富岡町にある鉄塔らしきものに大きな波が押し寄せる様子が映っています」。ニュースが伝える富岡の鉄塔とは，福島第一原発にほかならない。なぜ，原発といわないのか。ふと，気にはなった。しかし，その段階では，まさかここ内陸部の中通り地方，伊達市，筆者が住む福島市，二本松市，そして郡山市とつらなる一帯が，放射性物質に苦しめられることになるとは夢にも想像しなかった。
　津波による沿岸部の町々の惨状，時々刻々と増していく信じがたい死者数。その衝撃に打ちひしがれ思いを致す暇も与えないほど，福島では荒ぶる原発が

---

(1)　TBS，2011 年 3 月 11 日 15:34 のニュースでのコメント。

日替わりで過酷事故を繰り返す。私たち県民は否応なく，この原発異変を直視
せざるをえなくなっていく。

　12日 15:36 に一号機が，14日 11:01 には三号機の水素爆発の映像がテレビ
で報じられる。ある幻視が脳裏からどうしても振り払えない。それ（放射能プ
ルーム）は風に乗って，自転車並のゆっくりとしたスピードでこちらに向かってく
る，というイメージだ。原発から福島市までは直線距離にしてわずか 60 キロ，
時間の問題なのはおそらく間違いない。そんな，こちら側の強迫観念など他人
事のように，テレビでは専門家や東電広報，政府の要人が相も変わらず言葉
を濁し，穏当なことしか言わない。

　原子炉そのものが爆発する事態になってすらも，この人たちは平静を装いつ
づけるのではないかと我慢は極に達した。未曽有の事態を前に，政府も東電
も手詰まりになっていることは明白だったので，筆者は最悪の事態を想定して
行動すべきと，とりあえず 9 歳の娘を避難させることを最優先しようと決意した。
ただし，運の悪いことにガソリンがなかった。取引先の燃料業者や知人から
情報を取り，何時にどこそこのスタンドが給油するらしいと聞きつけ，急いでか
けつければすでに延々と車列がつづいていて，1 時間，時には 2 時間以上も
待たされる。番が回って来ても割り当ては 1 人 5ℓ かよくて 10ℓ だ。そんなこと
を二度三度と繰り返し，ようやく本社のある山形市に行けるだけの給油がかな
ったのは 16 日になってからだった。幸い，本社は「福島に留まっても劇場を再
開できる状況ではないのだから，来たければ避難してもらってかまわない，宿
は手配する」と言ってくれていた。また，北海道の友人が家族を受け入れると
申し出てくれ，母と妻子は山形からバスと在来線を使って北海道に一時避難さ
せることに決める。さらに一緒に本社に行くという社員 2 人を自宅まで迎えに
行き，山形に向かったのは 3 月 16 日の夕刻だった。折しもカーラジオから「福
島市の水道水から放射性物質が検出されました」という報が流れてきたし，テ
レビでは枝野官房長官が「ただちに危険がある数値ではありません[2]」と繰り
返し連呼していた。

(2)　福島市水道局の発表は 3 月 17 日という言及もあるが，私は確かにラジオで聞いた記
　　憶がある。枝野官房長官のコメントは NHK ニュース，3 月 16 日 17:55 ごろ。

270

　雪がしんしんと降りはじめた中での国道13号ルートでの県境の峠越え。この雪はフォールアウト（放射性降下物）を含んでいるのではないかと疑いながら，福島市を出ていくのだという安堵感と，自分だけが皆を見捨てているような後ろめたさが入り混じったあの複雑な気持ちを，筆者は一生忘れないだろう。思わず『海の沈黙(3)』の一場面が脳裏に浮かんでくる。後方からドイツ軍の砲火や戦車部隊が迫ってくる街の包囲網をかいくぐり，車で脱出しようとするユダヤ人一家の主の必死の形相を自らに重ねてしまう。これは現実なのか？　自分は映画を観ているんじゃないのか，と何度も頬をつねりたくなったものだ。

　ショックを受けたのは山形県に入ってからだ。最初の街，米沢市では街道沿いのコンビニエンスストアもラーメンショップも平常に営業していることにまず驚かされる。福島市では失われた光景だ。米沢のコンビニも品数が乏しいのは一緒だが，行列ができているわけでもない。思わず，灯りに吸い寄せられる虫のようにラーメンショップに入る。店内の客たちの様子は放射能への不安も，原発事故そのものにもそれほど関心がないかのようだった。多くの福島市民が外食もままならず，不安を抱えてなりゆきを見守っているというのに，まるで他人事。県境を一歩越えれば，認識の天地ほどの落差に愕然とさせられたものだ。18日，山形のホテルで2泊したのち，私の家族は北海道へと向かった。バスを見送ったのち，涙がとめどなく頬を伝った。改めて，いいようのない怒りがこみあげてくる。その後は10日ほど山形市の本社に身を寄せ，フィルムの移動やら雑事やら自分にやれる仕事を見つけては福島や仙台の劇場を行き来したり，ネットやテレビでニュースを注視しながら過ごしていた。福島市中心部は数日後にはすでに水道も電気も復旧しており，劇場自体は無事だった。再開しようと思えばできたのだが，商業娯楽施設は自粛ムードが支配的だったし，何より筆者自身，とてもそんな気持ちにはなれないでいた。

　全電源を喪失してからの福島第一原発。最初の一週目はほとんどなすすべもなく，見守るしかない状況だった，居並ぶ原子炉建屋。それはまるで荒ぶる

---

(3)　『海の沈黙』(1947)　フランス，ジャン＝ピエール・メルヴィル監督作品。

ゴジラ[4]か，不気味に沈黙を保つAKIRA[5]のような怪物状態に映ったものだ。世界じゅうが，底知れない終末観にすら囚われたと言って過言ではないだろう。しかし，発災2週目に入るころになると，ようやく曲がりなりにも注水の目途が立ち始め，少なくともチェルノブイリのような格納容器そのものが破壊するような大惨事には発展しないと思えるようになる。なので，筆者は福島市に戻ることを決意し，社長に伝えた。4月2日に劇場を再開。実に丸3週間の休館。発災直後には想像もしなかった長期休館となった。

　無視しがたいレベルの放射性物質に地域一帯が汚染された。にもかかわらず，中通りは「避難するか，留まるか」，自分たちに対応の判断が委ねられた。福島県放射線測定値[6]によれば，福島市では3月15日の15:00までは平常値（0.04 μSv/h）とほぼ変わらない0.08 μSv/hだが，一時間後の16:00に1.75 μSv/h，17:00には20.26 μSv/h，23:20には一時23.90 μSv/hまで跳ね上がっている。行政もメディアもこうした情報を隠しはしないものの，平常時と比べてどれほど高い数値なのかという類の言及にはことごとく消極的だった。また，数カ月後にはSPEEDI（緊急時迅速放射能影響予測ネットワークシステム）が正確に示していたデータを県が活用しなかった（県の担当者はのちにファクスを見逃したと弁明している）ことが発覚する。自治体は県のコメントを待ち，県は[7]

（4）　1954年に東宝により『ゴジラ』として映画化されて以来，原子力への不安を表象した代表的クリーチャー（怪物）として，クリエイターの想像力をかきたてつづけている。

（5）　1982-90年『週刊ヤングマガジン』（講談社）に連載された，大友克洋の漫画『AKIRA』の主人公の少年。自分でも制御できない無限のパワーをもつアキラが，ネオ東京の真ん中で不気味に眠りについている描写は，荒ぶる原発を想起させた。2020年東京オリンピック前夜という時代設定，大友自身が宮城県出身者という奇妙な偶然は，原発震災を預言した漫画だともささやかれた。また，舞台となった架空の都市，ネオ東京の混沌ぶりは津波で荒廃した東北沿岸部の風景そのものだとも……。

（6）　福島県「平成22・23・24年度　県内7方部環境放射能測定結果」https://www.pref.fukushima.lg.jp/sec_file/monitoring/m-1/7houbu0311-0331.pdf，2020年1月24日閲覧。

（7）　原子力規制委員会は，SPPEDIの運用への「基本的考え方」として，原子力災害対策指針に基づき，「緊急時における避難や一時移転等の防護措置の判断にあたって，SPEEDIによる計算結果は使用しない。これは福島第一原子力発電所事故の教訓として，原子力災害発生時に，いつどの程度の放出があるか等を把握すること及び気象予測の持つ不確かさを排除することはいずれも不可能であることから，SPEEDIによる計算結果に基づいて防護措置の判断を行うことは被ばくのリスクを高めかねないとの判断によるも

国のパブコメを待つという，「お上頼み体質」は私たちを苛立たせるばかりで，必然的に市民は誰もが自衛のため，あるいはこの異常時を理解するために市民科学者になった，いやならざるをえなかった。そうやって自分たちに対応の判断が委ねられた時，何が起きたか。

その情況については，映画上映という仕事を通して，筆者なりに見て，感じてきたことがある。メールの交信もままならぬ状況下でガソリンの補給や物資，水の確保に必死に奔走していたとき，ふと視線をよぎった光景は今なお忘れられない。「フォーラム福島」の近くにある県立図書館の前をとおりかかったとき，芝生の上で子供を遊ばせている若い親，普段どおりジョギングをする人の姿もあった。放射能のリスクから免れようと奔走する人もいれば，そのすぐ傍らでは何の不安もなく生活できている人たちもたくさんいたのだ。筆者にとって，これは「低線量被ばく地」の原風景となった。「ただちに健康に影響はない」程度の低線量レベルの汚染は個人の取り方一つでいかようにも対処できてしまうわけで，この情況を映画監督の諏訪敦彦は「大して恐ろしくないことの悲劇」と形容し，あるいは元飯舘村副村長の長正増夫は「放射能よりも，放射能に対する人の心の動きの方が怖い[8]」というコメントで表現した。要するに，放射能汚染という未曽有の事態にとつじょ見舞われ，自分が住む町一帯に健康不安が拡がったり避難措置の必要性が高まったりすると，人びとはおうおう正反対の行動に奔る。つまり安全基準を上げたり，とりあえずは事態を静観するという思考回路に振れてしまい，命の大切さよりもコミュニティ維持を優先してしまう。そうした「低線量被ばく」下の怖さを，象徴的に言い当てている形容だと思う。

さて福島市に戻り，劇場を再開させてからが，ほんとうに考えさせられる日々のはじまりだった。被曝のリスクが伏在する地において，震災以前の心持で生

のである。」と表明（2014年10月8日）。原発事故時，SPEEDIはほぼ正確に放射性物質の拡散方向を予測できていたことがわかっており，規制委員会の態度表明には疑念が残る。

(8) 『プリピャチ新聞』（2012）アップリンク。諏訪敦彦（1960-），映画監督。東京造形大学学長（2008-13）を経て，現在，東京芸術大学教授。『2／デュオ』（1997）で監督デビュー。最新作は『風の電話』（2020）。

活することはもはや誰もがかなわなくなった。妻子と離れ離れの状態で暮らすことにもとうてい慣れることはできない。放射線への不安は筆者自身も抱えていた。そうしたストレスに勝ったのは，この非日常下に置かれてしまったフクシマが今後，どうなっていくのか見届けたいという思いだった。

　ジル・ドゥルーズ[(9)]は「時間の最も深い作用」を，次のように「結晶イメージ」と名づけた。

> 　「過去は自分がそうであった現在の後で構成されるのではなく，同時に構成されるので，時間は各瞬間ごとに，たがいに本性を異にする現在と過去において二重化されなければならない。あるいは，同じことに帰するが，時間は二つの異質な方向で現在を二重化しなければならない。その一方は未来に躍り出し，他方は過去に落ち込むのである。時間は措定され，あるいは展開されると同時に分裂する。時間は二つの非対称的な噴射に分裂して，一方はすべての現在を過ぎ去らせ，他方はすべての過去を保存する。時間の本質はこの分裂にあり，結晶の中に見えるのはこの分裂であり，時間である。結晶イメージは時間ではなかったが，そのなかに時間が見える。(中略)それは世界を抱擁する非有機的な〈生〉の力である。幻視者，見者とは，水晶の中を見る者のことであり，そして彼が見るのは，二重化，分裂としての時間のほとばしりなのだ。」

『シネマ2＊時間イメージ』で，時間は過去の自らの集積として存在すると記している。筆者にとって3.11以後の時間は，映画や映画上映を通じていくつかの印象的な記憶，つまり結晶イメージとして筆者の心にいまなお，過去も現在も超越して留まっている。

　福島県中通り地方を覆い尽くした「低線量被ばく」は住民にどんな心理作用を及ぼしたのか。映画作家たちはそれぞれに，映画という手段を用いて原発事故や放射能汚染を描こうと試みた。たまたま，映画館という生業に身を置いて

---

(9)　フランスの哲学者（1925-85）。主な著書に『差異と反復』『アンチ・オイディプス——資本主義と分裂症』（フェリックス・ガタリとの共著）。

いた筆者は当然のことながら，持ちこまれてくる関連の映画を極力，上映しようと意識的に努めてきた。30万人前後の地方都市でミニシアターを維持するには，地域の人びととの連携が欠かせない。映画上映を成功させるために人の協力が必要という考え方，いわば人＜映画，という当初の価値観は筆者の中で年々崩れ，映画を通じて人と出会えることのほうに仕事のやりがいが生まれていった。人＞映画，という価値基準に完全に固定したのはやはり，震災以降だ。映画が媒介となってさまざまな立場の人と知り合うことができ，映画がテクストとなって語り合うことでさまざまな知見に触れられるということは何より代えがたい。そうした映画上映運動の中で感じた印象，得た知見はこの9年間，少なからずある。その一端を振り返り，書き記しておきたいと思う。

II　「映画」を通し，3.11後をウォッチャーする日々

1　中通り地域の特異な状況

　今さら言うまでもなく，福島というと，県外の人々はどうしても全県ひとくくりでイメージしてしまう。だが，県内に住んでいる者からすると，福島県はどんなに乱暴に区切っても，浜通り，中通り，会津地方と三つの異なる地域性を包摂する県で，俗に「はま・なか・あいづ」と形容される。それぞれにフクシマ核被災の度合い，被害の態様，ストレスのありようなど，まるで性質を異にすることを知ってもらわなくては，フクシマ核被災の諸相は理解できない。筆者が生まれ育った福島市は「中通り」と呼ばれる地域に属する。県庁所在地である福島市と，商業都市の郡山市を包括する行政圏であり，経済圏だ。ここが皮肉にもいわゆる「低線量長期被ばく」に苛まれることとなった。このジレンマこそは独特だ。

　一見，何も変わりないのに，自分が拠って立つ大地が放射性物質に汚されているという意識は絶えずつきまとう。すべてを懐疑的に，不安にさせる。筆者は生まれて初めて，ここで呼吸をして大丈夫か，はたして安全なのだろうかということを意識した。朝起きると，窓を開け放して外気を取り込むことに一抹のためらいを禁じ得ない。しばらくの間は水道水の水も風呂や炊事に使って大丈夫なのかと，わきあがる懸念を振り払いながらその都度使うという日常を経

験した。「日本にきて，なによりも嬉しかったのは「ここは安心して外出ができる，いつでもどこでもおいしい水が飲める」ことだった」……筆者は図らずも，映画『ホテル・ルワンダ⁽¹⁰⁾』上映会で知り合ったカンベンガ・マリールイズ⁽¹¹⁾が当時，語っていた言葉を思い出した。彼女は部族対立により，殺し合いが激化した内戦下のルワンダから幼い子どもたちを連れ，命からがら福島へと避難してきた女性だ。当たり前だと思っていた状況が損なわれた時，人は初めて平凡こそが幸せだということに気づく。何の懸念も抱かず享受してきた外気と水の安全を疑わねばならない状況になって，筆者は，彼女の気持ちをまったく異なるシチュエーションで初めて理解するわけで，それは皮肉というほかなかった。

　『黒い雨⁽¹²⁾』はたまたま，主演女優の田中好子が末期がんを患い，余命いくばくもない体で病床から激励の言葉を被災地の人びとにビデオレターで遺してくれたことに感銘を受け，上映した映画だ。原発事故ではなく原爆を扱った映画だが，投下後の広島で生き残った人々が働く気力もわかず，日がな釣りに興じたり，隣人と四方山話をして過ごしたり，いわゆる「ぶらぶら病」と呼ばれる虚脱状態に陥る場面の描写において，福島との共時性を見いだせる。筆者もしばらくの間，何をしようにも空虚に思えて，気力や意欲が湧かなかった。あれは異常な環境下で生活を余儀なくされたことへのショックがもたらす無気力状態と思っているが，原爆投下以後の広島や長崎の被爆者は，どれほど過酷な精神状態をひきずりながら戦後を生き抜いてきたのかと思いはせたものだ。

　被災３県のうち，津波被災の宮城，岩手両県民は徐々に前を向いて走り出そうとしている。なのに，福島県民だけは数カ月たっても，いまだ発災直後の時から進展せず，ピンで襟首を壁に釘づけにされているような感覚にあった。

---

(10)　『ホテル・ルワンダ』（2004）イギリス・イタリア・南アフリカ合作，テリー・ジョージ監督作品。

(11)　現在は日本に帰化し，永遠瑠（とわり）マリールイズと改名。1965年生まれ。1993年，福島文化学園で洋裁研修のため，来日。翌1994年にルワンダ内戦が勃発し，3人の子供を連れてコンゴの難民キャンプに逃れ，そこでアムダの日本人医師の通訳となったことが縁で，福島に避難することができた。2000年に「ルワンダの教育を考える会」を立ち上げ，命の尊さ，教育の大切さを説く講演活動や，母国での学校建設やルワンダ―日本の市民交流活動に挺身している。

(12)　『黒い雨』（1989）日本，井伏鱒二原作，今村昌平監督作品。

走りだそうにも走り出せない。前を向けないという歯がゆさは経験がなく，筆者は「悩む」という営為について，初めて悩みには次元の違いがあると知った。そもそも，人はなぜ悩むのかといえば希望を見いだすために悩むものだ。そういう建設的な悩み方ができない。いってみれば，悩みに埋没するという不毛な日々を強いられる。たとえば朝，目が覚める。さてどうやって，今日一日を生きようか，やり過ごそうかとまず考える。表面的には平静さを装うが，日常を演じているだけで，心中はつねに悶々としている。その状態は夕方になっても夜，床に就いてもつづく。翌朝，目が覚め，またもそんな鬱屈した一日を繰り返す。そんな日日の繰り返しなのだ。

「低線量長期被ばく」のリスク評価をめぐっては医師や放射線の専門家も真二つに割れた。けっきょく，われわれ一般市民は宙づりのままに留め置かれ，個々の人生観，価値観に基づいて判断せざるをえない。結果として，中通り地域は自主的避難者を多数生み，そのことは無数の分断と亀裂という癒えない傷をフクシマに深く刻印することになっていく。

われわれは巨大なプールの水中で鼻をつまんで，じっと互いの顔を見つめ合っている。どこまで長時間，息を止めて耐えつづけられるか我慢比べをしている。それが最初の1年目なら，2年目はそんな不条理な状況に貶められたことから得た問題意識が，急速に自分の中から薄れゆくことに苛立った日々のように思える。しかし3年目以降は，そんなリアルが風化することへの苛立ちを感じていたことすら忘れ，どんどん平準化していったと思う。私がイメージする中通り地域住民の精神状況はこんなふうだ。

2 〈映画で原発を考える〉上映企画

〈映画で原発を考える〉という上映企画を初夏から始めることにした。原発や放射能に関する映画は以前から上映してきていたが，このような形で現実に過酷事故が起きたことで改めて新旧問わず集中的に取り上げ，住民に問うてみて，どんな反応が出るか見てみたいと思ったのだ。[13]

時を同じくして，郡山市出身で東京を拠点に映画批評活動や大学講師をし

---

(13)　文末「表1　〈映画から原発を考える〉上映作品」参照。

ていた三浦哲哉(14)が独立系配給会社東風(15)の渡辺祐一と共に訪れ，3.11後の福島について考えるImage Fukushima(16)実行委員会を有志で作り，「フォーラム福島」を皮切りに，上映会を全国的に展開したいと提案された。三浦とその仲間である若い人文学系研究者やシネフィル，そしてこの上映企画に賛同する地元の有志によって，内容が練られた。上映イベント〈Image Fukushima〉は映画をテクストとして扱い，上映後に関係者が講演するだけでなく，観客もまきこみ双方向でやりとりが生れるようなトークの場を醸成する。「過去の福島」と「現在のフクシマ」を，映画を通じて俯瞰することで未来の展望を探ることを理念とした。第1回〈Image Fukushima〉のゲスト登壇者は上映対象作品の監督はもちろん，各界の識者から教員や農民，福島の親までさまざまな立場の人びとが登壇し，上映後に想いを語り，ときに討論にもなった(17)。

　このイベントで最も興味深かったプログラムは，土本典昭監督(18)の『原発切抜帖』上映会だった。上映後に前福島県知事の佐藤栄佐久(19)をゲストとして招いた。

　佐藤前知事に登壇を依頼した意図はいうまでもない。2002年，知事の座にあった佐藤は東京電力の度重なる事故隠しとデータ改ざんの実態，さらに危険施設を監視する当事者としての経産官僚のあまりの無責任さに失望し，プルサーマル計画の事前了解を白紙撤回する。4年後の2006年9月。実弟の会

---

(14)　三浦哲哉（1976-）郡山市出身，現・青山学院大学文学部准教授。著書に『サスペンス映画史』（2012）みすず書房，『映画とは何か——フランス映画思想史』（2014）筑摩書房。
(15)　合同会社東風。2009年に設立された独立系映画配給会社。代表は木下繁貴。東海テレビ制作ドキュメンタリーシリーズや『人生フルーツ』『息の跡』『FAKE』『主戦場』『さよならテレビ』等，刺激的な数々のドキュメンタリーを手がけていることで定評がある。
(16)　Image Fukushima実行委員会。三浦哲哉を実行委員長として，映画上映＆ティーチインを通じ原発事故後の福島，震災後の日本のありかたを考えるサークル団体。福島，東京，金沢などで上映イベントが行われた。
(17)　文末「表2　〈Image Fukushima〉上映作品」参照。
(18)　土本典昭（1928-2008），ドキュメンタリー映画監督。岩波映画製作所を経て，1957年独立。『ドキュメント 路上』（1964）。デビュー後は，水俣病公害や原子力問題を取り上げつづけた。
(19)　佐藤栄佐久（1939-）郡山市出身，東大法学部卒業後，日本青年会議所副会頭，参議院議員を経て，1988年に福島県知事に就任。2006年に実弟が関与した汚職事件の追及を受け，辞任。5期18年間，知事を務めた。

社の汚職に関与したと東京地検特捜部の追及を受け，知事職辞任に追い込まれる。その1カ月後，逮捕起訴。4年後の2010年8月，後継2期目の佐藤雄平知事がプルサーマル計画再開に同意。その7カ月後，3.11という事態に至った。2016年10月，一貫して冤罪を主張する佐藤に，最高裁は上告棄却。「有罪だが収賄額0円」という理解不能な判決文だけが残った。原発事故以降，語ることもタブーだった原子力ムラの構造が天下にさらされ，原発の是非をめぐって国民的議論が繰り拡げられるようになると，佐藤再評価の機運も生まれる。彼を見舞った醜聞は国策に盾突いたことへの報復だったのではないかと。つまり原子力ムラの存在に警鐘を鳴らした30年前の映画『原発切抜帖』上映後のスピーカーとして佐藤以上にタイムリーな人選はなかった。場内には佐藤への思慕の念すら漂った。「もしも原発事故の時，あなたが知事だったらどう対処しましたか？」上映後の質疑応答で，客席から出た興味深い質問に対する彼の答えはこうだ。「仮定の話ですので差し控えたい。が，一つ言えることは県政を預かっていた5期18年間，私が同僚に口を酸っぱくして云っていたことがあります。有事が起きると，コンプライアンスやマニュアルでは解決のつかない事態に直面する。その時，どう迅速かつ的確に判断を下せるかが問われるところとなりますよ，と。それは何も原発事故に限らない。水害も山火事の時もいつも同じでした」と。パターナリズムに陥らない人材育成こそ，知事の最大の務めだといいたいのだろう。このコメントは今でも強烈に印象に焼きついている。

佐藤は著書『知事抹殺』で「『住民の生活に関することは，住民に近い地方自治体が責任を持つ』という地方分権に進むしかない」(148頁)と記している。自治体の首長として極めてまっとうな政治理念。だが，現実はどうだったか。県民の最大公約数の幸福を求めた結果，道州制反対，プルサーマル凍結など，ことごとく国策に反する判断へと至った。これはなぜか。「行政も経済も文化も教育も，すべてが東京というフィルターを通してしか見られなくなっているのではないか。」(119頁)という指摘にヒントが隠されている気がする。国は「地方分権」といいつつ，実態は，地方は東京を支える従属物にすぎず，権限移譲といっても程度問題。分限を超えると痛い目に遭わされる。

佐藤県政はそこを突破し，地方分権の真のあり方を目指そうとしたのだと思

う。福島県企画調整部エネルギー課発行の「中間とりまとめ」を読むと驚かされる。これは東電や国と渡り合えるようにと，佐藤が担当部署の精鋭を集めて立ち上げた県エネルギー政策検討会で2001年5月から約1年間，内外30人以上の原子力の専門家や識者を交えて勉強会を重ねまとめた報告で，この当時に廃炉にまで言及している。一県の知事が，国策に疑義を投げかけることがいかに精神力を要するかは，東京電力と対峙する現職が不出馬表明をした新潟県のケースや当選後に変節した鹿児島県知事，さらに辺野古移設容認に舵を切った沖縄県知事のケースからも窺い知れるだろう。

　今ふりかえれば，佐藤県政の歩みは県民にとって最もおもしろい時代だったのかもしれない。なぜなら「原発的なるもの」と佐藤県政との暗闘の小史からは，昨今，いかがわしさを語る際に何かにつけて引用される「忖度」という言葉が放つ胡散臭さが微塵も漂ってこないからだ。「忖度」は16世紀のフランスの思想家エティエンヌ・ド・ラ・ボエシが唱えた「自発的隷従[20]」へと行き着く。すなわち強大な王がいて，数人の直属の部下が自ら王の意を先読みして行動する。「自発的隷従」はそこにとどまらずその下の者，さらにその下の者へと際限なく連鎖し繰り返され，やがて誰もが隷従を競いあう。それが社会をいびつにしてしまう権力構造の本質だと捉えた社会理論だ。ド・ラ・ボエシは，次のように述べている。

　　「自発的隷従の第一の原因は，習慣である。だからこそ，どれほど手におえないじゃじゃ馬も，はじめは轡を噛んでいても，そのうちその轡を楽しむようになる。少し前までは鞍をのせられたら暴れていたのに，いまや馬具で身を飾り，鎧をかぶってたいそう得意げで，偉そうにしているのだ。（中略）自分たちはずっと隷従してきたし，父祖たちもまたそのように生きてきたと言う。彼らは，自分たちが悪を辛抱するように定められていると考

_____

(20)　官僚や側近が立身出世を果たすために安倍政権の歓心を買えるような行為を自ら進んで行った。「忖度」という語は森友学園の用地買収，加計学園の認可過程に不正があったとする「モリカケ」問題で一気に国民に浸透したが，思考をさらに深く進めた時，社会の至るところに「忖度」ははびこって常態化する。それがド・ラ・ボエシの説く「自発的隷従」社会である。

えており，これまでの例によってそのように信じこまされている。こうして，彼らは，みずからの手で，長い時間をかけて，自分たちに暴虐をはたらく者の支配を基礎づけているのだ。」

3　会津の蜂起

忖度は程度問題だ。度を越すと「自発的隷従」が蔓るいびつな世界を招くということを，佐藤県政が示した「中間とりまとめ」は仄めかしてはいまいか。政治の世界における「原発的なるもの」への「自発的隷従」を拒否するという態度表明は，経済界でも起きている。もっともシンボリックな例は，「会津電力㈱」を立ち上げた喜多方市にある大和川酒造店の佐藤彌右衛門[21]の活動だ。福島県は，「原発と決別して再生可能エネルギー社会への転換を図る」という方向性を，さまざまな技術的・経済的障壁はありつつも，とりあえずめざすこととなった[22]。3.11後，さまざまなレベルで小電力を標榜する企業が発足したが，「会津電力」という企業は，ビジネスというより，佐藤彌右衛門の実業観に深く共鳴するさまざまな分野の人びとが参画し支えながら形にしていった，市民運動そのものといったほうがふさわしい。筆者は知人に誘われて設立構想の表明となるシンポジウムを聴きに，大和川酒造の「酒蔵北方風土館」に行った際，時代を変えようという人々の熱に圧倒されたのを忘れることができない。賛同者は末吉竹二郎[23]や吉原毅[24]，飯田哲也[25]といった金融，エネルギーの専門家だ

(21)　佐藤彌右衛門，合資会社大和川酒造店会長。震災後，会津地方を自然エネルギー転換の一大拠点にすべく，価値観の転換を訴え，会津電力，飯舘電力などを次々と設立。

(22)　2011年10月20日，福島県議会は，東京電力福島第一原発一～六号機（大熊町，双葉町），第二原発一～四号機（富岡町，楢葉町）の全10基の廃炉を求める請願を採択，全国で初めて，原発との決別を宣言した県となった。

(23)　末吉竹二郎，国際金融アナリスト。グローバルな視点で自然エネルギー社会へのパラダイムシフトは必然たる時代の流れになるとし，会津自然エネルギー機構の発足を支持している。

(24)　吉原毅，城南信用金庫顧問。原子力撤廃，クリーンエネルギー転換社会を推進し，功利主義の銀行にはできない信用金庫の公益的使命感を誇りとしている。

(25)　飯田哲也，環境学者。NPO法人環境エネルギー政策研究所所長。日本を代表する自然エネルギー論者。

けにとどまらず，赤坂憲雄[26]や遠藤由美子[27]など会津圏の著名な文化人も陣列に加わっていて，「自由民権運動の再現」(赤坂) が確かに起きていると実感したし，一方で理想を現実のものとするには「経済なき道徳は寝言であり，道徳なき経済は犯罪である」(二宮尊徳)[28]というバランス感覚も冷静にわきまえ，戦略観のもとに構想が進められている頼もしさを感じた。先に言及した『自発的隷従論』は，次のように的確に指摘している。

> 「いつの世にも，ほかの者よりも生まれつきすぐれていて，決して隷従には飼い慣らされず，海を越え地を越えて故郷の家から立ち昇る煙を一目見たいと思い焦がれていたオデュッセウスのように，自分の自然の特権について考えたい気持ちを抑えることができず，また，先達や自分の原初のありかたのことを思いやるのを我慢しきれないのである。このような者たちは，明晰な理解力とものごとをはっきりと見通す精神を備えており，たいていの場合，粗野な俗衆のように自分の足もとにあるものだけを見て満足したりはしないのであって，自分のうしろも前もしっかりと見つめるものだ。つまり，過去のことがらを回想することによって，来るべき時代のことがらを判断し，現在のことがらを検証するのである。」(『自発的隷従論』より)

3.11フクシマ核被災によって，尾瀬や会津地方一帯の水利権までが東電や国の権益下にあることを改めて知り，佐藤は，「会津人は中央の「隷従」から名実共に脱却し，身の丈に見合った自給エネルギー型・自己完結型の地域経済をめざそう」と理念を掲げた。映画『おだやかな革命』[29]は佐藤と「会津電力」をはじめとし，地域で自覚的に自給電力社会の実現と再生可能エネルギ

---

(26)　赤坂憲雄，民俗学者。福島県立博物館館長，学習院大学教授。震災後，幅広い人文知を駆使して，価値観の転換を訴えている。

(27)　遠藤由美子，フリーライターを経て，奥会津で出版事業を手掛ける。奥会津書房主宰。

(28)　二宮尊徳 (1787–1856)，江戸時代の実学者。薪を背負いながら読書をする銅像のイメージから，勤勉と清貧を貴ぶ日本人の模範とされ，金次郎の名で親しまれた。引用の言葉は，実は金次郎が発した言葉ではなく，後代の人が金次郎の思想を要約したといわれる。

(29)　『おだやかな革命』(2017) 日本，渡辺智史監督作品。

一転換を模索する自治体や市民の動きを取材している。

「なべての悩みをたきぎと燃やし　なべての心を心とせよ　風とゆききし　雲からエネルギーをとれ」とは，宮澤賢治の詩文だ。佐藤彌右衛門とその周囲の人々による会津自然エネルギー機構発足へといたる過程を思う時，この『農民芸術概論綱要』の一節を，筆者は重ねてしまう。

4　5年目の作家の時代

ここでふたたび『原発切抜帖』[30]に戻そう。この映画は，水俣映画で知られる記録映画作家，土本典昭が当時世界を震撼させたアメリカのスリーマイル原発事故と，日本における原子力船むつの入港論争で社会的に原子力問題への関心が高まったことがきっかけで製作した作品だ。新聞記事の切り抜きのみで時系列に事態を整理し，「原子力立国」という国策に邁進する政治と原子力ムラの底意を読み解き，小沢昭一[31]の軽妙かつ風刺の利いた語り口で鋭く問題の本質をあぶりだす『原発切抜帖』。これを観た観客は唖然としていた。30年も前のこの映画がすでに，3.11フクシマ核被災後，繰り拡げられている侃侃諤諤の議論を取り上げていることに衝撃を受けたのだった。筆者にしても，学生時代に観ていたはずだが，3・11以後に改めて観なおしてみて，いかに自分は何も観ていなかったのかと痛感させられた。

〈Image Fukushima〉や「映画から原発を考える」特集で上映した映画群は，3.11以前の旧作と以後の新作とに明確に分けて評価すべきと思うきっかけになった。反対運動がうるさいから新宿御苑に自前の小型原子炉を作り，東京は電気を自給しようと言いだす都知事のブラックコメディ『東京原発』[32]にしろ，過酷事故が起きた直後の人々のパニックや自治体の対応，政府の情報の統制の様子などを描いたドイツ映画『みえない雲』[33]にしろ，3.11以後に作ったとしか思えないアクチュアリティに満ちていた。この先見性，時代を越えた

(30)　『原発切抜帖』（1982）日本，土本典昭監督作品。
(31)　小沢昭一（1929-2012），俳優，エッセイスト。1973年より40年にわたり，ラジオ放送された「小沢昭一の小沢昭一的こころ」は広く愛聴された。
(32)　『東京原発』（2004）日本，山川元監督作品。
(33)　『みえない雲』（2006）ドイツ，グレゴール・シュニッツラー監督作品。

普遍性において，3.11以前の映画は，圧倒的に，いちはやく危機を告げる「炭鉱のカナリア」としての映画として機能している。世間が一顧だにしなかっただけで，有能な映画作家たちは気づき，ちゃんと警鐘を鳴らしていたのだ。

　3.11フクシマ核被災をめぐっては，多くの知識人や作家，文化人，ジャーナリストによる書物があまた出版されたように，ほどなく「フクシマの映画」といえば，ジャンルとして会話が成立してしまうほど，映像作品や映画が氾濫した。2001年の9.11アメリカ中枢同時多発テロ以降しばらくの間，世界中の映画人が「これを通らずして先に進めない」と思った時と同じで，3.11フクシマ核被災の渦中に置かれた住民のオーラルストーリーは，ある種の根源的な問いを孕んでいるのではないかと，映像作家は直感するのだった。

　今，振り返ると発災直後の1,2年目はドキュメンタリー，劇映画問わず，とりあえず，いま何が起きているのか事態を伝えることを優先した緊急性，告発性の強いルポルタージュとしての「フクシマの映画」が多かった気がしている。

　それ以後はいわゆる「5年目の作家」による段階に入っていると感じている。「5年目の作家」は，年単位の時間軸で事態を見すえた後に作品を発表する。チェルノブイリ原発事故から12年も経った1998年に製作された『プリピャチ』[34]の監督ニコラウス・ゲイハルター[35]は「なぜ12年経って撮るのか」と聞かれて，「誰も関心を持たなくなったからさ」と答えている。考えてみれば，つねに見過ごされがちな片隅の部分，少数意見やタブーに目くばせをする，それこそ映画をメディアとして考えた時の存在価値なのだ。

5　脱原発と脱被ばく

　3.11フクシマ核被災は，二つの問題を私たちにつきつけた。原発是非論争と被ばく評価論争である。実はこの二つは関連しているようで，実は互いにリアリティの全く異なる問題であることは認識されていない。福島第一原発に距離的に近い浜通りの住民は原発がもたらした恩恵を肌で知っているだけに，原

---

(34)　『プリピャチ』(1999) オーストリア，ニコラウス・ゲイハルター監督作品。
(35)　ニコラウス・ゲイハルター (1972-)，オーストリア出身の映画監督。ナレーションやテロップ，音が鵜を一切使わないダイレクトシネマの旗手として知られている。食べ物の大量生産の現場を描く『いのちの食べかた』(2005)，『人類遺産』(2017) など。

発是非論には敏感だ。だが，中通りや会津地方の住民にとっては，原発はそもそも全く遠い存在だった。事故が起きて初めて，直線距離にしてわずか60キロしか離れていないことに愕然とした福島市民も多いのが実態だ。ゆえに，中通り地域においては原発是非論よりも被ばく評価論争のほうがはるかに切実なのだ。県外の人びとは，これほどひどい目に遭っているのだから福島県民は全員が脱原発論者になったと安直に考えがちだが，「被ばくは低線量でも断固反対。でも原発は必要だ」，いや「被ばくは気にしない。でもこれほどの風評を招き，福島のブランドを貶めた原発はやめるべき」と，脱原発イコール脱被ばくとは必ずしも限らないことに気づけば，問題は一筋縄ではないと理解するだろう。

　この脱原発と低線量被ばく，それぞれの問題を扱った2本の記録映画を2015年2〜3月の同時期に上映したことがある。弁護士の河合弘之制作の『日本と原発　私たちは原発で幸せですか?』。そして鎌仲ひとみの『小さき声のカノン』である。『日本と原発』は福島の人々に孫子の代まで負の遺産を押し付ける事態に至ったのはなぜかを，豊富な動画資料とインタビューを駆使しながら原子力ムラの弊害と，「原発的なるもの」の病理を暴き出していく弁護士ならではの，まさに口頭弁論のような映画だ。

　一方，『小さき声のカノン』は放射線を気にしつつも福島で暮らすことを決めた母親たちを中心に，中通り地域で暮らす人々の葛藤と活動を追う。『日本と原発』が"脱原発"についての映画だとしたら，『小さき声のカノン』は"脱被ばく"がテーマとなっている。上映してみると，前者はきわめて関心が高く，

---

(36)　荒木田岳福島大学准教授は，いちはやく中通りのストレスの実相は被ばく問題にあることを重視し，「脱原発ではない，〈脱被曝〉だ」と唱えた。

(37)　河合弘之。数々の経済事件を手掛けてきた，名うての敏腕弁護士も，原発訴訟は「連戦連敗」という。映画「日本と原発」シリーズも私費で製作し，生涯の敵を原子力ムラと位置づける。

(38)　『日本と原発　私たちは原発で幸せですか?』(2014) 日本，河合弘之監督作品。

(39)　鎌仲ひとみ，映画監督。『ヒバクシャ　世界の終わりに』(2003)，『六ヶ所村ラプソディー』(2006) の2作で，原子力行政の矛盾と放射能汚染の脅威を描き，土本典昭の後継といわれる。『ミツバチの羽音と地球の回転』(2010) を撮った翌年に東日本大震災が発生，鎌仲の映画は再評価された。

(40)　『小さき声のカノン　選択する人々』(2015) 日本，鎌仲ひとみ監督作品。

後者はあまり広がらなかった。〈Image Fukushima〉において，鎌仲の前作『ミツバチの羽音と地球の回転』を上映した後のティーチインでも，この映画上映後の懇親会の場でも，「この映画の描写に違和感を覚える」という意見が出た。鎌仲は被ばくが生み出す葛藤や避難の難しさについては誰よりも理解している映画人だが，それでも「あなたに何がわかるのか」と反発された。矛盾を抱えていることは百も承知なのに，福島に住んでいるわけでもなく，被ばくもしていない人に言われたくないと感情が思わず噴出するのだ。

　脱原発論に関しては，たとえ意見が決裂したとしても政治信条や経済問題上の見解の相違が確認されただけで，相手の人格までは傷つけない。人間関係まで断絶するリスクは少ない。だが，被ばくの問題は，言葉一つで相手の人生観や価値観まで踏み込んでしまい，傷つけてしまうのだ。発言した本人にそのつもりがなかったとしても，子供や食べものへの考え方で放射線に対するデリカシーの鈍さを指摘されると，言われた当人は，自分の人格まで否定されたような気持になってしまう。「自分の子どもの生命をないがしろにするひどい親だと思われているのではないか」と。対立や分断，そして不信を引き起こしている原因のほとんどは，この被ばくについての捉え方の相違なのだ。政治的思考や経済的観点から語れる原発是非論より，被ばくの問題ははるかに奥が深いことを物語る上映会だった。だからこそ被ばくの問題は，政治や経済より，芸術や哲学知を関数としたほうが論点が見えやすくなってくる。映画の出番はここにあるのだ。

　この問題に真っ向から向き合った印象的な映画は何本かある。『おだやかな日常(41)』は，放射能に不安を感じ，夫に子供を連れて避難したいと主張しつつも容れられない，東京に暮らす若い母親の追い詰められた心理をリアルに深く描いている。

　10数人の県民の証言を採録した3時間の映画『福島は語る(42)』は，冒頭に登場する若い母親の涙ながらの述懐が興味深い。子どもの命を守りたい気持ちは夫婦とも同じなのに，方法論が違うゆえに夫と対立し，以後夫に対する気

(41)　『おだやかな日常』(2012) 日本，杉野希妃製作，内田伸輝監督作品。
(42)　『福島は語る』(2018) 日本，土井敏邦監督作品。

286

持ちが決定的に変わってしまった戸惑いを吐露する。これもまた,「低線量被ばく」地域ならではの家族間,夫婦間の亀裂とはどういうことかを,観る側が理屈ではなく実感として共有することができる,証言というよりは告白に近い映像になっている。

　2011年夏に『100,000年後の安全』[43]という映画を上映していた時は,こんな光景を目にした。この映画は高レベルの放射性廃棄物最終処分場フィンランドのオンカロに取材し,はたして人類は10万年後もこんな危険なものを恒久的に管理できるのかと問うシネエッセイだ。上映期間中は猛暑日が多く,ある日,服装は軽装なのに本格的な業務用防護マスクを装着して観にきた中年男性がいた。たまたま隣の席に座ったのは学生らしき若者。防護マスクの男性に気づき,ちらりとみやるもののスマホをいじっている。場内の他のお客さんからも「変な客がいる」とクレームが来るかと覚悟したが,誰も何も言わなかった。このことは当時,市内は2〜3μSv/hの空間線量で,こういう極端な反応をする人がいても無理がない,と容認できる雰囲気にあったことを意味していた。が,それも半年が過ぎるころには,通常のマスクをしていることすら批判的に見られるようになっていく。

　被ばくに対するデリカシーの差異が引き起こす亀裂とは,二項対立でしか判断しないことから起こっていると考えられる。「安全か危険か」「避難すべきか否か」という尺度にどうしても立ってしまうのだ。それについて示唆を与えるのは,『世界が食べられなくなる日』[44]という映画だ。食品や環境への危機意識を伝えるフランス映画だが,フランス人一行の撮影クルーがタイメックスの防護服を身にまとい,飯舘村で放射線測定をしている場面が出てくる。するとそこに車で駆けつけた初老の男性が「飯舘村は危険だと,風評被害を世界にばらまくつもりか」と抗議する。「ここは安全だ,俺は全然あぶないと思わない」とまでいう男性と監督は口論になるが,話の最中に,男性には孫がいることがわかり,「ではあなたは孫をここに連れてこないのか」と訊くと,彼は即座に「それはできない」という。「なぜ?」と訊くと「放射能が怖い」と苦笑いをし

(43)　『100,000年後の安全』(2009) デンマーク・フィンランド・スウェーデン・イタリア合作,マイケル・マドセン監督作品。
(44)　『世界が食べられなくなる日』(2012) フランス,ジャン＝ポール・ジョー監督作品。

ながら語るのだ。この場面は，まさに放射能に対する人間心理の挙動を象徴
した興味深い場面というほかない。一人の人格に，安全派と慎重派の二人が
潜んでいるということだ。コミュニティを脅かし人口減少につながる悪評はなん
としても排除したいと思う人物が，子供が係数になった瞬間，一人の人間とし
て判断すると，たちまち倫理的人間にとって代わるのだ。人間はコミュニティ
の一員という側面と，一人の自立した個人としての側面，この両者を併せもっ
た矛盾した存在だ。この男性のありようは，まさに現実的矛盾としての人間の
存在形態なのだ。だから揶揄したり冷笑したりする気にはなれなかった。彼は，
ほかならぬ筆者自身なのだ。「低線量被ばく」下におかれた中通りの地域の具
体的な人間の態度を考えようとするとき，このことをまず視座にすえなくては，
理解にはつながらない。

Ⅲ　フクシマを描かない「フクシマの映画」

1　映画が観客によって作り手の意図からも解放されるとき

　作り手側にはフクシマ核被災，「低線量被ばく」を念頭に置いたつもりはま
ったくなかったのに，観客が深読みしてカタルシス化し，結果として「フクシマ
の映画」にしていったケースもあった。2012年7月公開の細田守によるアニメ
ーション映画『おおかみこどもの雨と雪』[45][46]がその典型例だ。半分オオカミの血
をひく青年と恋に落ち，2人の子（姉の雪と弟の雨）をもうけた花という女性が，
夫に先立たれる。幼い雪と雨は感情が制御できないとオオカミになってしまう
ため，花は奥深い山里に移住し一軒家を借りて，そこでのびのびと子育てしよ
うと決意する。13年間におよぶ親と子の成長物語だ。この映画を上映してい
る間，子供連れのお母さんが号泣している姿を見かけることが多かった。次第
に分かってきたのは，このフクシマで子育てをしている自分に，花を重ねてみ
ているということだった。3.11以来，将来，子どもが差別されるのではないか

---

(45)　細田守，スタジオ地図所属，アニメーション監督。『時をかける少女』（2006），『サ
　　　マーウォーズ』（2009），『バケモノの子』（2015），『未来のミライ』（2018）と宮崎駿引
　　　退後の後継世代の一人。
(46)　『おおかみこどもの雨と雪』（2012）日本，細田守監督作品。

という懸念が母親の間に拡がっていた。狼と人間のハーフの子どもと，「低線量被ばく都市・福島」の子どもは，常ならぬ情況という意味で共通していた。成長するにつれ，雨も雪も自らの出自をめぐり葛藤するがやがてそれぞれに生き方を選択する。その姿に，この地の母親はわが子を重ね，また涙するのだった。細田はそんな意図で作ったつもりがないはずなのに，フクシマの母親は作者の意図とはまったく違った受け止め方をし，自分の物語へと「異化」して観た。

是枝裕和⁽⁴⁷⁾の『奇跡』⁽⁴⁸⁾も，同様の「異化効果」⁽⁴⁹⁾を喚起した。仕事の事情で父親が遠くで働いていて，事実上の別居状態のため，心のどこかに欠落を抱えている少年のひと夏の物語。鹿児島が舞台。冒頭，少年が朝起きると，今日一日の天気概況と共に，桜島の降灰量予想も報じるテレビのシーンで始まる。ここで，火山灰と共に生きている鹿児島の人々に，放射能と共に日常を生きる自らを重ねたという人が何人もいた。

こうした心の動きは「だから，なんの意味があるのか」と思われるかもしれない。が，この地の観客は鹿児島の人々に近親性や同質性を抱く『奇跡』という映画をそういうふうに見るとしたら，『奇跡』の観られ方に変容をもたらしたことになる。作り手は，作家冥利に尽きると思うはずだ。あるいは，ある日，目に見えて北京の大気が高濃度の有害物質PM2.5⁽⁵⁰⁾で汚され，市民はマスクをしながら日常生活を送っているニュース映像が流れる。大方の日本人が客観的にニュースとして聞き流しても「北京市民は私たちと同じだ」と感じとれるのも

(47) 是枝裕和，映画監督。テレビマンユニオン在籍時代に監督デビューした第一作『幻の光』(1995)がヴェネチア映画祭で金のオゼッラ賞を受賞。以後，『誰も知らない』(2004)，『そして父になる』(2013)がカンヌ国際映画祭で顕彰されるなど，節目節目に国際的評価を得る作品を放つ。『万引き家族』(2018)ではついに，カンヌ国際映画祭パルムドールを受賞し，頂点に輝いた。ジャーナリスティックかつ良識的な人間観に培われた作風は，世界中の映画作家から手本とされる。
(48) 『奇跡』(2011)日本，是枝裕和監督作品。
(49) 異化効果とは，ドイツの劇作家ブレトレト・ブレヒトが唱えた演劇理論。観客が勝手に物語を自分に引き寄せて解釈し，それによってカタルシスを得るとしたら，これも一種の異化といえる。
(50) 2.5 μm以下(μmは1/1000mm)の粒子のことで，非常に小さいため人が吸い込むと肺の奥深くまで入りやすく，肺がん，呼吸系，循環器系への健康影響が懸念されている浮遊有害物質。

また。この地で生活する人々なのだ。『かすかな光へ』[51]の上映会も忘れがたい。生涯を通じて教育とは何かを問いかけつづけた，東京大学名誉教授の大田堯（たかし）の日常を写し撮った記録映画だ。無謀な戦争で主要都市は焦土と化し，原爆まで落とされ，沖縄は火の海となり，文字通り国が滅んだといっていいほどの手ひどい敗戦を招くに至った元凶は，戦前の軍国主義教育。教育勅語によって無思考・無批判の国民を量産したことに尽きるとし，「教育とは子どもに教え諭すものではなく，本源的に子どもが持っている可能性を存分に伸ばすお手伝いを大人がさせてもらう」という謙虚さで臨むべきと説いた教育学者だ。国定教科書検定をめぐる家永裁判にも原告として加わった経歴を持つ大田は，象牙の塔に籠ることなく終生，市民と深く関わりながら生きた。映画上映初日，高齢を押してフクシマを訪れたのは2012年10月5日。当時93歳の大田は登壇すると，冒頭で「原発事故を生むに至ったことを世代の罪として引き受け，心よりお詫びします」と前置きし，留学生として初めて中国を訪れた若き時代の記憶から話し始めた。「上海港に船が着き甲板から陸地に降り立つと，至るところ貧しい苦力（くーりー）があわただしく往来し，裕福な英国人が悠々と闊歩している。『なるほど，植民地とはこういうことか』と思いました」。そんな帝国主義時代，日本も欧米列強に連なろうとひた走った結果，破局的事態に至ったという歴史観を，3.11フクシマ核被災地に重ねた。初めてきく史観ではないのだが，経験に培われた言葉の訴求力がまるで違った。話がそのまま原稿になるという明快さで，居合わせた人びと同様，筆者もただただ魅了された。『かすかな光へ』は，福島の「ふ」の字も，原発の「げ」の字も出てこない映画だが，フクシマ以後の時代に，最も大切な変革すべきことは「教育」だと気づいた人びとにとって，このうえない示唆となる映画だ。

　あるいはルキノ・ヴィスコンティ[52]の『ベニスに死す』[53]。これを上映したのはたまたまこの年，配給権が買い直され，再公開されたので，いい機会と捉え上

---

(51)　『かすかな光へ』（2011）日本，森康行監督作品。

(52)　ルキノ・ヴィスコンティ（1906−76），イタリア映画史を代表する巨匠のひとり。戦後の映画潮流であるネオリアリズモを世界に印象づけた。代表作は『揺れる大地』『ルートヴィヒ』『地獄に堕ちた勇者ども』『家族の肖像』等多数。

(53)　『ベニスに死す』（1971）イタリア・フランス合作，ルキノ・ヴィスコンティ監督作品。

映しただけで何の他意もなかったのだが，見知らぬ観客から「フクシマに重ね
たから上映したのか」と訊ねられた。聞けば，主人公の大学教授が訪れたベ
ニスにコレラが流行し，次々に人が死んでいるにもかかわらず，町の人々は風
評被害が拡がることを恐れ，実態を隠そうとするプロットが，原発事故への皮
肉としか思えないからという。映画がその場所柄，状況次第で見え方がいかよ
うにも変容してしまう。作り手の意図を離れて，観客の側が「フクシマの映画」
に異化してしまう。そういう事例はこの時期，いくらでも見つけることができた。
こうした心理的背景には，中通りの住民は自らが「低線量被ばく」地域に住む
ことを受忍したつもりでも，心の奥底では不満や閉塞感を抱えこんでいて，そ
れが映画のある場面に，あるいはあるセリフのひと言に，ふと呼び覚まされて
しまうのだ。

　単なる映像素材が映画館で上映されることで，映画という作品に変貌する
事例もあった。『東電テレビ会議 49 時間の記録[54]』は，東電本社，福島第一原
発，第二原発，オフサイトセンター，柏崎刈羽原発を，それぞれを映し出すテ
レビモニター 5 台の分割画面と，日時を告げるタイムキーパーの文字が映るだ
けの 3 時間余のビデオ映像。ただひたすら，事故直後の福島第一原発と東電
本社のやり取りに耳を傾けるしかないのだが，これはじつに異様な映像体験と
なった。当日詰めかけた満員の観客は，じっと息をひそめて画面を凝視し，映
し出される時間ごとに自分がその時何をしていたのかを反芻しながら観ること
になる。映像が失われた会話や過去を再現する「回収されたフライトレコーダ
ー」のような機能を果たすという，特異な映像体験の場が生じてしまったのだ。
東電の判断で映像は恣意的に編集され，肝心の部分，たとえば管直人首相が
東電の社員たちに語りかけている場面などは P 音によって音声が伏せられたり
するなど，欠陥だらけだが，それがかえって東電の政治的な意図を透けさせ，
生々しく映った。上映後はこの上映会を提案してくれた独立系インターネットメ
ディア「OurPlanet-TV」代表理事の白石草と朝日新聞記者の木村英昭が登壇
し，東電には映像の全面開示を再三要求しており，これは未完の現在進行形

---

(54)　『東電テレビ会議 49 時間の記録』(2013) 日本，ポレポレ東中野を上映会場に，毎
　　年，福島映像祭を開催している OurPlanet-TV が上映会を呼びかけている。

の映像作品であると説明した。[55]

2　フクシマを訪れたヴィム・ヴェンダース

　ドキュメンタリー映像作家だけではなく，独立系劇映画の監督たちも繁くフクシマを訪れた。新作公開に合わせることが多かったが，彼らは明らかにフクシマの観客と対話することを望んでいた。前述の是枝裕和や岩井俊二[56]，西川美和[57]，園子温[58]などがそうだ。とくに是枝は何度もフクシマを訪れ，浜通り地域の高校生たちと放送演劇の脚本指導を通じ，率直に交流した。[59]

　最も忘れられない訪問はドイツの映画作家，ヴィム・ヴェンダース[60]が来館した2011年10月27日だ。東京国際映画祭に参加するために来日したのだが，配給元に「傷ついているフクシマの人々に新作映画『Pina／ピナ・バウシュ　踊り続ける命[61]』を届けたい」「現地の様子を実際に自分の目で見てみたいし，フクシマの人々と話したい」とヴェンダースが切に要望し，実現した訪問だったのだ。当日の午後2時，ドナータ夫人と共にJR福島駅に到着。配給元から，監督夫妻のアテンドは，筆者に白羽の矢が当てられた。夜の試写会までには福島市に戻らなくてはならない。約4時間足らずで往復できる被災地となると，福島市から約25キロ離れた飯舘村しかない。2011年5月に全村民6,000人

(55)　震災以降，完全自主自立のインターネットメディアとして，IWJと並び存在感を示している。www.ourplanet-tv.org。

(56)　岩井俊二，映画監督。『friends after 3.11 劇場版』で2012年に来館。宮城県出身もあって，震災には強い問題意識を抱いた。復興ソングとなった『花は咲く』の歌詞を担当，原発事故に対しては，事故直後に印象的な自省のコメントをネットに挙げている。

(57)　西川美和，映画監督。『夢売るふたり』で2012年に来館。ファンが多く，福島の観客を喜ばせた。

(58)　園子温，映画監督。『希望の国』で2012年に来館。終了後は観客と飲みに出かけ，フランクな側面を見せた。

(59)　相馬高校放送局の女子生徒たちは震災後，小演劇『今，伝えたいこと（仮）』などいくつかの作品を通して大人社会に痛烈な本音を吐露する。顧問の渡部義弘は転任後も，「相馬クロニクル」を主宰し，当時の作品上映会やその後の作品上映を積極的に行っている。2012年開催の〈Image Fukushima〉でもフォーラムで公演してもらった。

(60)　ヴィム・ヴェンダース（1945-），ドイツの映画監督。1970年に監督デビュー。『ベルリン天使の詩』（1987）で世界的巨匠として名をはせる。ロードムーヴィーの第一人者。

(61)　『Pina／ピナ・バウシュ　踊り続けるいのち』（2012）ドイツ・フランス・イギリス合作，ヴィム・ヴェンダース監督作品。

が全村避難となったことで世界中に知られた飯舘村は，原発事故がもたらす罪深さを知ってもらうには十分すぎる場所だった。監督のここでの様子は，というと，次第に寡黙になり哲人のようになっていったのを憶えている。田のあぜ道を散策する。水鳥の鳴き声にじっと耳を澄ます。美しい村の自然。家々も田畑も農場も健在だ。しかし人だけがいない。生活の営みが一切ない。持参の線量計だけがひっきりなしに鳴りつづける。その状況に身をさらして，彼は文字通り沈思黙考しつづけていた。NHKや地元紙インタビューがあるため，4時頃に取って返す。10月の飯舘村はとっぷりと日が暮れかかり，帰途は刻一刻，深い夕闇に包まれていく。その闇は夕餉の時刻だというのに路上に面したすべての家屋に灯がともっていない，文字通り無人の村なのだということがはっきりとわかる。それは異様な，不気味な闇としかいいようがなく，チェルノブイリ周辺の風景とはこんな感じかと想像を働かせた。西の空にかすかに見える夕映えの美しさがかえって，この不条理を際立たせていた。

　新聞社の取材でヴェンダースは「今まで目に映ったものを信じ，それを撮ることを仕事としてきた。が，初めて自分の目が信じられないという感覚を味わいました。目に見える山も森も，どこからか聞こえてくる鳥の鳴き声も途方もなく美しいのに，線量計は『ここは危ない』と警告してくるのです」と語った。

　『Pina』の試写会が終った後，通訳を介して行われた質疑応答は映画にちなんだ話ばかり，フクシマの状況について誰もが語りたいと思いながら，何をどう話していいのかわからず時は過ぎていく。いよいよ終了時刻が近づき，配給会社の担当者が閉会をいいかけたとき，ヴェンダースは「ちょっと待ってください」と制止した。「みなさん，お元気ですか？どうしていますか？」。不意のよびかけに誰も答えられないでいる。すると，ヴェンダースは慌ててこう言い換えた。「すみません，では質問を変えましょう。私は何ができるんでしょうか。皆さんのために私にできることがあるのか。あるのなら，それを教えてください」。その瞬間，あちこちで嗚咽する声が聞こえ始めた。滂沱の涙を流しながら，ヴェンダースの顔を見つめる女性もいる。何とも形容しようのない雰囲気に場内が包まれた。「そうか，こう言われたかったのか」と筆者ははっとさせられたものだ。3.11以後，たくさんの著名人や識者がこの地にやってくるが，こういう言い方をした人はいなかった。たいていは「がんばって」「負けないで」

「前を向いて」と言う。そう言われても，内心「頑張ってる，これ以上どうしろというのか」と思うことがしばしばで，心配し激励してくれるのはありがたいが，何か心はちぐはぐだったのだ。「低線量被ばく」のこの地で，少なからぬ住民がストレスを抱えたまま暮らし続けている。その抑圧を重視し，私たちを気遣えるヴェンダースはやはり，さすがだった。会場の皆の心に届く，真に「寄り添う」言葉として響いた。ある観客が彼の問いに，こう答えを返した。「『Pina』のような映画をこれからも作ってください。これからも私たちの心を癒してくれるような映画を作り続けてください」と。

　「皆さんは義務を負いました。このことを世界に伝える責任があります」。ヴェンダースが言い残した言葉だ。今もなお深く心に刻み込んでいる人を何人も知っている。あの時間，あの空間は，試写会後のトークとかいう類のものではない。ヴェンダースとフクシマの観客との，心の交感の場にほかならなかった。

　現代舞踊に革新を起こしたピナ・バウシュについての映画『Pina』は，フクシマに全く無関係の映画だ。が，ピナ・バウシュの「踊り続けなさい。自らを見失わないように」というメッセージもまた，非日常で不条理な環境にあっても，日常どおりに振るまえ，といわれているようで，悶々としていた人々のためにあるような言葉だった。

　フクシマ来訪から2年半経った2014年に，ヴェンダースは新作『セバスチャン・サルガド／地球へのラブレター[62]』を作る。世界的写真家サルガドの人生の軌跡を描いた，彼の真骨頂ともいえるロードムーヴィだ。放浪の末，故郷のブラジルに戻り，父祖伝来の荒れ果てた土地に植林し，10年かかって再生させる。そのとき，サルガドの「汚染を告発するのではなく，ジェネシス（起源）を撮ろう」という言葉が流れる。筆者には，ヴェンダースは，この一語に，フクシマ訪問の体験を投影させているように思えた。

3　原発事故下の〈不協和者〉たち

　「低線量長期被ばく」がはたして人体にどれほどの影響を及ぼすかについて

（62）　『セバスチャン・サルガド／地球へのラブレター』（2014）フランス・ブラジル・イタリア合作，ヴィム・ヴェンダース監督作品。

は、専門家の意見も割れ、私たちはうろたえるしかなかった。そんな中、業を
煮やした人々の中には、自ら市民科学者となり、いちから放射線科学を学んだ
り、子どもたちの保養や線量測定活動を積極的に行うNPOをつくったり、さ
まざまな自主的活動が各地で盛んになっていく。担い手はもっぱら子どもを持
つ母親。彼女たちを中心に賛同者が加わっていった。福島市では市民放射能
測定所 (Citizen's Radioactivity Measuring Station、略して CRMS)[63] が街の中
心部に開設される。「この状況は安全なのか危険なのか。その根拠を一人一人
が判断する材料を提供するのが測定所の趣旨。自分たちで勉強して考えること。
その第一歩が測定し、数値を知ることではないでしょうか」というのが測定所
の開設動機となった。立ち上げメンバーには東京から福島に半ば移住する形で
かかわるようになったアクティビストがいて、彼らは海外の専門家や大学関係
者にもチャンネルを持ち、定期的に講演会や市民科学者国際会議を開催したり
など、活性的議論の場を積極的に設けた。また、アートや映画を取り入れたイ
ベントにも関心を持っていた。フランス国立科学研究センター所属の社会学者
ティエリ・リボー製作による映像作品『Dissonances ディゾナンス』[64] の上映会
は 2012 年 10 月に CRMS 主催で、「フォーラム福島」を会場に行われた。内
容はリボーたちの目に映った、日本の〈不協和者〉のありようだ。京大吉田寮
取り壊し方針に抵抗する学生や大学関係者、東京阿佐ヶ谷の「素人の乱」など、
日本社会に生じているさまざまな〈不協和者〉を取り上げ、こうした存在を民
主主義はどう扱うべきか、我々の社会にどう位置づけるべきかと問いかける。
リボーは日本の人びとが"政治の季節"へと目覚めつつある流れへ関心をもっ
ていた。

　3.11 が契機となってもっとも劇的な展開へと発展していったのは、日本人も
声を挙げて抗議するようになったことだろう。原発政策をめぐって、数万もの
一般市民が国会議事堂を取り囲んだ。そうしたうねりは 4 年後、2015 年に再
燃する。選挙で大敗した民主党に変わり、政権に返り咲いた自民党安部政権

---

(63)　CRMS はその後、創設時のメンバーだった岩田渉、丸森あやが離れ、地元メンバー
　　　だけで運営することになる。場所も現在は飯坂町に移し、「福島 30 年プロジェクト」と
　　　改称した。
(64)　『Dissonances ディゾナンス』(2012) 日本・フランス合作、アラン・ソリエル監督作品。

が，教育基本法の改変，特定秘密保護法や安全保障関連法案など，右傾化政策を次々と数の力によって成立させようとすることに，今度は大学生を中心とした若者たちが危機意識を抱いたのだ。最も注目されたのは学生たちのグループ「SEALDs（シールズ）」[65]だ。彼らに関心を抱いた西原孝至は映画『わたしの自由について−SEALDs 2015−』[66]を作り，社会学者の小熊英二は自らが撮りためた映像を編集して『首相官邸の前で』[67]という映像作品にする。台湾，香港から日本へ。東アジア全域に若者たちのあいだに無血変革運動の機運が高まり，現状を打破しようとしていることに注目した映画だ。小熊は上映会初日（2016年1月）に来館，おかしいと思うことに対し積極的に声を挙げることの必要性を若い観客に説いた。

　東京のミニシアターシーンではこの時期，『ハンナ・アーレント』[68]が大学生から30代の比較的若い層の間で異例の高稼働の動員を記録していると話題となった。ナチスの高官アドルフ・アイヒマンが終戦から15年後の1960年に潜伏先で逮捕され，イスラエルで裁判にかけられる。強制収容所も亡命経験もある，高名なユダヤ人女性哲学者ハンナ・アーレントがこの裁判を傍聴。ホロコーストのような未曽有の大量虐殺を引き起こしたのは異常者たちではなく，どこにでもいる平凡な人間たちだった。アイヒマンも典型的な官僚で，忠実に義務を果たしただけ。そもそも殺意も動機もない彼を裁くことすらできなかったと断じたことから，大論争を引き起こす。判事「葛藤はなかったのか？　あなたに"市民の勇気"があれば違った結果になったのでは？」。アイヒマン「それがヒエラルキー内に組み込まれていたらね。でも逆らったって変わりっこない。皆，そんな世界観で教育されていたんです」。アーレント「アイヒマンは被告席で何度も同じことを繰り返しました。『事務的に処理しただけ。わたしは役割の一端を担ったに過ぎない。命令に従っただけだ』」。これを「悪の凡庸さ」を言い放っ

---

(65)　SEALDs（シールズ），Students Emergency Action for Liberal Democracy-s（自由と民主主義のための緊急学生行動）。2015年5月から活動特定秘密保護法が可決された2016年8月まで活動。

(66)　『わたしの自由について−SEALDs 2015−』(2016) 日本，西原孝至監督作品。

(67)　『首相官邸の前で』(2015) 日本　小熊英二監督作品。

(68)　『ハンナ・アーレント』(2012) ドイツ・ルクセンブルク・フランス合作，マルガレーテ・フォン・トロッタ監督作品。

296

た。映画はアーレントが大学での講義で「思考ができなくなると，平凡な人が残虐行為に走るのです。危機的状況にあっても考えぬくこと，考えることで人は強くなれる」と学生に語りかけて終わる。この映画が日本で注目されたのは，ナチスと同じように，3.11フクシマ核被災においても，「思考停止」が貫いていることを見抜いたからだ。筆者にとっても，「悪の凡庸さ」という言葉にはピンとくるものがあった。それは3.11直後，ある小さな記事を見たからだ。2011年4月3日，地元2紙が報じた，東電の担当者が3月末提出期限の電力供給計画に福島第一原発七号機，八号機の増設計画を盛り込んでいた，という記事だった。経済産業省に届け出る新年度の電力供給計画は電気事業法に義務として定められるので，かねてからの原子炉増設計画を盛り込まなかったら計画そのものが途絶えてしまう。常識を働かせれば，4基も過酷事故に見舞われ，第一原発はどうしたってもう再起不能ということは容易に想像がつくはずだ。ところが，あろうことか，その原発の増設計画文書をファクスで送っていたのだ。記事によれば，担当者がこの文書を提出した日は3月31日だった。年度末という日付に葛藤はあったのかもしれないことをうかがわせる。最後まで担当者は本社に指示を仰ごうとしたようだが，あの混乱の中でそれどころではなく，返答がないままやむなく提出したという噂もあった。筆者はこの記事を読んだとき，仕事に忠実なあまり大局的判断を見失っていること，大きな組織に身を置く者にありがちな事なかれ主義が倒錯的な行動をとらせた典型例だと思った。こうした思考回路が社会全体に及んだとき，大量虐殺のような事態が引き起こされるのではないのかと連想させられたものだ。

　このように，3.11フクシマ核被災に全く触れずして，それでも限りなく「原発的なるもの」，「フクシマ的なるもの」を意識させる映画もまた，広義の「フクシマの映画」なのだと思う。むしろ，3.11から2，3年もすると，直接，フクシマを撮った映画は敬遠される傾向が強まっていた。いわば直球でこられると押しつけがましく抑圧に感じるが，婉曲的に変化球で指摘されれば問題提起として受け入れられる，そんな傾向が年毎に強まっていく。最も分かり易い例は

(69)　「福島民報」「福島民友新聞」2011年4月3日。

『超高速！参勤交代』[70]だ。幕府に虐げられつづける，浜通りにあるいわきの小藩が，知恵と結束で幕府の鼻を明かしてやろうと奮闘する喜劇仕立ての時代劇は，フクシマの人々に大いに愛され，大ヒットした。完全に幕府の傲慢を国や東電に，小藩を自分たちの街に重ね，留飲を下げていた。

　前述の『ハンナ・アーレント』の上映は，問題を共有し語り合うことを志向する市民サークル「てつがくカフェ＠ふくしま」[71]主催で実現され，上映後"シネマ de てつがくカフェ"[72]と銘打った対話イベントを試みるようになる最初の映画となった。筆者にとって，この時に何人かの福島大学や高校の教員の方々と個人的に知り合えたことは大きい。3.11直後に子どもを自主避難させることに踏み切った親のひとりとして，筆者はどうしても学校関係者に対して不信感を振り払えなかった。とくに教員の人たちの声がまったく聞こえてこない。発災からひと月も経ずして，文科省は年間被ばく許容線量を空間線量 1mm Sv/h から 20 mm Sv/h に引き上げ，校庭での活動も 3.8 μSv/h まで「安全」と通達したのに対して，親たちは抗議の声を挙げたが，教員の声は聞こえてこず，全く疑問を感じてないのかと思うしかなかった。唯一，福島大学の教員7名が連名で学長に対して，大学が講義を再開させることに公開質問状を出したことぐらいだ。しかし，この「哲学カフェ」によって，多くの教職員がそれぞれに壮絶な葛藤を抱え，いまだ清算できないでいることを初めて知ることができた[73]。

---

(70)　『超高速！参勤交代』（2014）日本，本木克英監督作品。

(71)　学者・市民の別なく，対等に公開の場で哲学的対話をする，自由参加の草の根討論会が哲学カフェ。福島市では 2011 年に小野原雅夫福島大学教授や市内高校教師を中心に，活動をはじめさまざまなテーマを設けて定期的に活動をつづけている。https://blog.goo.ne.jp/fukushimacafe。

(72)　"シネマ de てつがくカフェ"はその後，『小さき声のカノン』のような原発・放射能問題のみに限定せず，『DANCHI NO YUME』『ある精肉店の話』『悪童日記』など多岐にわたるジャンル映画をテクストとして行われた。

(73)　演劇や放送劇で生徒たちがいらだちを換骨奪胎せず表現しようとすることを見守る渡部義弘（当時，相馬高校放送部顧問），西田直人（当時，福島県立相馬農業高校飯舘校）などは生徒と各地で公演活動を行い，大きな反響を呼んだ。また斎藤毅（当時，福島北高校）は，高校生朗読サークル「たねまきうさぎ」メンバーの活動を追ったドキュメンタリー映画『種まきうさぎ フクシマに向き合う青春』（2015）森康行監督の製作に携わった。赤城修司（福島西高校）は写真展を開催しながら独自の視点で震災を伝えている。小林みゆき（福島西高校）は県内の高校生たちの声を採録した文集「福島から伝えたいこと」（福島県立高等学校教職員組合女性部・編）の編集委員長を担った。また，

298

また「哲学カフェ」のほかにも，「カフェ・ド・ロゴス」[74]や「エチカ福島」[75]など哲学知・人文知を係数に，市民との話し合いの場をかこつ動きの担い手ももっぱら，教職に携わっている人びとが多い。

Ⅳ　Leaving home ＜ Returning home への同調圧力

1　シンボリックな2本のNHKドラマ

　2013年，NHKは2本のドラマを放送する。朝の連続テレビ小説（通称・朝ドラ）『あまちゃん』[76]と大河ドラマ『八重の桜』[77]だ。『あまちゃん』はアイドルを夢見る三陸出身の少女が上京する話。『八重の桜』は会津藩出身の山本八重とその兄覚馬が，幕末から明治維新後までの激動期をどう生きたかを描いた。共通項はヒロインもの。舞台は岩手と福島。3.11を受け，被災県へ配慮したNHKは，この年の看板ドラマ枠を東北の物語に決めたのだが，ふたを開けてみれば『あまちゃん』は大ヒット。老若男女，世代を問わず国民的ブームを巻き起こし高視聴率を記録する一方，『八重の桜』は大河史上ワースト2位（その後に放送された『花燃ゆ』（2015），『西郷どん』（2018），『いだてん』（2019）がさらに低視聴率を更新し，現在は歴代ワースト5位）という不人気ぶりに終わった。前半の会津篇以上に後半の京都篇，つまり戊辰戦争で官軍（ちなみに地元では，西軍という）に敗れたのち，山本兄妹が京都に居を定め，覚馬は京都府政の礎を築き，兄妹が新島襄と出会い，同志社大学創設に尽力するくだりはさらに世間の関心を遠のかせた。

　筆者はこの2本のドラマの対照的な受けとめ方に，当時も今も変わらない限

中村晋（福島西高校）は俳人の金子兜太と生徒との交流をかこち，作句を通じて震災に思うことを表出する文芸の学びの機会を育んだ。教師たちの知られざる問い直しの営為は，筆者が知りうるだけでもこれだけある。

(74)　「カフェ・ド・ロゴス（Café de Logos）」は，渡部純（現在，福島東高校教諭）が主宰する言論カフェ。https://blog.goo.ne.jp/cafelogos2017。

(75)　「エチカ福島」もまた，渡部純や深瀬幸一，島貫真など，公民科や国語等人文系の教師が2013年に発足した会で，定期的に講演会等を開催している。Kitsuneinu.jugem.jp/。

(76)　『あまちゃん』（2013）NHK連続テレビ小説，工藤官九郎脚本，能年玲奈（現在はのん）主演。

(77)　『八重の桜』（2013）NHK大河ドラマ，山本むつみ脚本，綾瀬はるか主演。

界のようなものがあると考える。『あまちゃん』の後半で，東日本大震災が起きる。すると，主人公アキ（能年玲奈，現在はのん）は郷里に戻る。自分の夢よりも郷里を慮り，復興に貢献する選択を採る。だが『八重の桜』の山本兄妹は，郷里に戻ることはない。鶴ヶ城落城後，旧会津藩士たちは斗南（現在の青森県）に移封されるが，山本兄妹は行動を共にせず，新天地を求め京都に向かった。ドラマは郷里に留まり，皆と艱難辛苦を共にすることばかりが正解ではないというメッセージを投げかけている。旧い家訓に縛られるあまり，会津藩は滅んだ。それも女子や年端もいかない少年まで戦争に駆り出し死なせた。そのことが美化すらされている価値観に覚馬は疑問を捨てきれず，ついには武士道を脱却し，戦を二度と起こさないと誓う平和主義者になる。この『八重の桜』の脚本は『ゲゲゲの女房』の山本むつみ[78]だ。彼女は水木しげるにおいても[79]山本覚馬においても，アジア・太平洋戦争と戊辰戦争という戦争体験の教訓を，後半の人生に活かしたというところに共通項を見たのではないかと，筆者は見ている。『八重の桜』のドラマ構成は，幕府に忠誠を誓い中央の犠牲となった会津の運命に，明治期の電源開発から原発政策にいたるまで，東京に電気を供給する役割を果たしつづけた挙げ句，3.11フクシマ核被災に帰結するに至った顛末を重ねていることは明らかだ。覚馬の精神的変容を通して，中央の従属物としての地方という意識から，今こそ解き放たれるべきというメッセージが読みとれる。だが，そうだとしても，この問題意識は婉曲的で伝わりにくいだろう。その点，『あまちゃん』の，郷里に帰る→みんなで復興に向け一丸となる→自己実現，という大団円は直截で明るい。だが，津波被災はポジティヴ・メッセージでよくとも，フクシマ核被災はそう直線的にはわりきることはできないのだ。二つの東北のドラマ，この両者の受けとめ方の明暗は，そこに起因していると思う。Leave home（郷里を離れよう）ではなく，Returning home（郷里に帰ろう）が圧倒的マジョリティなのだとしたら，中通り地域のジレンマは到底，理解されないだろう。

---

(78)　山本むつみ，放送作家。主な作品に『相棒』シリーズ，『御宿かわせみ』『ゲゲゲの女房』。

(79)　水木しげる（1922-2015）戦争で片腕を失うも，隻腕の漫画家として戦後を生きた。『ゲゲゲの鬼太郎』で知られる国民的漫画家。他に『河童の三平』『悪魔くん』など多数。

300

2013 年は，いつまでも過去に囚われていてもしようがない，前を向こうという「同調抑圧」が国是となり，国民大方の合意となった決定的な年として，筆者の目には映った。7月，宮崎駿[80]は満を持して『風立ちぬ[81]』を発表する。バブル崩壊から長引く不況，取り返しのつかない借金，雇用不安，弱肉強食のグローバル経済，右傾化志向，ポピュリズム政治，そして 3.11 フクシマ……1980 年代後半からの 30 年の流れを，かつてこの国が歩んだもう一つの 30 年の歴史，すなわち大正 5 年 (1916) から昭和 20 年 (1945) に重ねることで，私たちに「歴史的連続感」への自覚を促している。この映画の主人公，ゼロ戦の設計者である堀越二郎が生きた時代も関東大震災，世界恐慌，右傾化。そして，けっきょく無謀な戦争で国が滅ぶ経過をたどったのだと。7月 20 日に封切られた『風立ちぬ』の翌日，参院選が行われ自公連立政権が圧勝する。衆参のねじれが解消し，日本人は安倍政権に全権委任した。7月 21 日は日曜日。この日『八重の桜』は，ちょうど鶴ヶ城落城の回を放映していた。

2 子ども被災者支援法の蹉跌

中通り地域に暮らす人々の閉塞状況に話を戻すと，この年，自主避難者は「原発事故・子ども被災者支援法[82]」の去就に注目していた。公害対策の歴史は水俣，スモン病，薬害エイズにいたるまで，健康被害が誰の目にも明らかな事態に発展しなければ法対策化されてこなかった。「子ども・被災者支援法」はその反省を踏まえ，あらかじめ予防原則の観点に立ったともいえる法律で，放射線被ばくが健康におよぼすリスクを最大限考慮して文言が練られた，いわば

---

(80) 宮崎駿，世界的にも影響力を放つ，映画史屈指のアニメーション映画作家。東映動画を経て，高畑勲，鈴木敏夫とスタジオジブリ設立後も数々の名作を世に送り出した。
(81) 『風立ちぬ』(2013) 日本，宮崎駿監督作品。
(82) 原発事故・子ども被災者支援法（正式名称は，「東京電力原子力事故により被災した子どもをはじめとする住民等の生活を守り支えるための被災者の生活支援等に関する施策の推進に関する法律」）は，福島第一原発事故を契機として，超党派（子ども・被災者支援法議員連盟が中心となった）による議員立法として，2012 年 6 月 21 日衆議院本会議で可決成立し，6 月 27 日から施行。これは，被曝のリスクを最大限に重視し，予防原則の観点に立った画期的な法律だったが，被災者を救済する数値をめぐっては「一定の基準」という文言に留め，のちに広域避難者を失望させるだけの，最小限の解釈に留まった。

生命重視の法とも位置づけられる。ところが，2012年7月の成立時は官僚の抵抗に遭って具体的なリスクの数値は一切入れられなかった。「仏作って魂入れず」。数値も基準も具体化されていない理念法に留まるこの法に，どんな実効性のある数値と施策をもりこむことができるのかが注目されていたのだ。

そこに復興庁キャリアで，この法律の担当者である水野靖久参事官の暴言ツイッターが6月に発覚する。「きょうは懸案が一つ解決。正確に言うと，白黒つけずにあいまいなままにしておくことに，関係者が同意しただけなんだけど，こんな解決策もあるということ」。エリート意識に凝り固まり，傲慢になった人間ほど始末に負えないものはない。残酷極まりないこのひと言はまさしく，政府・官僚機構の本心を象徴していた。本人がどう取り繕おうが，根本匠復興大臣が謝罪しようが，無力感が漂う。思えば，放射性プルームが中通り地域を通過した時から，想定を超える予算措置のリスク，地域コミュニティを脅かすような自主的避難に，理解を示すことはあり得ない。極力，最小限にとどめないと，悪しき前例を作ることになる。案の上，復興庁は基本方針に明記すべき「一定の基準」となる具体的数値は2年以上経ったのちも一切示さず，支援対象地域を中通りと浜通りの県内33市町村に限った。広域に汚染は及んでいるのに，問題の矮小化を図ったのは明らかだった。

ふり返ってみて，国や政治家の側に，心から世代的な反省に立った良識的な行動と思える事例はほとんどないが，「子ども被災者支援法」はその数少ない英断と評価できるものだった。与野党全会一致で可決した戦後初の議員立法で，真剣に子どもの健康を案じる大人の思いが生んだ純粋動機から生まれた法律だったと思う。それがなぜ，骨抜きに堕し，有名無実化してしまったか。この時期に公開されたスティーヴン・スピルバーグの『リンカーン』[83]をたまたま観[84]ていたら，「子ども被災者支援法」にはリンカーンに比する人物がいなかったことに思い当たった。

---

(83)　スティーブン・スピルバーグ，アメリカの映画監督。『ジョーズ』『E.T.』『ジュラシック・パーク』『インディ・ジョーンズ』などSFやスペクタクルから『シンドラーのリスト』『プライベート・ライアン』『戦火の馬』『ペンタゴン・ペーパーズ／最高機密文書』のような社会派映画まで，オールラウンダーに大作を手掛ける映画史屈指の巨匠。
(84)　『リンカーン』（2012）アメリカ，スティーブン・スピルバーグ監督作品。

「奴隷制もしくは自発的でない隷属は，アメリカ合衆国内およびその法が及ぶ如何なる場所でも存在してはならない」。アメリカ合衆国憲法・修正第 13 条。この法案成立は，奴隷解放宣言が実効性のある「政策」となることを意味する。いわば，理想を現実のものとすることを目指したわけだ。スピルバーグは，1864 年 11 月 8 日から翌 1865 年 4 月 14 日までの約 5 カ月間，つまり大統領再選から暗殺されるまでの時期のリンカーンは，南北戦争終結をディールとして使ってでも，この修正案可決のために政治生命と精神力を傾けたと解釈した。「19 世紀最高の政策」が「アメリカでもっとも純粋な男がしかけた多数派工作」で実現するにいたった舞台裏では，側近やロビイストを動かし，時には強権行使も，清濁あわせのむ妥協や懐柔も辞さないしたたかさを発揮するリンカーンがいた。私たち観る者は，彼に政治家としての老獪さを，「英断」の政策実現のために使う，ノブレス・オブリージュ（高貴なる者の使命）を感じ取る。「子ども被災者支援法」は成立過程までは評価できたが，その後の 2 年間の店晒し状態の果て，ざる法として「石棺」化されてしまった。もし，リンカーンのような高い理想をこの法律に見てくれる政治家がいたら，違った結果になっていたはずだった。それは，パラダイムの転換の一つとなりえた。あともう少しと云うところで挫折してしまった。それだからこそ，草の根で暮らしている我々が声を上げていかねばならないのだと，改めて思うのだ。

V　おわりに

かつて，日本は敗戦から 19 年後に東京オリンピックを開催（1964 年），さらに大阪万博開催（1970 年）によって完全復興を内外に示し，以後，高度経済成長を遂げ，「経済大国」へと再生を遂げた。今，私たちは目を疑うような歴史の既視感覚の中に身をおいている。「第二の敗戦」とすらいわれた 3.11 から 9 年後，2020 年に 56 年ぶりの東京オリンピック・パラリンピックが，さらにその 5 年後，2025 年には大阪万博開催が決定している。こんどの東京五輪は「福島は安全，汚染水は完全にブロックされている」というプロパガンダのもとに招致が決定したものだ。こうした意図のもと，オリンピック開催を機に，「日本は原発震災の悪夢から脱却し完全復興を遂げた」という論理への同調まで

強要させるのだろうか。そののち，またも前世紀のような「経済大国」への復権をめざすのだろうか。筆者はこのとき，映画『太陽の塔』⁽⁸⁵⁾を想起せずにはいられなくなる。

　1970年大阪万博。この国家的盛事のアートディレクターを務めた岡本太郎⁽⁸⁶⁾は，各国のパビリオンを睥睨するかのように，会場のど真ん中に異形のモニュメント，「太陽の塔」を建設した。万博のテーゼ（命題）は「人類の進歩と調和」。本当に進歩なの？ 大気汚染，排気ガス，ヘドロ，水俣病，イタイイタイ病……科学技術が引き起こす公害は枚挙に暇がない。本当に調和なの？ 戦争や民族紛争が絶えない現実を顧慮しない楽観的な未来志向，技術礼讃を，社会は恬として恥じない。かくして「太陽の塔」とは，太郎にとり，万博へのアンチテーゼ（反命題）に他ならなかった。以後，この塔はテーゼとアンチテーゼの葛藤から生まれる高次のジンテーゼ（統合・止揚命題）を私たちに問い続けているという見立てとなったのだ。この映画は止揚の果てに生まれるジンテーゼがあるとすれば，それは何かを各界の文化人，識者に問うという，弁証法のテクストそのもののアート・ドキュメンタリーだ。2025年大阪万博招致が決定する前に制作されている映画『太陽の塔』を思い出しながら，来たる万博のテーゼを日本社会はどう据えるのか，その時アンチテーゼをつきつける太郎のような存在は果して現れるだろうかと考える。

　さらに筆者は2017年初頭に見た『ぷらすちっく』⁽⁸⁷⁾という記録映画も想起する。当時，岩波映画に属していたドキュメンタリー映画作家，柳澤壽男⁽⁸⁸⁾の作品だ。1961年，産業映画，PR映画⁽⁸⁹⁾が盛んに作られていた真っ盛りの時代。『ぷ

---

(85)　『太陽の塔』（2018）日本，関根光才監督作品。

(86)　岡本太郎（1911-96），芸術家。若き日に渡仏。ジョルジュ・バタイユやピカソに傾倒し，帰国後は縄文文化や日本各地の習俗・民俗にも強い関心をもった。1970年大阪万博の「太陽の塔」や壁画「明日の神話」など，その作品群は若いアーティストを刺激し続けている。

(87)　『ぷらすちっく』（1961）日本，柳澤壽男監督作品。

(88)　柳澤壽男（1916-99），映画監督。岩波映画製作所ののち，独立。主な作品に『夜明け前の子供たち』『ぼくのなかの夜と朝』『富士山頂観測所』などがある。

(89)　産業映画，PR映画。1950〜60年代，まだテレビが十分に普及していないこの時代は，企業はPR映画や産業映画をつくり盛んに映画館で見せていた。PRといっても，今日のテレビCMのようなごく短時間の商品紹介とはほど遠い，もっと予算も人員も投入

らすちっく』は，積水化学工業が建設したばかりの大規模プラスティック工場のPR映画として，岩波映画製作所に発注し，柳澤が請け負った。

映画は，結婚を控える若いカップル（俳優が演じている）が最先端の工場を見学する。「原子力，エレクトロニクス，そしてプラスティックは，高度経済を支え，日本人にバラ色の生活を約束する夢の技術なんだ！」と公言する男性に，女性が疑問をぶつけ，男性がいちいち論破するという構成だ。「成型加工も思いのまま，安価で安全，大量生産も可能な，万能の技術プラスティック！」と手放しでほめちぎる男性に対し，女性はどうしても一抹の不信を拭い去れないまま，映画は終る。女性が柳澤の代弁者であることは疑いない。シナリオを巧妙に「総論賛成 BUT 各論反対」にカモフラージュすることで，発注者の"検閲"をスルーしている。

柳澤が今も生きていたら，今日の海洋プラスティック問題が引き起こしている惨状を見てなんというだろうか。婚約者の男が嬉々として語るプラスティックがもたらす明るい未来，それに対して女性は「でもやっぱり」「あなたって夢がないのよねえ……」いった非論理的な言葉でしか疑義を表明できないが，この映画が作られた60年後の今，彼女の方が正しかったことを，今私たちはつきつけられているのではないか。フクシマの問題と見比べると，「低線量長期被ばく」にしても，いまだ論争が沈静化しない甲状腺がん多発の評価にしても，5年や10年そこらのオーダーで判定できるものではないという思いをもっている人は少なくない。『ぷらすちっく』は子どもをマネーゲームの担保にはできないという母親の直感のほうが，将来的には正しかったといわれる時が来るかもしれないという思いに駆り立てる。

公害物質にしろ，プラスティックに代表される有機化合物にしろ，今のところ人間が生み出した人工物は必ず，繁栄の陰で，手ひどい副作用を生み出し，人間社会は無視できなくなった段階でようやくしぶしぶ対症療法に乗り出すという歴史を繰り返している。こんな賢しらなことを書いている筆者にしても，偉そうなことは言えない。今でこそ映画館もデジタル上映の時代になったが，つい10年ほど前まで，上映する素材は35ミリのフィルムだったのだ。大量の現

したちょっとした映像作品である。柳澤はPR映画をつくりつづけることに嫌気が差している。そんな時代に『ぷらすちっく』を作っている。

像液と有機化合物から成るフィルムも上映が終われば，廃棄され，それはちゃんと自然界に分解されているだろうかと考えると，そんなはずはありえない。映画史120年の間に，映画業界はどれほどのフィルムを生み出し，廃棄してきたことかと考えると，商材の宿命に茫漠としてくる。

　いま，人類は「人新世」の時代に入っているという知見が地質学を越えて，人文学，哲学の分野にも共有されつつある。地球史に初めて人間が創りだした人工の地層が形成される「人新世」。その地層を成すのは放射性物質であり，プラスティックであり，二酸化炭素であり，化石燃料の名残りであり，人類が滅んだのはこれらが原因だったと，後世の地球を支配する知的生命体はつきとめることになるだろうというダークファンタジーだ。ちょうど6,500万年前の白亜紀の終り，KT境界層にのみ，大量のイリジウムが検出されたことで，恐竜が小惑星衝突によってごく短期間のうちに滅んだことを私たちが知ったように。学者たちは，「人新世」は，産業革命から，ワットが蒸気機関を発明した瞬間を起点とする150年前から始まったと定義しているようだ。「人新世」という言葉は今後，ヴァルター・ベンヤミン[90]がいう「歴史が一つの焦点に凝集しているある特定の状態」の表象的な記号として，一般化し，共有されていくだろう。

　昨年9月，国連でスウェーデンの16歳の女子高生グレタ・トゥーンベリ[91]が世界の首脳を前に，気候変動への危機感を訴えた。「私たちはすでに大絶滅のとば口に立たされているのに，あなたたちは相も変わらず，経済成長だのと，のんきなことをいいつづけている。」と。「よくもそんなことが言えるわね?」と切迫した少女の形相は，まるで戦争も起きていないうちから戦争の危機を告げる『アンティゴネー』[92]が現代に現れたかのようだ。彼女は，自分が「アスペル

(90)　ヴァルター・ベンヤミン（1892-1940），ドイツの文芸批評家，哲学者。サブカルチャーやメディア論，芸術論的観点から，近年は『複製技術時代の芸術作品』『パサージュ論』といった著作の捉え直しが行われている。

(91)　グレタ・トゥーンベリ。スウェーデン議会の前で「気候のための学校ストライキ」と掲げたプラカードを持ってひとり行動を始めた16歳の高校生。世界中に彼女の危機意識は同世代の共感を呼び，政治・経済界にも存在が知られるようになった。

(92)　『アンティゴネー ソフォクレスの≪アンティゴネ≫のヘルダーリン訳のブレヒトによる改訂版1948年（ズーアカンプ社）』（1991）ドイツ・フランス合作，ジャン＝マリー・ストローブ＆ダニエル・ユイレ監督作品。

ガー症候群」であることを公言する。だからこそ，問題がよくみえる。笑って
ごまかすなんてできない。アスペルガーであることを誇りに思うという。グレタ
の言葉が急速に世界中の若者たちに共有され抗議行動へとかりたてていった
ことに，即座に「まどわされるな，グレタは過剰に不安を煽っている，感情的
な自閉症の子供の言葉に軽挙に流されるな」と警戒の声が挙がる。

　アスペルガーと冷静に自己分析するグレタをみていたら，十年ほど前に聴い
た，福島大学の内山登紀夫の話を思い起こした。自閉症の青年の姿を描いた
映画『ぼくはうみがみたくなりました⁽⁹³⁾』上映後の講演で，内山は「自閉症者と
いう呼び方はほんらい正しくありません。彼らはグレーゾーンがないから，嘘
がつけない。万事において正直に振る舞う彼らは『自閉』ではなく『自開』と
呼ぶべきです」と語った。なるほど，16歳のグレタはアンティゴネーのごとく
忖度ができない。かつて，映画『不都合な真実⁽⁹⁴⁾』でアル・ゴア⁽⁹⁵⁾は「1960年
代に，すでにわれわれは CO^2 の問題に気づいていたが直視できなかった。直
視したら法案化せざるを得ないからだ」と語っていたが，まったき純粋動機で
自らをさらけだすグレタには利害も打算もない。まさしく「自開」の人なのだ。
だからこそ，現実主義者はただごとではないと彼女に脅威を感じ，躍起になっ
て批判する。そうでなければ，一笑に付すか，存在を無視するはずだ。

　グレタのような「不協和者」が現れると，きまって「対案を示せ，批判ばか
りでは混乱をもたらすだけ」という非難がなされる。この点でいうなら，彼女
は映画と似ている。最終解決策は示さずとも，強力な問題提起を喚起する突
破口の役割ははたしているのだ。映画も，映画人もまた，タブーに踏み込むこ
とを恐れず，いささかの衒いもなく常識を軽々と超えて良識を問い質すグレタの
ごときアスペルガーであるべきだ。

　3.11から9年。この間，筆者は表向きでは以前どおり商業映画館を運営す
る劇場支配人として振る舞いつつも，一方では3.11核被災という非日常下に
おかれたことによって，「フクシマの映画」と形容するほかない映画を，半ば

---

(93)　『ぼくはうみがみたくなりました』(2009) 日本，福田是久監督作品。

(94)　『不都合な真実』(2009) アメリカ，デイビス・グッデンハイム監督作品。

(95)　アル・ゴア，クリントン政権時の副大統領。政界を引退してのち，環境危機を説く講
　　演活動を世界中で繰り広げている。その活動は映画『不都合な真実』で紹介された。

衝き動かされながら上映してきた。地方の民間経営のミニシアターという限界もあり，首都圏の劇場のように作り手の要求にのべつまくなしにこたえることは難しかったが，できるだけ多くの映画を観てもらい，この情況をどう受け止めればよいかを観客と共に考える営為を繰り返すことは，筆者自身にとっても必要なことだったし，これからもその気持ちは変わらない。3.11当初からこれまでは，この地で惹起するできごとが劇的ゆえにフクシマに取材した映画がほとんどだったが，今後はフクシマが提起した問題を，ほかの情況にシンクロさせながら，概念化を促すような「フクシマの映画」が現れることを希っている。

【参考文献】

佐藤栄佐久『知事抹殺──作られた福島県汚職事件』(2009) 平凡社。

ジル・ドゥルーズ『シネマ2＊時間イメージ』(2012) 宇野邦一他訳，法政大学出版局。

福島県エネルギー政策検討会「あなたはどう考えますか？ ～日本のエネルギー政策～電源立地県 福島からの問いかけ」『中間とりまとめ』(2002) https://www.pref.fukushima.lg.jp/uploaded/attachment/14706.pdf, 2020年1月25日最終閲覧。

ヴァルター・ベンヤミン「学生の生活」『ベンヤミン・コレクション5──思考のスペクトルより』(2010) 浅井健二郎他訳，ちくま学芸文庫。

エティエンヌ・ド・ラ・ボエシ『自発的隷従論』(2013) 山上浩嗣訳，西谷修監修，ちくま学芸文庫。

クリストフ・ボヌイユ／ジャン＝バティスト・フレソズ『人新世とは何か──〈地球と人類の時代〉の思想史』(2018) 野坂しおり訳，青土社。

宮澤賢治「農民芸術概論綱要」『新校本宮澤賢治全集 第13巻（上）──覚書・手帳』(1997) 筑摩書房。

308

表 1 〈映画から原発を考える〉上映作品

題名	上映期間	配給元	監督・製作者	製作年 / 国 / 上映時間
2011 年上映				
100,000 年後の安全	6/18〜7/1	アップリンク	マイケル・マドセン	2009/デンマーク, フィンランド他
黒い雨	7/2〜15	今村プロ	今村昌平	1989/ 日 /2h03
ナージャの村	7/23〜29	ポレポレタイムス社	本橋成一	1997/ 日 /1h58
アレクセイと泉	7/30〜8/5	ポレポレタイムス社	本橋成一	2001/ 日 /1h44
東京原発	8/13〜26	バサラピクチャーズ	山川 元	2004/ 日 /1h51
みえない雲	9/3〜9	J・シネカノン	グレゴール・シュニッツラー	2006/ 独 /1h43
チェルノブイリ・ハート	9/3〜23	ゴーシネマ	マリオン・デレオ	2002/ 米 /1h01
あしたが消える〜どうして原発？	9/24〜10/7	マジックアワー	千葉茂樹	1989/ 日 /0h55
一年の九日	10/27	ロシア映画社	ミハイル・ロンム	1961/ ソ連 /1h48
バベルの塔	11/26〜12/9	京都映画人9条の会	高垣博也	2011/ 日 /1h10
2012 年上映				
アンダーコントロール	1/7〜13	ダゲレオ出版	フォルカー・ザッテル	2011/ 独 /1h38
トテチータ・チキチータ	3/10〜23	アルゴ・ピクチャーズ	古勝 敦	2011/ 日 /1h35
friends after 311 劇場版	5/26〜6/2	ロックウェルアイズ	岩井俊二	2012/ 日 /2h15
プリピャチ	6/2〜15	アップリンク	ニコラウス・ゲイハルター	1999/ 墺 /1h40
第4の革命 エネルギー・デモクラシー	6/16〜22	ユナイテッド・ピープル	カール・A・フェヒナー	2010/ 独, デンマーク他 /1h23
第五福竜丸	6/23〜25	近代映画協会	新藤兼人	1959/ 日 /1h47
かすかな光へ	10/5〜12	ウッキー・プロダクション	森 康行	2011/ 日 /1h24
Dissonances ディゾナンス	10/30	リール大学提供	ティエリ・リボー/アラン・ソリエル	2011/ 仏 /0h50
ニッポンの嘘 報道写真家・福島菊次郎	12/17〜23	ビターズエンド	長谷川三郎	2012/ 日 /1h54
希望の国	12/1〜1/3	ビターズエンド	園 子温	2012/ 日・英・台 /2h13

2013 年上映				
おだやかな日常	3/9〜15	和エンタテインメント	内田伸輝	2012/ 日・米 /1h42
福島 六ヶ所 未来への伝言	3/16〜22	六ヶ所みらい映画プロジェクト	島田 恵	2013/ 日 /1h45
故郷よ	5/4〜10	彩プロ	ミハル・ボガニム	2011/ 仏・ウクライナ・ポーランド・独 /1h48
渡されたバトン さよなら原発	6/15〜28	「日本の青空Ⅲ」製作委員会	池田博穂	2013/ 日 /2h00
犬と猫と人間と2 動物たちの大震災	9/14〜20	東風	宍戸大裕	2012/ 日 /1h44
天に栄える村	10/19〜11/1	桜映画社	原村政樹	2013/ 日 /1h46
飯舘村 放射能と帰村	11/2〜8	浦安ドキュメンタリーオフィス	土井敏邦	2013/ 日 /1h19
朝日のあたる家	11/9〜15	渋谷プロダクション	大田隆文	2013/ 日 /1h58
2014 年上映				
家路	3/1〜4/21	ビターズエンド	久保田直	2014/ 日 /1h58
世界が食べられなくなる日	1/11〜17	アップリンク	ジャン＝ポール・ジョー	2012/ 仏 /1h58
東電テレビ会議 49 時間の記録	.5/10	Our PlanetTV	東京電力	2013/ 日 /3h26
放射線を浴びた X 年後	5/10〜16	ウッキー・プロ	伊東英朗	2012/ 日 /1h23
遺言 原発さえなければ	5/18〜20	ウッキー・プロ	豊田直己，野田雅也	2013/ 日 /3h45
物置のピアノ	8/23〜9/19	シネマネストジャパン	似内千晶	2014/ 日 /1h55
あいときぼうのまち	8/30〜9/5	太秦	菅乃 廣	2013/ 日 /2h06
2015 年上映				
日本と原発	2/7〜13	河合弘之法律事務所	河合弘之	2014/ 日 /2h15
小さき声のカノン─選択する人々─	3/7〜4/3	ぶんぶんフィルムズ	鎌仲ひとみ	2014/ 日 /1h59
種まきうさぎ フクシマに向き合う青春	10/24〜30	自主制作	森 康行	2015/ 日 /1h27
春よこい 熊と蜂蜜とアキオさん	11/27	ミル・インターナショナル	安孫子亘	2015/ 日 /1h11
2016 年上映				
LIVE！LOVE！SING！生きて愛して歌うこと 劇場版	1/16〜29	マジックアワー	井上 剛	2015/ 日 /1h40
首相官邸の前で	1/23〜29	アップリンク	小熊英二	2015/ 日 /1h49

310

さようなら	2/6～12	ファントム・フィルム	深田晃司	2015/ 日 /1h52
大地を受け継ぐ	2/6～12	太秦	井上淳一	2015/ 日 /1h26
黒塚 KUROZUKA 黒と朱，黒と光	2/21 上映会＆トークセッション	はまなかあいづプロジェクト	渡辺晃一プロデュース	各 0h12
お母さん，いい加減あなたの顔は忘れてしまいました	3/19～25	シマフィルム	遠藤ミチロウ	2015/ 日 /1h42
ひそひそ星	7/16～22	日活	園 子温	2015/ 日 /1h40
シン・ゴジラ	7/29 全国公開	東宝	庵野秀明	2016/ 日 /1h59
日本と原発 4 年後	10/1～7	enter the DEE	河合弘之	2015/ 日 /2h18
飯舘村の母ちゃんたち 土とともに	10/8～14	ローポジション	古居みずえ	2016/ 日 /1h35
太陽の蓋	10/29～11/4	太秦	佐藤 太	2016/ 日 /2h10
「知事抹殺」の真実	12/12, 2017. 1/28～2/10	ミルインターナショナル	安孫子亘	2016/ 日 /1h20
2017 年上映				
残されし大地	2/15, 4/8～14	太秦	ジル・ローラン	2016/ ベルギー・日 /1h16
広河隆一 人間の戦場	3/4～10	東風	長谷川三郎	2015/ 日 /1h38
奪われた村	3/18～24	自主制作	豊田直己	2016/ 日 /1h04
息の跡	4/1～7	東風	小森はるか	2016/ 日 /1h33
いのちのかたち 画家・絵本作家いせひでこ	5/20～26	いせ FILM	伊勢真一	2016/ 日 /1h22
Life 生きていく	5/27～6/2	自主制作	笠井千晶	2017/ 日 /1h55
日本と再生 光と風のギガワット作戦	6/10～16	K プロジェクト	河合弘之	2017/ 日 /1h40
新地町の漁師たち	7/1～7	自主制作	山田 徹	2016/ 日 /1h29
彼女の人生は間違いじゃない	7/15～8/11	GAGA	廣木隆一	2017/ 日 /1h59
被ばく牛と生きる	10/4～10	太秦	松原 保	2012/ 日 /1h44
SHIDAMYOJIN	10/21～27	北極バクテリア	遠藤ミチロヲ	2017/ 日 /1h04
ライズ ダルライザー THE MOVIE	11/4～24	ダルライザー・プランニング	和知健明	2017/ 日 /2h27
チャルカ 未来を紡ぐ糸車	11/18～24	六ヶ所みらい映画プロジェクト	島田 恵	2016/ 日 /1h30
2018 年上映				
シン・ゴジラ×巨神兵東京に現る	1/28 現実 対 虚構 in フクシマ	東宝，スタジオジブリ	福島 30 年プロジェクト主催	2017/ 日 /1h59 + 10min.

めぐる春の祈り〜熊本のいま，ふくしまのいま〜	2/17	イベント	未来の祀りふくしま実行委員会	未来の祀りカフェ Vol.4
フクシマ・モナムール	3/17 福島日独協会	ゲーテ・インスティトゥート	ドリス・デリエ	2016/ 独 /1h48
おだやかな革命	7/13〜19	いでは堂	渡辺智史	2017/ 日 /1h40
モルゲン，明日	11/23〜29	リガード	坂田雅子	2018/ 日 /1h11
2019 年上映				
盆唄 A SONG FROM HOME	2/15〜3/14	ビターズエンド	中江裕司	2019/ 日 /2h14
福島は語る（第 1 章－第 8 章）	2018.8/27,3/8〜14	きろくびと	土井敏邦	2018/ 日 /2h50
典座—TENZO—	11/8〜14	空族	富田克也	2019/ 日 /1h02
火口のふたり	11/29〜12/5	ファントム・フィルム	荒井晴彦	2019/ 日 /1h55
2020 年上映				
風の電話	2020.1/24〜	ブロードメディア・スタジオ	諏訪敦彦	2020/ 日 /2h19
Fukushima 50	3/6〜	松竹,KADOKAWA	若松節朗	2020/ 日 /2h02
悲しみの星条旗	3/28（予定）	トモダチ・ユニット	エイミ・ツジモト	2019/ 日 /1h20
東電刑事裁判 不当判決	4/12（予定）	Kプロジェクト	河合弘之	2019/ 日 /0h33
福島は語る 完全版	5/17（予定）	きろくびと	土井敏邦	2019/ 日 /5h20

表2　〈Image Fukushima〉上映作品

題名	配給元	監督・製作者	製作年 / 国 /上映時間
原発切抜帖	青林舎	土本典昭	1982/ 日 /0h45
生きてるうちが花なのよ死んだらそれまでよ党宣言	ATG	森崎 東	1985/ 日 /1h45
太陽を盗んだ男	東宝	長谷川和彦	1979/ 日 /2h27
トラック野郎 一番星北へ帰る	東映	鈴木則文	1978/ 日 /1h50
百万人の大合唱	東宝	須川栄三	1972/ 日 /1h35
海盛り 下北半島・浜関根	青林舎	土本典昭	1984/ 日 /1h43
ミツバチの羽音と地球の回転	グループ現代	鎌仲ひとみ	2010/ 日 /2h15
相馬高校放送部「今伝えたいこと仮」公演	自主演劇，朗読	相馬高校放送部	2011/ 日 /
少女ムシェット	フランス映画社	ロベール・ブレッソン	1967/ 仏 /1h20
フタバから遠く離れて	ドキュメンタリー・ジャパン	舩橋 淳	2012/ 日 /1h36
フタバから遠く離れて 第二部	ドキュメンタリー・ジャパン	舩橋 淳	2014/ 日 /1h54

わが谷は緑なりき	20世紀フォックス	ジョン・フォード	1941/米/1h58
生きていてよかった	日本ドキュメント・フィルム	亀井文夫	1955/日/0h52
鳩ははばたく	日本ドキュメント・フィルム	亀井文夫	1957/日/0h42
世界は恐怖する 死の灰の正体	日本ドキュメント・フィルム＝三映社	亀井文夫	1958/日/1h22
ヒバクシャ―世界の終わりに―	グループ現代	鎌仲ひとみ	2003/日/1h57
六ヶ所村ラプソディー	グループ現代	鎌仲ひとみ	2006/日/1h59
無常素描	東風	大宮浩一	2011/日/1h15
エドワード・サイード OUT OF PLACE	シグロ	佐藤真	2005/日/2h17
フクシマ2011 被曝に晒された人々の記録	タキオン・ジャパン	稲塚秀孝	2012/日/1h25
3.11 Sense of Home Films	自主製作	河瀬直美，ビクトル・エリセ他	2011/日/1h15
そして人生はつづく	ユーロスペース	アッバス・キアロスタミ	1991/イラン/1h35
相馬看花―奪われた土地の記憶―	東風	松林要樹	2011/日/1h49
プロジェクトFUKUSHIMA！	プロジェクトFUKUSHIMA！オフィシャル映像記録実行委員会	藤井光	2012/日/1h30
苦海浄土	RKB毎日放送	木村栄文	1970/日/0h49
あやまち	東海テレビ	大西文一郎	1970/日/0h49
阿賀に生きる	シグロ	佐藤真	1992/日/1h55
長良川ド根性	東風	阿武野勝彦，片本武志	2012/日/1h20
うたうひと	Silent Voice	酒井耕，濱口竜介	2013/日/2h00
100人の子供たちが列車を待っている	パンドラ	イグナシオ・アグエロ	1988/チリ/0h58
メイン州ベルファスト	コミュニティシネマセンター	フレデリック・ワイズマン	1999/米/4h07
流血の記録 砂川	日本ドキュメント・フィルム	亀井文夫	1957/日/0h56
花物語バビロン	空族	相澤虎之助	1997/日/0h35
バビロン2―THE OZAWA―	空族	相澤虎之助	2012/日/0h46
破廉恥舌戯テクニック（昭和群盗伝 2月の砂漠）	国映	瀬々敬久	1990/日/1h02
ストーカー	モス・フィルム	アンドレイ・タルコフスキー	1979/ソ/2h44

あとがき

後藤　宣代

　夕餉時ともなれば，子どもたちの元気な声で溢れていた。あの日以来，戸外で遊ぶ子どもたちを見かけることは稀になった。代わりに公共施設には屋内遊び場が設置され，子どもたちは室内砂場やボールプールで遊ぶ。

　放射能が不安で，せっかく建てたマイホームを手放し避難，妻と子どもは県外で生活，夫は福島県内で仕事，歳月とともに互いの価値観が離れ，やがて離婚。こんな光景をたくさん見てきた。「原発さえなければ」と自ら生命を絶った酪農家，避難先で帰れぬ故郷を思いながら無念の死を迎えた高齢者，……筆者はただただ泣いた。

　「具体的普遍性」（ヘーゲル），世界中で人間の尊厳を求め，不条理と闘っている人々との，学術的な連帯の書を出したいと決意して数年。ありがたいことに京都にある基礎経済科学研究所（略称：基礎研）から出版支援を得て，本書を刊行できることになった。基礎研は「働きつつ学ぶ権利を担う」学術団体として，産声を挙げて50年が経った。その50周年記念事業として，全国から寄付金が寄せられ，本書の基金となっている。ご寄付してくださった基礎研の所員，所友，読者の皆さんに心から感謝したい。本書が基礎研の掲げる変革主体形成論を，新たな高みへ，なにかしら寄与することができれば，これに勝る喜びはない。

　出版を快諾してくださった八朔社社長の片倉和夫さん，編集の労を執ってくださった鈴木真理さんに，心から感謝したい。

　多くの行方不明の方々，地震，津波，そして避難が原因で亡くなった方々。皆さん方への深い追悼を込めて，本書のあとがきとしたい。

2020年3月11日
阿武隈川の畔にて

執筆者紹介

藍原寛子（あいはら ひろこ，第2章）
　ジャーナリスト，㈱Japan Perspective News 代表
　福島大学大学院地域政策科学研究科修士課程修了
　福島県福島市

佐藤恭子（さとう きょうこ，第3章）
　スタンフォード大学科学・技術と社会プログラム副ディレクター
　プリンストン大学大学院博士課程修了（社会学）
　アメリカ・サンフランシスコ在住（東京都出身）

小川晃弘（おがわ あきひろ，第4章）
　メルボルン大学アジアインスティチュート教授
　コーネル大学大学院博士課程修了（人類学）
　オーストラリア・メルボルン在住（岐阜県出身）

中里知永（なかさと としのり，第5章）
　特定非営利活動法人コモンズ理事長，会社員
　福島大学大学院経済学研究科修士課程修了
　福島県福島市

梁姫淑（やん ひすく，第6章）
　大学非常勤講師
　埼玉大学大学院文化科学研究科博士課程修了（学術博士）
　福島県福島市（韓国出身）

山田耕太（やまだ こうた，第7章）
　郡山医療生活協同組合事務職員
　福島大学経済学部卒業
　福島県郡山市

佐々木健洋（ささき たけひろ，第8章）
　福島県農民運動連合会
　酪農学園大学酪農学部卒業
　福島県福島市

鈴木正一（すずき まさかず，第9章）
　「浪江原発訴訟」原告団
　福島大学経済学部卒業
　福島県双葉郡浪江町（住民票），福島県南相馬市（避難先）

阿部泰宏（あべ やすひろ，第10章）
　㈱フォーラム運営委員会　映画館「フォーラム福島」総支配人
　國學院大学文学部卒業
　福島県福島市

[編著者紹介]

後藤康夫（ごとう やすお，第1章）

　　福島大学名誉教授
　　京都大学大学院経済学研究科博士課程単位取得
　　福島県福島市

後藤宣代（ごとう のぶよ，総論・まえがき／あとがき）

　　基礎経済科学研究所副理事長，大学非常勤講師
　　東京大学大学院経済学研究科博士課程単位取得
　　福島県福島市

21世紀の新しい社会運動とフクシマ
　　── 立ち上がった人々の潜勢力

2020年3月31日　第1刷発行

　　　　　　　　　　編著者　　　　後藤　康夫
　　　　　　　　　　　　　　　　　後藤　宣代

　　　　　　　　　　発行者　　　　片倉　和夫

　　　　　　　発行所　　株式会社 八 朔 社
　　　　　　　　〒101-0062　東京都千代田区
　　　　　　　神田駿河台1-7-7白揚第2ビル
　　　　　　電話03-5244-5289　FAX03-5244-5298
　　　　　　E-mail：hassaku-sha@nifty. com
　　　　　　http://hassaku-sha.la.coocan.jp/

八朔社

秋山道宏 編

基地社会・沖縄と「島ぐるみ」の運動
B52撤去運動から県益擁護運動へ

二八〇〇円

川﨑興太 編著

環境復興
東日本大震災・福島原発事故の被災地から

二五〇〇円

山川充夫・瀬戸真之 編著

福島復興学
被災地再生と被災者生活再建に向けて

三五〇〇円

大平佳男 著

日本の再生可能エネルギー政策の経済分析
福島の復興に向けて

三〇〇〇円

福島大学国際災害復興学研究チーム 編著

東日本大震災からの復旧・復興と国際比較

二八〇〇円

境野健兒・千葉悦子・松野光伸 編著

小さな自治体の大きな挑戦
飯舘村における地域づくり

二八〇〇円

定価は本体価格です